国家林业公益性行业科研专项（201304301）
城乡生态环境北京实验室
林果业生态环境功能提升协同创新中心（PXM2017014207000043）
资助出版

森林植被对 PM2.5 等颗粒物的调控机制与评价

余新晓　伦小秀　张振明　等　著

科学出版社
北京

内 容 简 介

本书通过将森林滞留 PM2.5 等颗粒物的能力定量化，筛选出不同典型区域有效治理 PM2.5 等颗粒物的适宜树种，找到研究森林阻滞不同来源 PM2.5 等颗粒物的优化配置的理论与技术，为解决以灰霾污染为特征的复合型污染和大气颗粒物污染治理提供一种绿色手段，并为指导城市森林建设和景观绿化等提供理论参考。

本书介绍了森林植被对 PM2.5 等颗粒物的调控，包括沉降作用、阻滞作用、吸附作用。并且研究了北京市典型城市绿地及森林对 PM2.5 等颗粒物的调控效应和北京市 PM2.5 浓度时空变化与植被覆盖格局的关系。

本书可供生态学、水土保持学、林学、环境科学、地球气象学等专业研究、管理人员及高等院校相关专业的师生参考。

图书在版编目（CIP）数据

森林植被对 PM2.5 等颗粒物的调控机制与评价/余新晓等著. —北京：科学出版社，2017.4

ISBN 978-7-03-052602-1

Ⅰ. ①森… Ⅱ. ①余… Ⅲ. ①森林植被-影响-可吸入颗粒物-研究 Ⅳ. ①S718.54 ②X513

中国版本图书馆 CIP 数据核字（2017）第 069714 号

责任编辑：朱　丽　李丽娇/责任校对：孙婷婷
责任印制：张　伟/封面设计：耕者设计工作室

科学出版社 出版
北京东黄城根北街 16 号
邮政编码：100717
http://www.sciencep.com

北京教图印刷有限公司 印刷
科学出版社发行　各地新华书店经销
*

2017 年 4 月第 一 版　开本：B5（720 × 1000）
2017 年 4 月第一次印刷　印张：18 3/4
字数：374 000

定价：108.00 元
（如有印装质量问题，我社负责调换）

《森林植被对 PM2.5 等颗粒物的调控机制与评价》

主要参编人员（以姓氏汉语拼音为序）：

    宝　乐　　毕华兴　　陈俊刚　　陈丽华　　樊登星
    冯仲科　　贾国栋　　刘萌萌　　刘旭辉　　伦小秀
    莫　莉　　牛健植　　齐　实　　饶良懿　　阮氏青草
    史　宇　　孙丰宾　　王效科　　信忠保　　徐晓梧
    余新晓　　张红星　　张学霞　　张振明

学 术 秘 书：陈俊刚

序

20世纪30年代的发达国家先后出现了一系列的空气污染事件，如1943年美国洛杉矶光化学烟雾事件、1952年伦敦烟雾事件等。改革开放以来，中国经济飞速发展，但快速发展的同时，环境污染问题也日益严重，近些年来频发的灰霾天气已经严重影响到人民的正常生产生活。这些严重的污染事件使得世界上包括中国在内的许多国家开展了大规模空气颗粒物研究，研究涵盖了空气颗粒物浓度的变化特征、污染源的排放特征、化学组成特征、来源解析、空气颗粒物对大气能见度的影响及空气颗粒物对人体健康的危害等诸多方面。

森林是陆地生态系统的主体，对生态环境的好坏具有重要的影响。森林利用其独特的器官和结构滞留颗粒物这一特点已引起了越来越多科学研究者的关注，并逐渐成为生态学和环境科学的研究热点。该系列著作是余新晓教授及其团队多年研究成果的集中总结，是在国家林业局林业公益性行业科研重大专项等项目的支撑下完成的。该著作的重大研究成果以首都圈森林生态系统定位观测研究站和环境监测站为主要研究平台，内容全面翔实，为国内首次对森林调控PM2.5等颗粒物的过程机理进行了系统分析，填补了森林生态和环境领域研究的一些空白。

该系列著作利用野外观测和室内分析相结合的手段，阐述了空气颗粒物在森林内的时空变化规律；通过重量法测定叶片滞留颗粒物，浓度梯度法监测垂直梯度颗粒物浓度变化，得到不同树种的滞尘差异和PM2.5等颗粒物在森林生态系统中的沉降速率和沉降通量，并将北京市不同区域、不同尺度城市绿地定量化，建立了通过气溶胶反演PM2.5等颗粒物与植被覆盖的关系，这些为城市森林的合理配置、提高现有林木滞尘能力提供了理论支撑。

我国在森林对PM2.5等颗粒物的调控研究中起步较晚，但近些年来，通过我国科学家的不懈努力及他们在国际交流合作中的不断学习和吸取经验，已经在这方面取得了重要进展。余新晓教授该系列著作的出版，毫无疑问会大大提高人们对于森林在防霾治污领域重要性的认识。为此，特向目前在林业和环境领域研究森林调控颗粒物的科研人员、研究生、实验技术人员及生态环境建设工作者推荐这套目前国内最系统、最全面的专业参考书。

李文华

2016 年 10 月

前　言

近年来，随着我国社会经济和城市化进程的快速发展，环境污染问题愈发严重，以灰霾污染为特征的复合型污染日益凸显，治理大气颗粒物污染已迫在眉睫。以 PM2.5 为代表的颗粒物污染物尤其吸引大众关注，其主要成分有灰尘、铵盐、硝酸盐、硫酸盐、重金属、微量元素、多环芳烃、水分及夹杂在其中的病菌等。PM2.5 可以进入支气管等下呼吸系统，并可进入血液输往全身，对人体健康造成严重危害。

现阶段对于 PM2.5 等颗粒物的研究可分为几个方面：①PM2.5 等颗粒物本身的研究，包括分布特征、组成、来源等；②PM2.5 等颗粒物监测方法与仪器的研究；③PM2.5 等颗粒物危害的研究；④森林植被对 PM2.5 等颗粒物的作用研究。其中，前三类研究较为深入，第四类研究则处于起步阶段。森林植被对于颗粒物污染物的调控作用已经引起了越来越多的关注。森林可以通过覆盖地表减少颗粒物的来源，通过叶面吸附直接捕获颗粒物，通过改善微气象条件促进颗粒物沉降等不同途径，发挥降低颗粒物的独特滞尘功能，进而使空气中悬浮颗粒浓度减小。森林是由单个植物个体组成的群体，由于植物叶片独特的表面结构和润湿性，叶片可以截取和固定大气颗粒物，因此森林对削减 PM2.5 等颗粒物起着重要作用。森林调控大气颗粒物是一个复杂的过程，大气颗粒物在通过森林下垫面的过程中，由于森林复杂的枝叶结构改变了大气颗粒物最初的空气动力运动方式，因此，大气颗粒物经过布朗扩散、拦截、惯性碰撞和重力沉降等运动方式，最终被森林滞留或重新"逃逸"到大气中。由于受技术条件、科学认识等因素限制，以往研究只是针对森林对大气颗粒物某一运动过程。本书在前人研究的基础上系统研究了森林调控 PM2.5 等颗粒物机制的四种作用：阻滞、吸附、沉降和吸入。其中，吸入作用由植物自身生理特征决定，所占比例很小，故调控作用方式主要为吸附、沉降、阻滞三种。在此基础上，量化了从叶片到单株等不同尺度森林调控 PM2.5 等颗粒物的滞尘量。在空间尺度上，利用气溶胶光学厚度反演 PM2.5 等大气颗粒物浓度，预测过去和将来一段时间大气颗粒物的时空变化规律，并建立大气颗粒物与植被覆盖的关系。

本书通过把森林滞留 PM2.5 等颗粒物的能力定量化，筛选出不同典型区域有效治理 PM2.5 等颗粒物的适宜树种，研建森林阻滞不同来源 PM2.5 等颗粒物的优化配置的理论与技术，为解决以灰霾污染为特征的复合型污染和治理大气颗粒物污染提供一种绿色手段，并为指导城市森林建设和景观绿化等提供理论参考。

余新晓

2016 年 10 月

目 录

序
前言
第1章 森林植被对 PM2.5 等颗粒物的调控 ·················· 1
  1.1 引言 ·· 1
  1.2 森林植被对 PM2.5 等颗粒物的调控过程 ···················· 3
    1.2.1 森林植被对 PM2.5 等颗粒物的影响过程概念模型 ········ 5
    1.2.2 森林植被调控空气颗粒物扩散综合平衡方程模型 ········ 7
    1.2.3 影响森林植被调控颗粒物的因素 ···················· 12
  1.3 森林植被对 PM2.5 等颗粒物的调控机理 ···················· 19
    1.3.1 森林植被对大气颗粒物的沉降机制 ···················· 19
    1.3.2 森林植被对大气颗粒物的阻滞机制 ···················· 26
    1.3.3 森林植被对大气颗粒物的吸附机制 ···················· 27
  1.4 森林植被对 PM2.5 等颗粒物调控的主要作用方式 ············ 30
    1.4.1 沉降作用的测定方法 ······························ 30
    1.4.2 阻滞作用的测定方法 ······························ 34
    1.4.3 吸附作用的测定方法 ······························ 36
    1.4.4 三种作用方式对比 ································ 40
  1.5 森林植被对大气颗粒物沉降、阻滞和吸附作用的关系 ········ 40
第2章 森林植被对 PM2.5 等颗粒物的沉降作用 ················ 44
  2.1 不同地区森林植被对 PM2.5 的干沉降速率和沉降量的影响 ······ 44
    2.1.1 不同地区森林植被 PM2.5 的干沉降速率和沉降量日变化 ···· 44
    2.1.2 不同地区森林植被 PM2.5 的干沉降速率和沉降季节变化 ···· 46
    2.1.3 不同地区森林植被 PM2.5 沉降速率和沉降通量年变化 ······ 48
  2.2 不同类型森林植被 PM2.5 的干沉降速率 ···················· 50
    2.2.1 不同类型森林植被 PM2.5 的干沉降速率日变化 ·········· 50
    2.2.2 不同类型森林植被 PM2.5 的干沉降速率季节变化 ········ 52
    2.2.3 不同类型森林植被 PM2.5 的干沉降速率年变化 ·········· 53
  2.3 森林植被对 EC 干沉降速率的影响 ························ 54
    2.3.1 不同地区森林植被对 EC 干沉降速率的影响 ············ 54

2.3.2 不同类型森林植被对 EC 干沉降速率的影响·················57
2.4 森林植被对 OC 干沉降速率的影响···························60
2.4.1 不同地区森林植被对 OC 干沉降速率的影响·················60
2.4.2 不同类型森林植被对 OC 干沉降速率的影响·················62

第3章 森林植被对 PM2.5 等颗粒物的阻滞作用················67
3.1 带状人工林内的空气颗粒物浓度变化特征···················67
3.1.1 带状人工林内空气颗粒物浓度的年变化特征·················67
3.1.2 带状人工林内空气颗粒物浓度的季节分布特征···············69
3.1.3 带状人工林内空气颗粒物浓度分布的日变化特征·············74
3.1.4 典型天气下的带状人工林内空气颗粒物浓度的日变化特征·····81
3.2 带状人工林对空气颗粒物的阻滞功能······················87
3.2.1 带状人工林对空气颗粒物阻滞功能的年变化特征·············87
3.2.2 带状人工林对空气颗粒物阻滞功能的季节变化特征···········89
3.2.3 带状人工林对空气颗粒物阻滞效率的日变化特征·············92
3.3 片状人工林内空气颗粒物浓度的变化特征···················98
3.3.1 片状人工林内空气颗粒物浓度的年变化特征·················98
3.3.2 片状人工林内空气颗粒物浓度的季节特征·················100
3.3.3 片状人工林内外空气颗粒物浓度的日变化特征·············107
3.3.4 典型天气下的片状人工林内空气颗粒物的日变化特征·······115
3.4 片状人工林对空气颗粒物的阻滞功能······················120
3.4.1 片状人工林对空气颗粒物阻滞功能的年变化特征·············120
3.4.2 片状人工林对空气颗粒物阻滞功能的季节变化特征···········122
3.4.3 片状人工林对空气颗粒物阻滞效率的日变化特征·············127
3.5 人工林结构与阻滞功能模型·······························132
3.5.1 带状人工林结构与阻滞功能模型·························133
3.5.2 带状人工林结构与阻滞功能耦合模型···················143
3.5.3 片状人工林结构与阻滞功能模型·························143
3.5.4 片状人工林结构与阻滞功能耦合模型···················154
3.6 以阻滞空气颗粒物为目的的适宜人工林结构···············155
3.6.1 适宜的带状人工林结构·······························155
3.6.2 适宜的片状人工林结构·······························159

第4章 森林植被对 PM2.5 等颗粒物的吸附功能················165
4.1 乔木叶片对不同粒径颗粒物的吸附分析···················166
4.1.1 叶表面吸附颗粒物的水溶性组分分析···················166

4.1.2 叶表面吸附不同粒径颗粒物的季节变化 168
4.1.3 蜡质层吸附不同粒径颗粒物的季节变化 173
4.1.4 乔木叶片对不同粒径颗粒物的吸附情况综合分析 177
4.2 灌木叶片对不同粒径颗粒物的吸附分析 179
4.2.1 叶表面吸附颗粒物的水溶性组分分析 179
4.2.2 叶表面吸附不同粒径颗粒物的季节变化 179
4.2.3 蜡质层吸附不同粒径颗粒物的季节变化 181
4.2.4 灌木叶片对不同粒径颗粒物的吸附情况综合分析 182
4.3 草本和藤本植物叶片对不同粒径颗粒物的吸附分析 182
4.3.1 叶表面吸附颗粒物的水溶性组分分析 182
4.3.2 叶表面吸附不同粒径颗粒物的季节变化 183
4.3.3 蜡质层吸附不同粒径颗粒物的季节变化 184
4.3.4 草本和藤本植物叶片对不同粒径颗粒物的吸附情况综合分析 186
4.4 植物叶片吸附颗粒物能力与叶面微结构的关系 186
4.4.1 植物叶片上表面微结构特征与不同粒径颗粒物 188
4.4.2 植物叶片下表面微结构特征与不同粒径颗粒物 193
4.5 树皮和树枝对不同粒径颗粒物的吸附分析 197
4.5.1 树皮吸附不同粒径颗粒物的季节变化 198
4.5.2 多年生树枝吸附不同粒径颗粒物的季节变化 199
4.5.3 一年生树枝吸附不同粒径颗粒物的季节变化 201
4.5.4 与叶片对不同粒径颗粒物的吸附比较 203
4.6 单株植物对不同粒径颗粒物的吸附分析 204
4.6.1 单株植物对颗粒物吸附量的整体情况 204
4.6.2 单株植物对 PM2.5 的吸附量分析 206
4.6.3 单株植物对 PM10 的吸附量分析 208
4.6.4 单株植物对 TSP 的吸附量分析 209
第 5 章 北京市典型城市绿地及森林对 PM2.5 等颗粒物的调控效应 211
5.1 北京市典型森林公园对 PM2.5 等颗粒物的阻滞效应 211
5.1.1 北京市城市公园绿地对 PM2.5 日阻滞量的估算 215
5.1.2 北京市城市公园绿地对 PM2.5 季节、年阻滞量的估算 215
5.2 北京市不同区县森林及城市绿地对 PM2.5 等颗粒物的吸附效应 216
5.3 北京市不同环路区域森林及城市绿地对 PM2.5 颗粒物的阻滞效应 218
5.3.1 北京市不同环路绿地对 PM2.5 日阻滞量的估算 218
5.3.2 北京市不同环路绿地对 PM2.5 季节阻滞量的估算 218

5.3.3　北京市不同环路绿地对PM2.5年阻滞量的估算 ·················219
5.4　典型人工造林工程（平原百万亩造林）对PM2.5颗粒物的阻滞效应····219
　　5.4.1　北京市平原造林工程对PM2.5日、季节阻滞量的估算··········219
　　5.4.2　北京市平原造林工程对PM2.5年度阻滞量的估算 ···············220
5.5　北京市典型森林公园对PM2.5颗粒物的沉降效应 ·····················220
　　5.5.1　北京市城市公园绿地对PM2.5日沉降量的估算 ·················221
　　5.5.2　北京市城市公园绿地对PM2.5季节沉降量的估算 ···············221
　　5.5.3　北京市城市公园绿地对PM2.5年度沉降量的估算 ···············222
5.6　北京市不同区县森林及城市绿地对PM2.5颗粒物的沉降效应 ·······223
　　5.6.1　北京市不同行政区森林植被对PM2.5日沉降量的估算··········223
　　5.6.2　北京市不同行政区森林植被对PM2.5年沉降量的估算··········224
5.7　北京市不同环路区域森林及城市绿地对PM2.5颗粒物的沉降效应····224
　　5.7.1　北京市不同环路绿地对PM2.5日沉降量的估算 ·················224
　　5.7.2　北京市不同环路绿地对PM2.5季节沉降量的估算 ···············225
　　5.7.3　北京市不同环路绿地对PM2.5年度沉降量的估算 ···············226
5.8　典型人工造林工程（平原百万亩造林）对PM2.5颗粒物的沉降效应····226
　　5.8.1　北京市平原造林工程对PM2.5日滞留量的估算 ··················226
　　5.8.2　北京市平原造林工程对PM2.5季节沉降量的估算···············226
　　5.8.3　北京市平原造林工程对PM2.5年度沉降量的估算···············227
5.9　北京市典型森林公园对PM2.5颗粒物的吸附效应 ·····················228
　　5.9.1　北京市城市公园绿地对PM2.5日吸附量的估算 ·················228
　　5.9.2　北京市城市公园绿地对PM2.5季节吸附量的估算 ···············228
　　5.9.3　北京市城市公园绿地对PM2.5年度吸附量的估算 ···············229
5.10　北京市不同区县森林及城市绿地对PM2.5颗粒物的吸附效应········229
　　5.10.1　北京市不同行政区森林植被对PM2.5日吸附量的估算·········229
　　5.10.2　北京市不同行政区森林植被对PM2.5季节吸附量的估算······230
　　5.10.3　北京市不同行政区森林植被对PM2.5年度吸附量的估算······231
5.11　典型人工造林工程（平原百万亩造林）对PM2.5颗粒物的吸附效应····231
　　5.11.1　北京市平原造林工程对PM2.5日吸附量的估算 ················231
　　5.11.2　北京市平原造林工程对PM2.5季节吸附量的估算··············232
　　5.11.3　北京市平原造林工程对PM2.5年度吸附量的估算··············232
5.12　北京市典型森林及绿地滞尘总量估算 ······································233
　　5.12.1　北京市城市公园绿地对PM2.5滞尘总量的估算················233
　　5.12.2　北京市不同区县森林及城市绿地对PM2.5滞尘总量的估算····233

5.12.3　北京市不同环路区域森林及城市绿地对 PM2.5 滞尘总量的估算 ············234
　　　5.12.4　典型人造林工程对 PM2.5 滞尘总量的估算 ············235
第 6 章　北京市 PM2.5 浓度时空变化与植被覆盖格局的关系 ············236
　6.1　北京市 PM2.5 浓度时空变化特征 ············236
　　　6.1.1　PM2.5 浓度时间变化特征 ············236
　　　6.1.2　PM2.5 浓度空间变化特征 ············238
　6.2　PM2.5 浓度与气象因素的关系 ············241
　　　6.2.1　气象因素时间变化特征 ············241
　　　6.2.2　不同季节大气颗粒物浓度与气象因素的关系 ············242
　6.3　PM2.5 浓度与土地利用类型的关系 ············245
　　　6.3.1　土地利用时空变化特征 ············246
　　　6.3.2　PM2.5 浓度的空间分布 ············248
　　　6.3.3　与土地利用类型的关系 ············254
　　　6.3.4　基于 LUCC 的 PM2.5 浓度与林地覆盖率的关联分析 ············260

参考文献 ············269

第 1 章　森林植被对 PM2.5 等颗粒物的调控

1.1　引　　言

空气颗粒物（atmospheric particulate matter）是大气中存在的各种固态和液态颗粒状物质的总称，也称为大气气溶胶（atmospheric aerosols）（Hinds，1999）。根据粒径大小空气颗粒物可分为总悬浮颗粒物 TSP（total suspended particulate，空气动力学当量直径≤100μm）、可吸入颗粒物 PM10（inhalable particles，空气动力学当量直径≤10μm）、细颗粒物 PM2.5（fine particulate matter，空气动力学当量直径≤2.5μm）和超细颗粒物 PM1（ultrafine particles，空气动力学当量直径≤1μm）。空气颗粒物污染是中国各大城市的主要污染问题之一，空气颗粒物会对植被的生长造成伤害，对人体、动物等健康具有很大的危害作用。吸附在植被器官上的空气颗粒物会引起机械性烧伤、降低植被叶片的光合作用效率，严重影响植被生长；研究发现 PM10 对人体有毒害作用，会对呼吸系统造成炎症和氧化损伤，会对心血管系统造成影响，导致人体的机体生理功能、免疫功能逐渐下降直至死亡等一系列急慢性危害（Seaton et al.，1999）。PM2.5 中富集的有害物质比 PM10 更多，且在空气中存留的时间长于 PM10，人体呼吸系统对 PM2.5 的吸收率也相对较高，因此，对人体健康的影响也更严重。世界卫生组织曾经声明，在心血管和呼吸系统疾病死亡终点的队列研究中存在有力证据证明细颗粒物比其他粒径更大的颗粒物有更严重的危害（WHO，2003）。颗粒物中的有机碳、元素碳、硝酸盐含量与血管死亡和呼吸死亡呈正相关关系，因此来自化石燃料燃烧的 PM2.5 及其所含各成分对健康具有相当大的影响，其中细颗粒物中的硝酸盐含量与总死亡和心血管死亡有较为密切的相关性（Cao et al.，2012）。PM2.5 等颗粒物已经成为国际社会和人民群众关注的焦点，有效调控和消除颗粒物是现阶段急需解决的重大问题。目前许多国家都制定了颗粒物的大气环境质量标准，以保护动植物和人体健康。美国环境保护署于 1995 年设置的环境空气质量标准已经明确规定了 PM10 和 PM2.5 的浓度标准（Kleiner，1997）。2012 年 2 月，我国国务院同意发布新修订的《环境空气质量标准》，增加了 PM2.5 监测指标，并于 2016 年全面实施。目前，北京市已全面系统地开展了 PM2.5 常规监测，全市建立了 35 个 PM2.5 监测站，并在北京市环保监测中心网站上实时发布 PM2.5 研究性监测的小时浓度数据。

森林可通过覆盖地表减少颗粒物的来源、通过叶面吸附直接捕获颗粒物、通过改善微气象条件促进颗粒物沉降等不同途径,发挥降低颗粒物的独特滞尘功能,使空气中悬浮颗粒浓度减小。植物叶片独特的表面结构和润湿性,使得叶片通过截取和固定大气颗粒物的方式成为颗粒物的主要载体。森林是由单个植物个体组成的群体,因此森林是削减城市大气颗粒物的重要措施。

森林对削减大气颗粒物、改善空气质量具有明显作用。北京市城区树木一年能够消除空气中772t的PM10(Yang et al., 2005)。Nowak(1994)通过研究美国芝加哥城市植被的滞尘效应,发现当植被覆盖率达到11%时,PM10滞留量为234t/a,空气质量平均每小时提高0.4%。墨西哥中部地区城市森林每年减少大气中PM10的量超过100t,相当于研究区年度人为排放的2%(Baumgardner et al., 2012)。美国萨克拉门托市城市森林对PM10的日清除率达2.7t,占人为排放的1%~2%(Scott et al., 1998)。而在全美国,城市乔灌木每年消除215kt PM10(Nowak et al., 2006)。英国植物每年阻滞吸附385 695~596 916t PM10,减少死亡人数5~7人,减少呼吸系统疾病入院病例4~6例(Powe and Willis, 2004)。唐明(2011)以北京市城区为研究区域,分析了可吸入颗粒物与土地覆盖的关系,结果显示植被覆盖率和绿地百分比与可吸入颗粒物浓度呈负相关关系,海淀区和石景山区植被覆盖率最大,颗粒物浓度也最小。McDonald和Bealey(2007)模拟了英国西米德兰兹郡和格拉斯哥郡空气中PM10与植被覆盖率的关系,模拟结果表明,当植被覆盖率由3.7%提高到16.5%时,PM10的浓度将下降10%,每年消除10t大气中的PM10,当植被覆盖率达到理论最大值54%时,PM10浓度下降26%,每年消除PM10的质量达200t。以色列类似研究发现,当植被覆盖增加19%~25%,PM10浓度在有可比性的城市地区之间都减少了5%~20%(Freiman et al., 2006)。当森林植被覆盖率增加时,对颗粒物的阻滞吸附能力也增强。

如何在城市中有限的空间内使植物发挥更大的生态功能已经得到了越来越多的关注。北京市经过十三个阶段大气污染控制措施的实施,大气环境质量逐年得到改善。2012年,北京市环境空气中二氧化硫(SO_2)、二氧化氮(NO_2)和可吸入颗粒物(PM10)年平均浓度值分别为$0.028mg/m^3$、$0.052mg/m^3$和$0.109mg/m^3$,二氧化硫和二氧化氮年平均浓度达到国家空气质量二级标准,可吸入颗粒物年平均浓度值超过国家二级标准9%。此外,随着对控制粗颗粒物有效性的不断提高,细粒子(PM2.5)在颗粒物中所占的比例日趋上升,而且细粒子中含有高浓度的有机物、硫酸盐和硝酸盐等二次成分,对人体健康构成很大威胁。北京市发布的空气治理八项措施中,其中一项就是发展城市绿化工作,充分发挥植被对空气质量的调节作用。

国家林业局经过充分调研,在2013年启动了林业行业性公益项目——森林对PM2.5等颗粒物的调控作用研究。依托国家林业局森林生态系统定位观测研究站网(CFERN),选择若干具有良好森林研究积累和特色的核心站或重点站,在北京、广州等大城市展开,统筹城市城区和郊区,以阻滞吸收 PM2.5 等颗粒物为目标,分析植被阻滞吸收 PM2.5 等颗粒物的生态机制;提出代表区域调控 PM2.5 等颗粒物的适宜树种;在生态系统尺度上定量分析和评价森林阻滞吸收 PM2.5 等颗粒物的功能,确定森林对 PM2.5 等颗粒物影响的时空分布特征,最终完成森林对 PM2.5 调控技术的集成模式研究。

1.2 森林植被对 PM2.5 等颗粒物的调控过程

植被对大气颗粒物的清除过程可以分为以下三个阶段:①颗粒物通过湍流扩散等空气动力作用传输到树木附近,这一过程受到风速的影响很大。②颗粒物在准流层的传输过程,这一过程通过布朗运动、截留、碰撞、沉降等因素随机收集于树叶表面、树干、枝条等部位,部分大气颗粒物被滞留在植物体表面,其中大部分通过气孔吸收、雨水冲刷进入土壤,在一定气象条件下部分颗粒物会再排放与再悬浮,某些树叶表面特性(如黏液等)会将部分颗粒物滞留在树叶表面。该过程受到很多因素的影响,包括大气中污染物的浓度水平、边界层湍流传输的强度、污染物的物理化学特征、植物对污染物的吸收和捕捉能力等。③部分超细颗粒物通过气孔吸收等渠道进入植物体内。这部分吸收效果取决于植物叶表气孔部分的表面阻抗。

颗粒物的粒径不同,植被对其清除的机制也有差异,如图 1-1 所示(Erisman and Draaijers, 1995)。

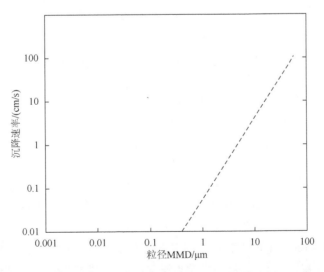

图 1-1 桉树林树冠层颗粒物干沉降速率与颗粒物质量中值直径(MMD)的相关图

对于 MMDs 在 0.1~1.0μm 的颗粒物而言，颗粒物的清除过程主要是通过从自由大气层到下垫面的湍流过程，这一过程的沉降强度取决于风速和下垫面的粗糙度。MMDs 小于 0.1μm 的颗粒物，主要靠布朗扩散清除，效率与颗粒物的大小成反比；对于 MMDs 在 1~10μm 的颗粒物，清除效率随着粒径的增大而迅速升高。这一部分的清除机制主要是拦截和碰撞。而对于 MMDs 大于 10μm 的颗粒物，重力沉降是主要的清除机制。

Milton 等（2004）对树冠拦截作用的信息进行整合分析，指出叶面积指数 LAI 对拦截沉降颗粒物的影响，通过对落叶类植物和针叶类植物在不同树冠高度的颗粒物沉积量上的比较结果可以看出，针叶类植物比落叶类植物得到的沉积量大，原因在于针叶类植物的叶面积指数 LAI 约为落叶类的两倍。Molina-Aiz 等（2006）利用风洞实验得出 4 种不同作物在低风速下压降与风速和叶面密度之间的关系，并得出相关的阻力系数 CD（CD=0.15~0.35），同时指出在较高风速（u>2.5m/s）下，阻力系数会受到叶片尺寸及叶片形状的影响。Guan 等（2003）从宏观角度研究防风林的阻力系数与光学孔隙率和空气动力学孔隙率之间的关系，指出模型随着孔隙率的增加，阻力系数减小，并得出阻力系数与孔隙率之间的关系式。该关系式的提出为后续防风林的研究奠定了基础。

目前针对树和树叶阻力特性的研究有许多。Lee（2000）利用 CFD 软件，通过 k-ε 湍流模型获取树冠风速与压力之间的关系。Gross（1987）通过简化三维树冠模型，利用 CFD 技术研究单棵树周围流场的变化，结合气象条件（风速、温度等）对不同树冠特性（树干长度、树冠直径、树冠高度和孔隙率）进行模拟，同时结合风洞实验进行对比，由单棵树周围的流场得到风速对动量和能量之间转换的作用。Endalew 等（2009）的模型较 Gross 的模型更为精细，将树枝等结构可视化，利用 CFD 技术对树冠周围的流场模拟进行深入的分析，通过理论模拟和实际实验的对比分析为颗粒物的捕集效率研究起到重要作用。Okajima 等（2012）通过建立树叶模型，利用边界层理论研究了树叶表面的强迫对流特性。Duman 等（2014）利用拉格朗日随机分布模型说明了大气边界层内树的风力衰减和湍流扩散。Baldocchi（2010）指出树叶的边界层厚度会对阻力、质量和动量传递产生影响，较厚的树叶边界层会延缓动量和能量等的传递，且叶片尺寸大小会对叶片阻力产生很大影响。Cescatti 和 Marolla（2004）利用现场测量的方法研究树冠阻力系数与湍流强度的关系。在流场中影响树叶阻力特性的因素很多，Molina-Aiz 等（2006）提出压力降是植物叶片密度、叶片尺寸及有效阻挡面积的函数。Raupach 和 Thom（1981）认为风洞实验中单片树叶会随着叶位角（叶子平面与水平方向之间的夹角）和湍流强度及大小发生变化。Lake（1977）指出叶位角会影响叶子的截留机制。Petroff 等（2008，2009）主要从理论上分析了不同沉降机制下的颗粒物捕集效率,并总结了前人的研究结果,为后期理论分析提供了较大帮助。Lin 等(2012)利用实验验证了不同的风速(0.3～1.5m/s)、堆积密度、树枝方向下超细颗粒物被植物捕集的效率,并用这些测量值来研究提出一种分析模型,用常用的冠层特性,如阻力系数和叶面积密度,预测树枝范围的捕集效率,实验结果可以用于放大的生态系统,得出植被种类、平均速度和填充密度之间的变化关系图。Hwang 等(2011)利用实验对两组法国梧桐叶子间颗粒物沉降进行比较,其中,一组叶子只用正面而另一组只用背面,在阔叶树的情况下,空气中亚微米级和超细尺寸的烟尘颗粒受树叶表面的粗糙度(即叶子的叶脉和其他结构)影响而去除,因此,需要在通过造林或植树减少微细颗粒物空气污染上,考虑树种的选择问题。Beckett 等(2000)根据实验研究了不同树种的捕集效率,并对沉降速率进行分析,研究结果具有较高的参考性。Lin 等(2012)利用风洞实验研究了不同堆积密度下针叶类植物树枝在风洞中对超细颗粒物的捕集效率,并结合纤维理论进行分析。而 Reinap 等(2009)则选择阔叶植物进行研究,捕集效率较其他研究偏低。Terzaghi 等(2013)利用清洗法通过实验研究得出植物叶片表面颗粒物尺寸主要分布在 $0.2\sim70.4\mu m$。

下垫面的空气动力学状态对于颗粒物的清除有重要影响。由于树冠层对附近上空运动的空气团有很强的拉力,从而使颗粒物大量补充到森林这一下垫面上来。高大的树木拉力更强。密度大的冠层,由于遮盖效果的影响,对空气团的拉力较小。实际情况下的颗粒物清除数量依赖于单个树冠单元的吸收强度,即捕捉和吸附颗粒物的能力。小的、针形的树叶对颗粒物的捕捉效率高,而大叶形的捕捉效率低。小密度的森林比高密度的森林冠层内风速高,从而可以加强传输效率。

1.2.1 森林植被对 PM2.5 等颗粒物的影响过程概念模型

颗粒物通过湍流扩散输送到植物附近,植物的阻挡作用使局部风速降低,有助于较大颗粒的沉降,气流在树木枝叶间使湍流作用增强,叶片、枝干对颗粒物的黏附作用也加强。当气流推动颗粒物流经叶片表面时,植物自身的形态特征,如树冠形状、叶片形状、枝叶密度、叶表面特性等,都会对颗粒物的沉降量造成影响。冠层结构包括树冠形状、大小、冠层构件组成(如叶面积密度)。粒子捕集是由于植被表面粒子之间的相互作用。不同的动力机制导致了粒子的沉积,主要影响机制有布朗扩散、拦截、惯性碰撞、重力沉降及反弹(Erisman and Draaijers, 1995;吴桂香和吴超,2015)。

1.2.1.1 布朗扩散

布朗扩散对超细颗粒有影响，它们通常小于 0.1μm，气流流速越低，布朗运动越明显。在强制对流中，粒子在树叶表面扩散，布朗运动会大大增加粒子撞到植物上的可能性，因此树叶是一个很好的捕集体。颗粒物的粒径大小、温度、流速及树叶尺度大小和分布均会影响布朗运动（Erisman and Draaijers，1995）。

影响布朗扩散收集效率的因素有颗粒物粒径 d_p、温度 T、气流的性质（Re 数、扩散系数）、树叶的直径 d_n（或宽度 I）和分布 α_{lg}、植物的类型等。颗粒物布朗运动产生的扩散碰撞，只有在颗粒物粒径小于 0.2μm 的情况下才有意义示意图见图 1-2。对于粒径较大的尘粒可忽略扩散影响，气流速度越低，布朗运动越显著，扩散效应作用越强（Erisman and Draaijers，1995）。

1.2.1.2 拦截

拦截机制是指惯性较小、随流场流动的颗粒物，在距离树叶等壁面距离小于半个粒径时被其拦住的情况示意图见图 1-3。拦截机制对于多绒毛的叶片表面滞留颗粒物特别有效。树叶的收集速度与拦截机制收集效率相关（Erisman and Draaijers，1995）。

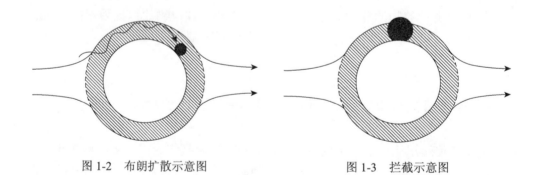

图 1-2 布朗扩散示意图　　　　图 1-3 拦截示意图

1.2.1.3 惯性碰撞

当粒子惯性太大时，气溶胶粒子随着气流偏离流线与树叶表面发生碰撞。在忽略粒子反弹时，粒子一旦与树叶表面碰撞就会被其表面捕获。惯性碰撞相对于拦截机制，指的是惯性较大的颗粒，布朗力远小于流体对颗粒的拖曳力，不像小粒径的粒子因惯性小而跟随空气流动，而是偏离流线与树叶表面碰撞，示意图见

图 1-4（Erisman and Draaijers，1995）。

1.2.1.4 重力沉降

直径大于 10μm 的颗粒物，由于重力沉降的作用不可能长期停留在空中，往往运行很短的距离后沉降到地面。粒子越大，重力沉降作用越大，对于直径大于 30μm 的粒子来说，重力沉降成为粒子沉降的主导因素，重力作用贯穿整个沉降过程，示意图见图 1-5。重力会影响颗粒物运动，并可导致沉降，重力作用的沉降速率主要受颗粒物重力、树叶倾角等因素的影响（Erisman and Draaijers，1995）。

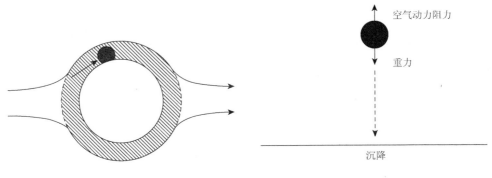

图 1-4　惯性碰撞示意图　　　　图 1-5　重力沉降示意图

总的来说，布朗扩散作用下叶面对颗粒物的收集效率随粒径增大而减小，在粒径小于 0.2μm 的情况下才有意义；对于粒径较大的尘粒，可以忽略布朗扩散作用的影响；气溶胶颗粒粒径越大，流速越高，斯托克斯数 St 越大，惯性碰撞作用越强，其作用范围为粒径大于 2μm 的颗粒物，惯性碰撞作用随颗粒物粒径的增大而增大；在截留作用下叶面对颗粒物的收集效率呈倒"U"形变化，在颗粒物粒径为 1μm 左右时捕集作用最大（Erisman and Draaijers，1995）。

粒径大于 10μm 的粒子由于质量和体积大，在重力作用下能够很快地降落到地面上。在一定的风速下，通过比较不同直径叶面的收集效率可以看出，叶面宽度越大，颗粒物的沉降速率越小。

1.2.2　森林植被调控空气颗粒物扩散综合平衡方程模型

森林调控空气颗粒物平衡方程模型主要由植被平均气流方差、植被温湿度方程和植被湍流方程模型构成。其中冠层颗粒物干沉降平衡模型和湿沉降截留平衡模型是森林调控 PM2.5 等颗粒物的主要作用方式的定量表征,如图 1-6 所示。

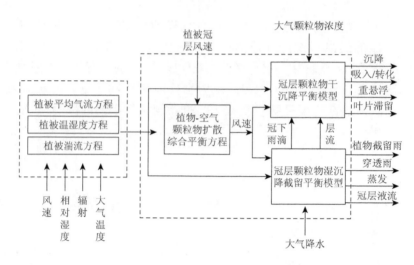

图 1-6 森林调控空气颗粒物扩散综合平衡模型

1. 植被平均气流方程

$$\frac{\partial u}{\partial t}+u_i\frac{\partial u}{\partial x_i}=\frac{\partial p}{\partial x}+K_\mathrm{m}\left(\frac{\partial^2 v}{\partial x_i^2}\right)+f(v-v_\mathrm{g})+S_u \qquad (1\text{-}1)$$

$$\frac{\partial u}{\partial t}+u_i\frac{\partial u}{\partial y_i}=\frac{\partial p}{\partial y}+K_\mathrm{m}\left(\frac{\partial^2 u}{\partial y_i^2}\right)+f(u-u_\mathrm{g})+S_v \qquad (1\text{-}2)$$

$$\frac{\partial u}{\partial t}+u_i\frac{\partial u}{\partial x_i}=\frac{\partial p}{\partial z}+K_\mathrm{m}\left(\frac{\partial^2 w}{\partial x_i^2}\right)+g\left[\frac{\theta(z)}{\theta_\mathrm{ref}(z)}\right]+S_w \qquad (1\text{-}3)$$

$$\frac{\partial u}{\partial x}+\frac{\partial v}{\partial x}+\frac{\partial w}{\partial y}=0 \qquad (1\text{-}4)$$

式中,f 为科里奥利参数;p 为局地气压扰动,hPa;θ 为 z 高度上的位温,℃;参考气温 θ_ref(℃)由模拟区域内除建筑物以外的格点在 z 高度上平均得到,代表了大尺度的气象条件;局地源汇项 S_u、S_v 和 S_w 代表了由于植被拖曳而引起的风速变化;K_m 为交换系数;g 为重力加速度。

2. 植被温湿度平衡方程

$$\frac{\partial \theta}{\partial t}+u_i\frac{\partial \theta}{\partial x_i}=K_\mathrm{h}\left(\frac{\partial^2 \theta}{\partial x_i^2}\right)+\frac{1}{c_p\rho}\frac{\partial R_{n,\mathrm{lw}}}{\partial z}+Q_\mathrm{h} \qquad (1\text{-}5)$$

$$\frac{\partial q}{\partial t}+u_i\frac{\partial q}{\partial x_i}=K_q\left(\frac{\partial^2 q}{\partial x_i^2}\right)+Q_q \tag{1-6}$$

式中，θ 为大气位温，K；q 为大气比湿，g/kg；K_h 和 K_q 分别为湍流显热和水汽交换系数；c_p 为大气比热容，J/(kg·K)；ρ 为空气密度，kg/m³；R_{lw} 为净长波辐射通量，W/m²；Q_h 和 Q_q 代表来自植被和大气模式的水汽和热交换，其数值由植被模式决定。

3. 植被湍流方程

$$\frac{\partial E}{\partial t}+u_i\frac{\partial E}{\partial x_i}=K_E\left(\frac{\partial^2 E}{\partial x_i^2}\right)+Pr-Th+Q_E-\varepsilon \tag{1-7}$$

$$\frac{\partial \varepsilon}{\partial t}+u_i\frac{\partial \varepsilon}{\partial x_i}=K_\varepsilon\left(\frac{\partial^2 \varepsilon}{\partial x_i^2}\right)+c_1\frac{\varepsilon}{E}Pr-c_3\frac{\varepsilon}{E}Th-c_2\frac{\varepsilon^2}{E}+Q_\varepsilon \tag{1-8}$$

式中，Pr 和 Th 项代表由于风切变和温度层结所引起的湍流变化；Q_E 和 Q_ε 代表植被表面所引起的湍流局地变化。

4. 植物-空气颗粒物扩散综合平衡方程

$$\frac{\partial \chi}{\partial t}+u\frac{\partial \chi}{\partial x}+v\frac{\partial \chi}{\partial y}+w\frac{\partial \chi}{\partial z}=\frac{\partial}{\partial x}\left(K_x\frac{\partial \chi}{\partial x}\right)+\frac{\partial}{\partial y}\left(K_x\frac{\partial \chi}{\partial y}\right)+\frac{\partial}{\partial z}\left(K_x\frac{\partial \chi}{\partial z}\right)\\+Q_x(x,y,z)+S_x(x,y,z) \tag{1-9}$$

式中，u 为局地空气颗粒物浓度随时间的变化项；χ 为国际单位制下浓度水平，mg/kg；v 为平流项，代表平均气流对颗粒物的输送；w 为湍流引起的颗粒物变化项；Q 为颗粒物污染来源项；S 为汇项，表示颗粒物污染被沉降、吸附和转化。

1）空气颗粒物污染物源分析

根据空气颗粒物来源可以分为以下 4 种：①点源（point sources）：q_p，单位 mg/s；②线源（line sources）：q_l，单位 mg/(s·m)；③面源（area sources）：q_f，单位 mg/(s·m²)；④体积源（volume sources）：q_v，单位 mg/(s·m³)。

要计算颗粒物污染物的来源须考虑排放源的排放速率 [mg/(kg·s)]，将所有污染源排放清单进行转化：

$$q^*=q_p=q_l\Delta x\Delta y\Delta z=q_f\Delta x\Delta y\Delta z=q_v\Delta x\Delta y\Delta z \tag{1-10}$$

$$Q_x=q^*(\text{vol}\cdot\rho)^{-1} \tag{1-11}$$

式中，vol 为空气体积，m³；ρ 为空气密度，kg/m³。

颗粒物污染物用浓度（mg/m³）表示，故对 χ 进行转换：

$$\chi^*=\chi\rho \tag{1-12}$$

2）森林植被干湿沉降模型分析

森林植被干沉降的描述指标通常为沉降速率和沉降通量，不同高度空气颗粒物浓度、植被冠层结构参数和风速是主要的影响因素，如图1-7所示。

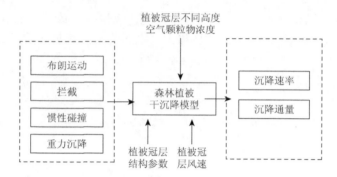

图1-7　森林植被对空气颗粒物干沉降模型图

（1）干沉降计算。

$$F = -u^* c^* \tag{1-13}$$

$$c^* = \frac{k\Delta c}{\ln\left(\dfrac{z_2 - d}{z_1 - d}\right) - \psi_h\left(\dfrac{z_2 - d}{L}\right) + \psi_h\left(\dfrac{z_1 - d}{L}\right)} \tag{1-14}$$

$$\Delta c = c(z_3) - c(z_1) \tag{1-15}$$

式中，c^* 为涡流浓度；Δc 为高度 z_1 和 z_3 的浓度差；ψ_h 为综合稳定校正函数；L 为莫宁-奥布霍夫长度，是按照帕斯奎尔稳定性分类将当地的气象数据分成稳定的等级；k 为冯卡门系数；u^* 为摩擦速度；F 为沉降通量。

当 $L<0$，在不稳定天气条件下：

$$\psi_h = 2\ln\left(\frac{1+X}{2}\right) + \ln\left(\frac{1+X^2}{2}\right) - 2\tan^{-1}X + 0.5 \tag{1-16}$$

无量纲量 X 由式（1-17）计算所得：

$$X = \left(1 - 28\frac{z}{L}\right)^{0.25} \tag{1-17}$$

当 $L>0$，稳定条件下：

$$\psi_h = -17\left[1 - \exp\left(-0.29\frac{(z-d)}{L}\right)\right] \tag{1-18}$$

$$a(z) = \frac{\text{LAI}}{\sigma_a} \exp\left[\frac{-(z-h_m)^2}{2\sigma_a^2}\right] \quad (1\text{-}19)$$

（2）湿沉降计算（图1-8）。

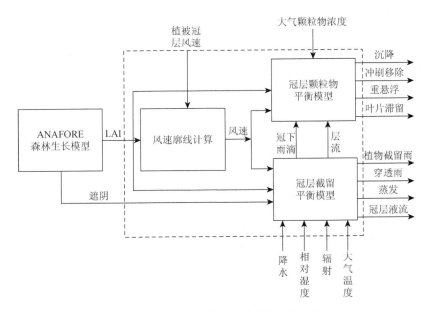

图1-8 森林植被对空气颗粒物湿沉降的模型图

（a）植被冠层风速计算。

$$U(h) = U_h \times \exp\left[-\frac{\text{LAI}}{2}\left(1-\frac{h}{H_c}\right)\right] \quad (1\text{-}20)$$

式中，$U(h)$为植被冠层高h处风速；U_h为植被冠层上方风速；LAI为叶面积指数；H_c为植被冠层高度。

（b）林冠截留降雨模型。

$$\Delta W_i = f_i \times I_i - E_i - D_i \quad (1\text{-}21)$$

式中，W_i为冠层i的降雨量；I_i为输入降雨量；f_i为冠层截留降雨比率；E_i为蒸发速率；D_i为输出到下一级冠层降雨量。

$$f_i = 1 - \exp(-k \times \text{LAI}_i) \quad (1\text{-}22)$$

$$I_i = D_{i-1} + (1-f_i) \times I_{i-1} \quad (1\text{-}23)$$

计算林冠截留一个关键参数就是林冠层储存的降雨量（S_i）：

$$S_i = \text{LAI}_i \times 2 \times \text{SL} + \text{SW} \times \text{WAI} \quad (1\text{-}24)$$

式中，SL和SW分别为单位叶面积和单位冠层面积储存量；WAI为树木面积指数，即每平方米树木面积。

潜在蒸发速率（E_{pi}）在整个模型中是计算冠层蒸发量的一个关键前提：

$$E_{pi}(U_i) = SF_i \times E_{psi}(U_i) + LF_i \times E_{pli}(U_i) \quad (1\text{-}25)$$

式中，E_{psi} 为遮阴条件下的蒸发速率；E_{pli} 为太阳照射下的蒸发速率；SF_i 为遮阴冠层所占百分数；LF_i 为太阳照射冠层所占百分数；U_i 为某一层冠层风速，通常为该层顶部和底部风速的平均值。

计算得到了植被潜在蒸发速率，植被冠层的整个蒸发速率（E_i）可以依据潜在蒸发速率计算：

$$E_i = (W_i / S_i)^{2/3} \times E_{pi}(U_i) \quad (1\text{-}26)$$

当外界输入植被冠层降雨量（W_i）超过冠层储存能力（S_i）时，一部分降雨（D_i）将降落到地面：

$$D_i = W_i - S_i \quad (1\text{-}27)$$

（c）森林冠层调控大气颗粒物的平衡方程。

$$\Delta P_i = DD_i - RS_i - WO_i + PI_i \times f_i \quad (1\text{-}28)$$

式中，ΔP_i 为叶表面颗粒物质量；DD_i 为颗粒物干沉降量；RS_i 为颗粒物重悬浮量；WO_i 为降雨冲刷颗粒物量；PI_i 为降雨冲刷颗粒物总量。

1.2.3 影响森林植被调控颗粒物的因素

1.2.3.1 叶表微形态的影响

植物滞留颗粒物的过程是复杂的，影响因素主要有叶面形态结构特征、叶面粗糙度、叶片着生角度、叶面润湿性及树冠大小、疏密度等。不同的绒毛密度对颗粒物的滞留能力有较大的影响（陈芳等，2006）。叶表皮具有沟状组织、密集纤毛的树种滞尘能力强，叶表皮具有瘤状或疣状突起的树种滞尘能力差（柴一新等，2002）。陈玮等（2003）研究发现，不同针叶树叶表面结构不同、滞尘量较小的白皮松、华山松和油松表面平滑，细胞与气孔排列整齐；而滞尘量较大的红皮云杉、沙松冷杉、东北红豆杉的针叶表皮平滑程度较低，细胞与气孔排列不如前三种植物整齐，在红皮云杉叶表面还有大小不等的瘤状物；不同针叶树叶断面形状与滞尘量相关，白皮松和油松叶片的上表面呈弧形，不易附着灰尘；华山松叶片呈三棱形，上表面较窄，附着的灰尘量较小；两种云杉的叶片呈四棱形，上表面比三种松属植物的叶片宽且平展，因此相对滞尘量要大；沙松冷杉和东北红豆杉的叶断面形状都较扁、较平，这种断面正是构成其滞尘量大于三种松属植物和两种云杉属植物的主要因素。Wang等（2006）研究发现，植物主要靠叶片上表面吸附颗粒物，而且结构越紧密、沟槽越多，吸附的颗粒物越多。余曼等（2009）将叶表凹凸结构进一步划分，发现叶表面褶皱能够最大程度地提高滞尘能力，表面网格较深、密集且网格形态不规则、大小不均一的叶片能够较大程度地提高滞尘能力，网格较浅且形态均一的叶片滞尘能力并不突出，孔穴形凹陷、瘤状突起、浅沟组织对滞尘能力的提高贡献不大。植物叶片表面特殊的分泌物对空气颗粒物有很强的黏附力，被捕获的颗粒物较为稳定。超细粒子和空气细粒子最易被叶片表面的黏液等捕获（Freer-Smith et al.，2005），被捕获的颗粒物不易因简单清洗而去除，甚至深度清洗仍不能彻底清除叶片固定的细小粒子（王赞红和李纪标，2006）。易润湿的植物叶片滞尘能力强，不易润湿的植物叶片滞尘能力弱；叶片滞尘能力与叶片接触角显著负相关，与表面自由能及其色散分量显著正相关，而与极性分量相关关系不显著（王会霞等，2010）。叶片表面蜡质层含量与植物吸附 PM 能力显著正相关，但叶面粗糙度和叶面积大小与滞尘量相关性不显著（Saebo et al.，2012）。赵松婷等（2013）的研究中总结了叶片表面特性、植物叶片倾角和树冠结构、叶绿素含量、光合作用和呼吸作用、植物生长阶段、外界环境因素等对滞尘的影响。刘玲（2013）发现，叶片有表面毛的滞尘量大，主要吸附粗颗粒物，而光滑的植物叶片主要吸附细颗粒物。

比较不同植物滞尘能力的研究较多。Mo 等（2015）对森林植被吸附颗粒物效果进行研究，分析比较了不同植物对大气中不同粒径颗粒物的吸附效果差异及不同植物之间吸附能力的差异。张家洋等（2013）根据 37 种道路绿化树木综合滞尘能力的大小将其归为四类：第一类为枇杷、紫薇、红叶李、构树和毛泡桐；第二类为小叶黄杨和凤尾兰；第三类是国槐、臭椿、连翘、榆叶梅、毛白杨、紫荆、悬铃木、海桐、银白杨、椤木石楠、大叶黄杨、红叶石楠和火棘；第四类为金银木、碧桃、栾树、枫杨、小叶女贞、木槿、榆树、刺槐、银杏、龙爪槐、大叶女贞、紫叶小檗、五角枫、皂荚、垂柳、白蜡和合欢。谢滨泽等（2014）分析比较了 20 种道路绿化植物叶片去除 TSP 与 PM2.5 的能力后发现，不同植物单位叶面积滞留 TSP 和 PM2.5 的量均存在显著差异，变化范围分别为 $0.40\sim3.44\text{g/m}^2$ 和 $0.04\sim0.39\text{g/m}^2$；叶表面沟槽宽度的不同可能是不同植物滞留 TSP 和 PM2.5 差异的主要原因，沟槽宽度过宽或过窄均不利于叶片捕集颗粒物，且颗粒物滞留量随沟槽深度的增加而增大；气孔密度较大的叶片表面颗粒物滞留量较大。柴一新等（2002）通过对哈尔滨市 28 个树种进行滞尘测定和叶表电镜扫描发现，不同的树种滞尘量差异显著，树种之间的滞尘能力可相差 2~3 倍以上；常绿针叶树种中，红皮云杉、杜松是优良的滞尘树种，4 周后滞尘量分别达到 5.7g/m^2 和 4.4g/m^2。落叶阔叶树种中，银中杨、金银忍冬、山桃稠李是优良的阔叶滞尘树种，2 周后滞尘量分别达到 1.9g/m^2、2.0g/m^2 和 2.45g/m^2。针叶树在东北的冬季有很强的滞尘作用，陈玮等（2003）的研究将常见针叶树的滞尘能力排序为沙松冷杉＞沙地云杉＞红皮云杉＞东北红豆＞白皮松＞华山松＞油松。

1.2.3.2 森林结构的影响

1）带状林

道路林带对大气颗粒物有明显的消减作用，而道路林带的滞尘量与林带和道路之间的距离有关。面向道路的植物叶片滞尘量比背向道路的植物叶片高，同种植物主干道植物叶片的滞尘量比次干道高（Wang et al., 2006）。公路两侧防护林树木叶片表面空气颗粒物数量随距公路距离的增加而减少（王晓磊和王成，2014）。在不同位置的桧柏（*Sabina chinensis L.*）滞尘能力排序为机动车道与自行车道分车带＞自行车与人行道分隔带＞公园内同株树面对街道面＞公园内同株树背离街道面，说明绿地植物的滞尘量随距交通排放源的距离而变化（陈玮，2005）。对于日均车流 6 万辆的公路，高速公路两侧 80m 范围是重金属污染最集中的扩散区域；而 40～60m 宽林带对日流量 5 万～8 万辆汽车的高速公路重金属污染防治效果较好（王成等，2007）。树种冠层不同方位（迎车道与背车道）与不同高度（冠层上位与冠层下位）上的叶片滞尘量基本呈现一定的趋势：迎车道＞背车道，冠层下位（2～5m）＞冠层上位（5～7m），但树种冠层方位与高度差异对叶片滞尘影响不明显，受到外界环境的影响也较大（蔡燕徽，2010）。

道路林带的高度、宽度、密度、疏透度、郁闭度等特征，都会影响道路林带的滞尘效果（齐飞艳，2009；王晓磊和王成，2014）。殷杉等（2007）发现净化百分率与郁闭度呈正相关，与疏透度呈负相关；郁闭度的最佳范围为 70%～85%，疏透度的最佳范围为 25%～33%。陈小平等（2014）研究发现，当绿化带疏透度在 10%～20%、郁闭度在 75%～90%时，绿化带对总悬浮颗粒物（TSP）净化效率较高；相对湿度对 TSP 净化效率的影响比风速和温度大。各种不同郁闭度的片林对降尘有着很明显的截滞作用，郁闭度越大，作用越明显（粟志峰等，2002）。城市道路颗粒物的扩散速率很大程度上受到气流铅直湍流强度的影响（王晓磊和王成，2014）。行道树冠幅小、密度小、株间距大，街道峡谷内有较大的风速梯度，因此有利于机械湍流的增强，颗粒物扩散效果好（吴志萍，2007）。但在行道树间距较密、树枝交叉时，树冠会在道路上方形成顶盖效应，吸收颗粒物的同时也会降低风速，减小街区内部气流的垂直流动，减弱道路林带内外的气流垂直交换，阻碍颗粒物向上层大气扩散，导致道路两侧颗粒物浓度升高（Rotach, 1995；粟志峰等，2002）。同种类植物种在封闭式环境条件下叶片滞尘量明显低于开敞式环境条件下的滞尘量；在开敞式环境条件下，对同株植物叶片纵向不同高度滞尘量的比较发现，"低"位的滞尘量明显高于"高"位和"中"位，这是由于在开敞式环境条件下车辆和行人繁多，造成路面的二次扬尘较多（高金晖等，2007）。

道路林带的群落结构也会影响滞尘作用的效果。Liu 等（2015）进行了森林对空气颗粒物阻滞作用的研究，构建了人工林结构与阻滞颗粒物功能的耦合模型，并通过线性规划对其进行了优化研究。陈小平等（2014）研究发现，主干道非隔离绿化带的最优结构是乔灌结构；次干道最优结构是乔灌草结构；支路三种结构类型的道路绿化带对 TSP 净化效率差异不明显。粟志峰等（2002）认为，街道绿地应以稠密乔木型和乔木-灌木-花草型为首选，可减少颗粒物对空气质量的影响。Prusty 等（2005）在研究开放环境中城市道路灌木叶片滞尘能力时发现，叶片阻滞的空气中的颗粒物含量易受机动车尾气排放的影响，树种冠幅越大、枝条密集度越大，则树冠内风速越低，叶片阻滞的颗粒物在叶面的滞留越稳定，空气中携带的大颗粒降尘含量将会下降。

2）片状林

多数学者认为城市片林中大气颗粒物浓度低于林缘，随着距污染源距离的增加，其浓度逐渐降低。不同公园的竹林，林内颗粒物浓度均小于林缘，且林分密度大时，林内的颗粒物浓度要大于林分密度较小的竹林（张晶，2012）。新西兰冬季常绿阔叶林内 PM10 浓度由林缘向林内呈现衰减趋势，PM10 浓度从林外的 $31.5\mu g/m^3$ 降低到林内 50m 处的 $22.4\mu g/m^3$（Cavanagh et al., 2009）。任启文等（2006）监测城市片林空气细菌含量时发现，能起到较好抑菌作用的林地的宽度需要大于 30m，建设绿地面积>$900m^2$ 才能形成"森林内环境"，能够从降低空气细菌含量的角度为市民提供良好的游憩服务。

城市片林的结构会影响大气颗粒物的浓度和扩散。从城市片林滞尘能力来讲，绿量越多，郁闭度、盖度越大，对降尘的滞纳作用越强；但从消除城市片林中大气颗粒物浓度的角度来讲，它与绿量、郁闭度、覆盖率等结构指标并没有呈正相关关系（王晓磊和王成，2014）。当郁闭度过大、地被物覆盖度过高时，林内颗粒物浓度会长时间居高不下（郭二果，2008）。刘立民和刘明（2000）研究认为地域相对绿量与大气污染物浓度之间存在绿化效益最佳阈值区，即在绿量增加的初期，污染物浓度下降较快，当绿量达到一定值后，污染物浓度下降开始明显减缓；当绿量继续增加，达到一个较高的量值时，污染物浓度下降变得不明显。

植物群落结构对城市绿地滞尘产生很大的影响。Sun 等（2014）通过森林颗粒物沉降过程研究，探索了不同类型森林生态系统下 PM2.5 等颗粒物的浓度变化规律和 PM2.5 中成分的变化规律，得到了不同类型森林生态系统的沉降量和沉降速率，并初步建立林带阻滞吸附颗粒物的沉降分层模型。Baker（1989）的研究表明，乔-灌-草型的绿地滞尘作用相对较好，是目前较为理想的绿地类型。郑少文（2005）通过对大学校园内三种绿地类型的研究发现，乔-灌-草型绿地滞尘能力最大，灌-草型绿地次之，单一草坪型绿地最小。张新献等（1997）认为居住区不同结构类型的绿地都具有降低空气粉尘含量的作用，其中乔-灌-草型减尘率最高，灌-草型次之，草坪较差；以乔木为主的复层结构绿地能够最有效地增加单位绿地面积上的绿量，从而提高绿地的滞尘效益。刘学全等（2003）认为，具有乔、灌、草垂直结构、绿体含量高的绿地类型表现出较好的滞尘效应和吸收大气有害气体效应，如乔-灌-草林、乔木混交林、灌木林等；而结构单一或绿量低的绿地类型净化大气功能则明显下降。陈芳等（2006）在武钢厂区绿地进行的研究发现，不同层片类型滞尘能力依次为落叶阔叶灌木＞常绿阔叶灌木＞绿篱＞常绿阔叶乔木＞落叶阔叶乔木＞针叶乔木＞草本。也有研究得到了针叶树比阔叶树滞尘能力强的结果（Saebo et al.，2012）。

乔木由于其高度和结构，可以比灌木和草本更多地滞纳颗粒物（Tallis et al.，2011），但单位面积滞尘能力往往是灌木比乔木高（Dzierzanowski et al.，2011）。高大的乔木可以大大降低绿地及周围的风速，为有效截留并吸收颗粒物提供有利条件（郭伟等，2010）。由于在北方地区，冬季除了极少量的阔叶灌木以外，阔叶树大多数已落叶，只有针叶树能发挥滞尘作用，在北方地区保证针叶树种的种植比例显得尤为重要。垂直绿化植物能够改善城市人居空间的生态环境，并且有着其他绿化植物所不能达到的作用。因此，在城市绿地面积明显不足的情况下，垂直绿化将成为城市绿化发展的新方向。

3）树冠结构对颗粒物沉降的影响

在湍流、涡流作用下，颗粒物在下风向的物体边缘最易发生沉积，因乔木茂硕的林冠层比灌木能更有效地捕获大气中的悬浮颗粒物，针叶树凭借其更小、更密集的叶子比阔叶树能更有效地滞留空气中的颗粒物。由此可见，树叶的形状、叶面倾角和密度及树冠大小、高度等的差别会使气溶胶的流速、湍流作用、流量等因素发生改变，增大地面的表面粗糙度，从而增加颗粒物的沉降和碰撞，很大程度上改变了颗粒物的滞留速度。

沉降速率与叶面积指数关系曲线呈"U"形，并非随叶面积指数的增加而增加；叶面积指数增加，沉降效率增加。但是过高的 LAI 将会降低沉降效率。LAI 可以影响气团从自由大气层传输到森林冠层表面及准层流层，从而影响传输阻力，包括 R_a、R_b、R_c。

由于近地面大气气溶胶溶度的变化和树冠层影响大气气流的变化等因素，颗粒物的沉降速率与树冠的高度没有明显的线性变化规律。树冠层截留颗粒物率变化很大，最高近70%，受叶面积指数、密度、粉尘溶度、风速等多种因素的影响，树冠顶颗粒物沉降速率最高。新叶与老叶叶面性质（如湿润度、粗糙度）的不同造成了滞留颗粒物速度的变化。

相对于森林内部，森林边缘地区对于颗粒物的沉降效果更大，是由于局地水平对流及更强的湍流交换。进入森林边缘地区的风，形成一个压力梯度，它的强度取决于森林边缘地区对空气团的拉力强度，这个拉力强度取决于叶面积强度。冠层内风速越高，传输越强，尤其是超细颗粒及液滴的沉降也就越强。在最边缘的地带，当风速很高，受地面的黏性很低的时候，由于弹起或吹走等原因导致的颗粒物再悬浮也会加强。

1.2.3.3 气象因子的影响

温度、湿度、风速和降水等气象条件与颗粒物有不同程度的相关关系。自然环境中，植物叶表面干沉降在降雨后有一部分被淋洗至地表而被去除，一部分由于风的作用再次悬浮，还有一部分仍然剩余在叶表面。自然界的降水过程对叶表面滞留颗粒物的淋洗作用是植物恢复滞尘功能的关键因素（Schaubroeck et al., 2014）。根据 Schaubroeck 的平衡公式：①当再悬浮部分为 0 时，干沉降尘量=淋洗尘量+剩余尘量；②当淋洗部分为 0 时，干沉降尘量=再悬浮尘量+剩余尘量。

城市绿地植物滞尘量随滞尘时间的变化规律是很多学者关注的内容，但植物滞尘饱和周期的研究较多，而滞尘能力恢复周期的研究较少。戴峰等（2010）研究认为，在一定时间内，乔木和灌木的滞尘量随时间的延长而不断增加。但高金晖等（2007）研究发现，1 天内植物叶片累计滞尘过程与时间不呈线性相关关系。王赞红和李纪标（2006）研究发现，在晴朗、微风的情况下，15 天是大叶黄杨单叶片滞尘量达到饱和的最大时限；而邱媛等（2008）和 Liu 等（2012，2013）发现，植物在自然状态下 20 天左右能够接近或达到饱和。此外，王赞红和李纪标（2006）还发现，雨水冲刷只能冲刷掉那些粒径比较大的颗粒物，对细颗粒物影响不大，但会导致细颗粒物形态变化和水溶性成分溶解，而细颗粒物溶解性成分较高。

同样，在植物滞尘量研究中，滞尘量最大值的研究远多于滞尘量最小值的研究。在黄慧娟（2008）的研究中，保定市路旁国槐的一周滞尘量约为 $6g/m^2$，两周滞尘量达 $9.886g/m^2$。在史晓丽（2010）的研究中，北京市道路旁国槐第一周的滞尘量为 $2.83g/m^2$，到第二周滞尘量为 $4.22g/m^2$，到第三周为 $4.49g/m^2$，可见树种每一周的滞尘量不是线性增加，而是增幅逐渐减小。滞尘达到饱和，滞尘量便不再增加或增加幅度较小，直到下次大雨过后植物叶片再重新滞尘。

在前人的模拟研究中，降雨和风对植物滞尘的共同影响研究结果较少，已有模拟研究结果多为风和雨的单独作用研究（Beckett et al., 2000; Reinap et al., 2009）。Beckett 等（2000）发现在风速小于 8m/s 时，叶面滞尘及颗粒物沉降速率随风速的增大而增大，但风速的继续增大则可能导致叶面滞尘及颗粒物沉降速率的减小。Schaubroeck 等（2014）发现风速小于 10m/s 时，欧洲赤松叶面颗粒物沉降速率随风速的增大而增大。

目前风和雨共同作用对植物滞尘影响研究多为自然条件下的实验，采用气象数据倒推，通过模型方法研究的较为少见（Wang et al., 2015; Rodriguez-Germade et al., 2014; 王蕾等, 2006; 王会霞等, 2015）。王会霞等（2015）发现，在 31.9mm 的降水后，油松和三叶草叶面滞尘量变化不明显，而女贞和珊瑚树叶面上约 50% 和 62%的颗粒物被洗除。王蕾等（2006）发现侧柏和圆柏叶表面密集的脊状突起间的沟槽可深藏许多颗粒物，且颗粒物附着牢固，不易被中等强度（14.5mm）的降水冲掉。降雨的清洗作用因植物种而异，与降雨特性密切相关。王蕾等（2006）研究发现，10.4m/s 的大风并不能吹掉侧柏、圆柏、油松和云杉叶面上滞留的颗粒物。王会霞等（2015）发现，极大风速对女贞和珊瑚树叶面滞尘量的影响均呈现先升高后降低的趋势，在极大风速 14m/s 时达到峰值。风速对不同植物种的影响差异较大，瞬时风速和持续风速对物种的影响也有所不同。阮氏青草（2014）研究发现，颗粒物在叶面和叶腊层的沉积过程取决于多种因素：沉积时间、降雨和风力；雾霾天后，混交林和灌木林的 TSP-PM10 的累积量高于其他森林类型；但是 PM2.5 和 PM1 在针叶林是最高的，其次是阔叶和灌木类型；草地和对照有良好条件，TSP 和 PM10 的浓度表现出低于其他的森林类型。

  同一粒径的颗粒物其不同成分的季节变化不同，且同一种成分在不同地区也有差别。以与人体健康最为密切的 PM2.5 为例，北京 PM2.5 中有机碳、元素碳和 PM2.5 总体季节变化一致，基本都是冬季高、夏季低。空气温度和湿度还能影响颗粒物组成成分的比例分配和转化，如温度和湿度均对大气中 NO_3^- 的热力学平衡有影响，特别是温度，当气温低于 15℃时，NO_3^- 主要以离子形态存在；当气温高于 30℃时，NO_3^- 主要以气态 HNO_3 的形式存在，温湿度就是通过这个过程来影响空气颗粒物中 NO_3^- 的变化的。研究发现，气候干燥、风沙大，则空气悬浮颗粒物多，反之，空气湿润、风速小，则空气质量较好。然而，如果低风速、高湿度天气长时间持续，会导致污染物积累而增加，而一定量的风速能通过各种方式使污染物扩散。TSP 浓度与月平均气压呈正相关关系，气压高时浓度值大，气压低时浓度值小。据统计，TSP 浓度与月平均气压的相关概率为 75%。TSP 污染与逆温现象关系密切，逆温会阻碍空气颗粒物的扩散，其季节变化就与逆温现象的变化密切相关，一般来讲，TSP 污染最重的冬季，也正是逆温层最厚、强度最大、出现频率最多、持续时间最长的时期，夏季逆温层变薄，TSP 浓度较低。城市空气悬浮颗粒物水平在一天内表现出明显的日变化规律，一般呈现为双峰双谷型，且在早晚各出现一次高峰值。城市空气悬浮颗粒物的日变化情况还因季节不同而有所差异。在多云和阴天的天气条件下，空气颗粒物污染会加重。在采暖期，多云和阴天使空气颗粒物污染更加严重。沙尘暴不仅会影响当地空气颗粒物水平，也会通过远距离传输影响周边城市空气颗粒物的浓度和成分。当沙尘暴事件发生时，TSP 和 PM10 浓度会增加，气溶胶样本的棕色也较深，无论是细颗粒还是粗颗粒，来源于土壤的颗粒物成分会增加。

  降水是影响空气颗粒物浓度的重要气象要素之一。空气颗粒物作为降水形成的凝结核会经雨水的冲刷作用而降低。而且，雨水对不同粒径的粒子冲刷效率不同，研究证明雨水对粗粒子冲刷效率明显，所以雨后大颗粒迅速减少，而可吸入颗粒物的比例可能会加大。降雨对大气气溶胶的冲刷作用与降雨强度有关，降雨强度越大,冲刷作用越明显。雪对空气颗粒物的影响具有双重作用,一方面,雪在沉降过程中可以通过冲刷作用降低空气颗粒物;另一方面,雪覆盖地表,使地面温度降低,并且对太阳辐射的反射增加、吸收减少,这样会导致逆温现象而不利于空气颗粒物扩散。

人为活动和其他污染物对城市空气颗粒物的日变化和空间分布也有影响。燃煤对空气颗粒物水平有明显的影响,冬季采暖引起的空气颗粒物污染相当严重。交通车辆是城市空气颗粒物的主要来源,城市交通量越大,空气颗粒物浓度越高,美国洛杉矶空气中元素碳和英国 PM10 及黑烟浓度均在平日较周末高,在圣诞节假日较平日低,这说明平日上班交通车辆和人流量会增加空气颗粒物浓度。另外,澳大利亚布里斯班空气颗粒物浓度也表现出与交通量呈极显著正相关关系。不过,随着一些环保措施的采取,如无铅汽油和压缩天然气的使用、三轮双排气口车辆和破旧公共汽车及大卡车的禁用,城市空气颗粒物浓度逐年下降,使得空气颗粒物特别是铅含量与交通密度相关性越来越不显著,在世界上很多地方都证明了这一点。白天颗粒物的沉降速率高于夜晚,这是由白天较高的摩擦速度和大气不稳定程度造成的,而空气动力学条件影响沉降速率的两个主要气象参数为摩擦速度和大气稳定度。

1.3 森林植被对 PM2.5 等颗粒物的调控机理

1.3.1 森林植被对大气颗粒物的沉降机制

颗粒物沉降过程的影响因素较多,这使得沉降过程十分复杂,大气中颗粒物的沉降一般可分为干沉降和湿沉降(吴桂香和吴超,2015)。湿沉降主要包括大气中易吸收水分的气溶胶(如硝酸盐和硫酸盐)发生吸湿增长并降落下来的过程,大气颗粒物以吸附、溶解的形式暂时从大气中清除;干沉降是大气中的颗粒物在没有降水的情况下,运动到地表附近并吸附在各种表面上的过程。气溶胶颗粒物在冠层内的沉降形式为干沉降,沉降通量是衡量沉降量的主要参数,冠层内大气颗粒物的沉降平衡式为

$$\frac{\partial}{\partial z}\left[-K_p(z)\frac{\partial n}{\partial z}-V_g n\right]+a(z)V_s n=0 \qquad (1-29)$$

式中,V_g 为颗粒物的重力沉降速率,m/s;n 为颗粒物在树冠内的数量分布,$n=\mathrm{d}N/\mathrm{dlg}D_p$,其中 N 为颗粒物的平均数量,D_p 为收集体的面积,m²;$V_s=\sum V_k$,V_k 为各种捕集机制的平均收集速率。

将颗粒物在树木的沉降函数假设为以 M 为起点、由无数个小单元相连接而组成的函数,ψ_k 表示其中一个单元,则颗粒物的平均收集速率为

$$V_k = \int_{D(\psi_k)} \frac{s}{\bar{s}} v_k \varphi \theta \psi_k \qquad (1\text{-}30)$$

式中，φ 为与沉降参数 V_k 有关的函数；平均收集速率 V_k 为树叶收集速率 v_k 的函数。颗粒物在树冠内的数量分布与摩擦速度、叶面积密度 $a(z)$ 及粉尘的沉降速率 V_g、V_s 相关。

1.3.1.1 概念模型中沉降速率的计算

1) 布朗扩散

当颗粒物沿非截留流线在树叶旁边流过时，其运动轨迹与气体流线不一致，颗粒物会产生偏离而无规则地移动，扩散到树叶表面，树叶边界层的状态（层流或紊流）与雷诺数有关。布朗运动会大大增加粒子撞在植物上的可能性，前人研究了微颗粒沉降在障碍物表面的布朗扩散，并提出了树叶的布朗扩散收集速率的表达式：

$$v_B = Sh \cdot D_B / d \qquad (1\text{-}31)$$

式中，Sh 为舍伍德数，Petroff 等（2008）将舍伍德数经验公式总结为 $Sh = C_B Sc^{1/3} Re^{n_B}$，$n_B$ 与植物类型有关，针叶取值为 1/2，阔叶取值为 2/3，C_B、n_B 与气流的 Re 数有关，Petroff 等（2008）列出了不同 Re 数时的 C_B、n_B；d 对针叶是直径 d_n，对阔叶则为宽度 l，cm；D_B 为气溶胶粒子的湍流扩散系数，$D_B = KTC_c / (3\pi\mu d_p)$，cm²/s，$K$ 为玻尔兹曼常量（1.38×10^{-23} J/K），T 为热力学温度（K），μ 为气体的黏性系数（N·s/m²），d_p 为颗粒物直径（m），C_c 为坎宁安修正系数。

将式（1-31）中树叶基本元素的布朗扩散收集速率代入式（1-30），得到布朗扩散收集机制的平均收集速率为

$$V_B = I_B v_B(\bar{d}) \qquad (1\text{-}32)$$

式中，对针叶是树冠针叶直径 d_n，$I_B = \dfrac{\overline{d_n^{n_B}}}{\bar{d}_n^{n_B}}$，对阔叶则是树冠树叶宽度 l，$I_B = \dfrac{\overline{l^{n_B}}}{\bar{l}^{n_B}}$；$I_B$ 是由气流性质和叶面的几何尺寸决定的，且与叶面直径（宽度）的标准偏差 σ_{lg} 成反比。

由式（1-32）可以看出，影响布朗扩散收集效率的因素有颗粒物粒径 d_p、温度 T、气流的性质（Re、扩散系数）、树叶的直径 d_n（或宽度 l）和分布 σ_{lg}、植物的类型等。颗粒物布朗运动产生的扩散碰撞，只有在颗粒物粒径小于 0.2μm 的情况下才有意义，对于粒径较大的尘粒可忽略扩散影响，气流速度越低，布朗运动越显著，扩散效应作用越强（吴桂香和吴超，2015）。

2) 拦截

拦截机制是指惯性较小、随流场流动的颗粒物，在距离树叶等壁面距离小于半个粒径时被其拦住的情况。截留机制对于多绒毛的叶片表面滞留颗粒物特别有

效。树叶的收集速率与截留机制收集效率相关。

$$V_{in} = E_{in} \frac{s_x}{s} \langle u \rangle \tag{1-33}$$

Slinn（1982）对树叶截留作用的收集效率提出了便于使用的解析形式，用 d_n、d_r 分别表示树叶直径、叶片表面粗糙度，树叶的截留机制收集效率计算如下

$$E_{in} = \frac{c_v}{c_d} \left[f_{in} \frac{d_p}{d_p + d_r} + (1 - f_{in}) \frac{d_p}{d_p + d_n} \right] \tag{1-34}$$

式中，c_v 为植物的黏性阻力系数；c_d 为植物的阻力系数；f_{in} 为植物的截留量分数；但 d_r、f_{in} 在实验中很难确定。因此，针对针叶，采用以下简化公式：

$$E_{in} = \frac{1}{2} \left(\frac{d_p}{d_n} \right)^2 \tag{1-35}$$

针叶截留机制的平均收集速率为

$$V_{in} = \frac{1}{2} K_x \frac{d_p}{d_n} \langle u \rangle \tag{1-36}$$

阔叶的基本元素的收集速率与树叶的两个方位角有关，Petroff 等（2008）关于阔叶截留机制的平均收集速率表达式为

$$V_{in} = \frac{3}{8} K_x \frac{d_p}{\overline{I} \left(\frac{2}{3} + \ln \frac{8\overline{I}}{d_p} \right)} \langle u \rangle \tag{1-37}$$

3）惯性碰撞

惯性碰撞相对于截留机制，指的是惯性较大的颗粒，布朗力远小于流体对颗粒的拖曳力，不像小粒径的粒子因惯性小跟随空气流动，而是偏离流线与树叶表面碰撞。树叶的碰撞机制沉降速率为

$$V_{im} = E_{im} \frac{s_x}{s} \langle u \rangle \tag{1-38}$$

碰撞机制效率 E_{im} 与斯托克斯数 St 有密切的关系。颗粒物在树叶上惯性碰撞收集效率 $E_{im} = (St/St+\beta)^2$，$St = \rho_p d_p^2 C_p U / (18\mu d)$，其中 ρ_p 为气溶胶的密度（g/cm³），C_p 为气溶胶的卡宁汉校正因子，U 为气流的正面速率（m/s），β 在 0.25~0.8，针叶选择 $\beta=0.6$，阔叶选择 $\beta=0.47$。惯性碰撞平均收集速率为

$$V_{im} = K_x I_{im} \langle u \rangle \tag{1-39}$$

对于针叶，$I_{im} = \int_{d_n} E_{im}(x) \varphi dx$，将 E_{im} 代入式（1-39）得

$$V_{im} = K_x \frac{St_m^2}{2\beta^2} \left[\frac{1}{1 + 2\beta / St_m} + \ln(1 + 2\beta / St_m) - 1 \right] \langle u \rangle \tag{1-40}$$

对于阔叶，$I_{im} = \int_I \frac{I^2}{I^2} E_{im}(I) \varphi dI$，将 I_{im} 代入式（1-39）得

$$V_{im} = \frac{3K_x}{4} \frac{St_m^2}{\beta^2} \left[\frac{2+2\beta/St_m}{2+\beta/St_m} - \frac{St_m}{\beta} \ln(1+2\beta/St_m) \right] \quad (1\text{-}41)$$

式中，St_m 为 St 的平均值。由式（1-40）和式（1-41）可以看出，V_{im} 与叶面角度分布、St 密切相关，St 主要受颗粒物的粒径影响，当 St =0.05、0.1、0.2 时，颗粒的惯性碰撞收集效率较小，气溶胶颗粒粒径越大，流速越高，St 越大。对惯性碰撞影响较大的因素为颗粒物的直径、风速、叶面角度分布、叶面几何尺寸。

4）重力沉降

直径大于 10μm 的颗粒物，由于重力沉降的作用不可能长期停留在空中，往往运行很短的距离后沉降到地面。粒子越大，重力沉降作用越大，对于直径大于 30μm 的粒子来说，重力沉降成为粒子沉降的主导因素，重力作用贯穿整个沉降过程。树叶的碰撞机制沉降速率为

$$V_g = \frac{\rho d_p^2 g C}{18\mu} \quad (1\text{-}42)$$

式中，C 为滑动修正系数，$C = 1 + \frac{2\lambda}{d_p}\left(1.257 + 0.4e^{-\frac{0.55d_p}{\lambda}}\right)$，$\lambda$ 为气体分子的平均自由程；ρ 为颗粒物的密度，kg/m³。

重力作用的收集速率主要受颗粒物重力、树叶倾角等因素影响，其重力沉降速率为

$$V_s = K_z V_g \quad (1\text{-}43)$$

1.3.1.2 沉降观测方法

1）干沉降微气象法

在所有计算干沉降的方法中，微气象参数法是最适合计算气态污染物的干沉降方法（Fowler et al.，1989），系统的通量可以用这个方法测量。空气中的浓度、气象参数和浓度都可以被直接联系到一起并被确定。在一个平面的、均匀的地形中，在地表附近设置采样点，可以代表稳定通量层的沉降通量。有几个微气象参数方法可以计算干沉降通量。沉降通量是通过测量风速的垂直分量和气体的浓度派生出来的涡度的相关方法。另一种方法是浓度梯度法，这个方法的沉降通量是通过测量沉积表面上方不同高度的浓度和气象参数得到的。干沉降监测是比较困难的，且世界各国使用的方法手段尚未统一。干沉降的测定方法可分为直接法和间接法两种。直接法可分为测量沉降面上的沉降量和测定沉降通量两种，前者是检测植物叶片上或人工材料表面沉降量的方法，包括树干流法、质量平衡法和同位素标识法，后者是测定沉降通量本身的方法，常用的有浓度梯度法、涡相关法、涡积累法。

目前各国多使用人工材料表面沉降量法进行干沉降监测。在 10~20L 的塑料容器内装上玻璃、不锈钢等干燥光洁物作为沉降面，在环境中放置 1 个月，捕集

非降水期的干性物质。该方法能直接测得沉降量,但受捕集表面及放置时间长短等因素的影响较大。

微气象方法测量计算干沉降。

沉降通量由式(1-44)计算得到:

$$F = \overline{\omega\rho} \tag{1-44}$$

式中,ω 为垂直风速;ρ 为实体的密度。F 通常被认为是双组分的和,$\overline{\omega}$ 和 $\overline{\rho}$ 分别是平均的垂直风速和密度。

$$F = \overline{\omega}\overline{\rho} + \overline{\omega'\rho'} \tag{1-45}$$

式中,$\overline{\omega}'$ 为瞬时垂直风速;$\overline{\rho}'$ 为瞬时的浓度减平均浓度的绝对值(Baldocchi et al., 1988)。ρ 如果是污染物的浓度,H 就是污染物的通量。

$$H = \rho_a c_p \overline{\omega}\overline{\theta} \tag{1-46}$$

式中,ρ_a 为空气密度;c_p 为空气比热;$\overline{\theta}$ 是空气温度(Baldocchi et al., 1988; Duyzer et al., 1992, 1994; Montheith, 1975)。

2)干沉降气动梯度法

测量之前需要一个明确的空气动力学方法,从受体表面离开或进入受体表面的通量是不同的。

对于动量通量

$$\tau = K_m(z)\frac{\partial(\rho u)}{\partial z} \tag{1-47}$$

对于感热通量

$$H = K_h(z)\frac{\partial(\rho_a c_p \theta)}{\partial z} \tag{1-48}$$

对于质量通量

$$F = K_c(z)\frac{\partial c}{\partial z} \tag{1-49}$$

式中,u 为风速;z 为垂直距离;c_p 为空气比热;θ 是空气温度;c 是污染物浓度。

τ 受空气密度和垂直湍流影响。

$$\tau = \rho_a u_*^2 \tag{1-50}$$

与动量通量有关的涡流速度或是摩擦速度,定义如下

$$u_* = l\frac{\partial c}{\partial z} \tag{1-51}$$

式中,l 为在 z 高度的有效涡旋尺寸。

$$l = \frac{k(z-d)}{\phi_m} \tag{1-52}$$

式中,k 为冯卡门常数,实验方法确定为 0.41;d 为零平面位移高度。

式(1-47)中的 K_m,可由式(1-53)计算得到。

$$K_m = \frac{k(z-d)u_*}{\phi_m} \quad K_c = \frac{k(z-d)u_*}{\phi_h} \tag{1-53}$$

$$F = \frac{k(z-d)u_*}{\phi_m}\frac{\partial c}{\partial z} \tag{1-54}$$

$$u_* = \frac{k(z-d)u_*}{\phi_m}\frac{\partial u}{\partial z} \tag{1-55}$$

同样的涡流浓度也可以表示为

$$c_* = \frac{k(z-d)u_*}{\phi_h}\frac{\partial c}{\partial z} \tag{1-56}$$

因此，质量通量变成如式（1-57）所示：

$$F = u_* c_* \tag{1-57}$$

在稳定状态下，$\phi_m = \phi_h = \phi_c = 1$，

$$\phi_m = \phi_h = \phi_c = 1 + 5.2 \times \frac{(z-d)}{L} \tag{1-58}$$

在不稳定状态下，

$$\phi_m^2 = \phi_h = \phi_c = \left[1 - 16 \times \frac{(z-d)}{L}\right]^{-0.5} \tag{1-59}$$

式中，L 为莫宁-奥布霍夫长度，用于确定稳定性参数，当 $L>0$ 时稳定，当 $L<0$ 时不稳定，$|L|>\infty$ 时表示为式（1-60）：

$$L = \frac{-T\rho_a c_p u_*^3}{kgH} \tag{1-60}$$

式中，T 为热力学温度；g 为重力加速度。

$$u_* = \frac{ku(z)}{\ln\left(\frac{z-d}{z_0}\right) - \psi_m\left(\frac{z-d}{L}\right) + \psi_m\left(\frac{z_0}{L}\right)} \tag{1-61}$$

$$c_* = \frac{ku(z)}{\ln\left(\frac{z-d}{z_0}\right) - \psi_h\left(\frac{z-d}{L}\right) + \psi_h\left(\frac{z_0}{L}\right)} \psi_m\left(\frac{z-d}{L}\right) = \psi_h\left(\frac{z-d}{L}\right) \tag{1-62}$$

对于稳定状态，

$$\psi_m\left(\frac{z-d}{L}\right) = 2\ln\left(\frac{1+x}{2}\right) + \ln\left(\frac{1+x^2}{2}\right) - 2\tan^{-1} x \tag{1-63}$$

$$\psi_h\left(\frac{z-d}{L}\right) = 2\ln\left(\frac{1+x^2}{2}\right) \tag{1-64}$$

$$x = \left[1 - 16 \times \frac{(z-d)}{L}\right]^{0.25} \tag{1-65}$$

间接法可分为"浓度测定法"和"推论法",见式(1-66):

$$F_i = kc_i[z_{\mathrm{ref}} - c_i(0)] = V_{\mathrm{di}}c_i \tag{1-66}$$

式中,F_i 为 i 成分的干沉降通量,m/(g²·s);参考高度 $z=z_{\mathrm{ref}}$(通常是 1m)的浓度 c_i(z_{ref}),沉降承接上的浓度为 $c_i(0)$;k 为沉降物质的移动系数;V_{di} 为干性沉降速率。

由于干性沉降速率与大气中浓度的乘积是沉降通量。浓度测定法中只测定浓度,干性沉降速率是推测出来的;而推论法中为了提高沉降速率的推测精度,还需测量影响沉降速率的风速等参数。该方法适用于日常环境监测,在东南亚酸雨监测网的监测中已建议列为标准方法。然而,气溶胶的沉降中,粒径分布、气溶胶的易挥发成分(NH_4^+、NO_3^-、Cl^-、低沸点有机物等)的气液平衡关系十分复杂,必须同时测定粒径分布和气态污染物的浓度,对于干沉降速率 V_{di} 还必须有高精度的推算模式。

3)湿沉降法

湿沉降是一种自然过程,颗粒物可以溶解和黏附在云和降雨中,最终降落到地表。其中主要包含两个净化过程,一个是云内的净化过程,另一个是云层下的净化过程。如果空气是冷的,空气中的相对湿度增加,直到空气饱和,雨滴形成,颗粒物遇到空气中的小水滴形成凝结核,当空气中的湿度达到一个小于相对湿度的临界值时,就会形成吸湿颗粒物,当颗粒物核心变成液滴;如果空气持续变冷,颗粒物就会持续变大,此时污染物的浓度会随着颗粒物体积的变大而逐渐减小,这个过程的成核现象是云凝结核最重要的合并机制,另一个重要过程是吸收、分解和随之而来的气体化学反应。云内过程被称为云内清除和云洗现象(Hov et al., 1987)。下行的液滴形成的雨雪冰雹、冰云等,可以吸附滞留一定的颗粒物,这个过程被称为云下清洗或是冲洗。对于可溶性的气体和直径小于 1μm 的颗粒物,冲洗是一种有效的清除机制(Hicks et al., 1991)。

湿沉积污染物的质量严重受到降雨量和污染物来源分布的影响。而且湿沉积模式依赖于地形,在高海拔地区湿沉积可能会增强,被称为播撒-受播影响(Fowler et al., 1989)。播撒-受播影响产生主要是因为山岳云中的颗粒物被降雨影响而降落下来。鹫峰国家森林公园就是海拔 1000 多米的高海拔地区,所以湿沉积的量在同样的情况下比较大,奥林匹克森林公园和北京林业大学校内参照点的两个地区,主要受空气对流的影响,几乎不存在播撒-受播影响(Fowler et al., 1989)。

大气污染物以干沉降和湿沉降的形式进入各种生态系统,以大气降水形式(湿沉降)进入生态系统的污染物,不但会造成环境污染,还会对人类健康和生命造成严重威胁。SO$_2$、NO$_x$是湿沉降的主要污染物,它们在生态系统中的循环转化是环境科学研究的热点问题之一。森林生态系统通过自身独特的功能及系统各部分的相互作用,对大气和水体中的各种污染物进行过滤,使污染物的种类和数量逐渐减少,被认为是清洁水源的保障体系,是污染物的高效"活过滤器"。开展森林及水源净化关系的研究,对于正确评估森林过滤效应,具有十分重要的意义。

随着工业现代化的发展,化石燃料的大量燃烧和土地利用方式急剧变化,导致含硫、含氮化合物的排放量严重超标,大气污染加剧。大气污染物主要以湿沉降的形式进入生态系统,造成河流、湖泊酸化及污染地下水,对人类健康造成威胁。我国南方森林地区湿沉降以酸沉降为主,主要污染物为pH<5.6的SO$_2$、NO$_x$颗粒物和金属颗粒物,这些沉降物进入森林生态系统会引起森林林冠稀疏,大量叶片发黄,幼树叶片掉落,甚至造成树木死亡。

大气降水是森林生态系统养分的主要来源之一,对森林群落的生长具有重要意义。同时,森林生态系统通过自身独特的功能及系统各个部分的相互作用,对大气降水中的各种污染物进行截留、过滤、吸附、净化等作用,使污染物的种类和数量减少。中国亚热带森林由于其结构和功能的特点,其林冠对于酸雨胁迫及金属污染物具有一定的缓冲作用。雨水通过郁闭的林冠层后被重新分配,由于林冠的遮挡作用,大部分被截留,截留后一部分直接蒸发返回大气或被叶表面吸收,另一部分穿过林冠空隙或枝叶截留的部分雨水以雨滴的形式进入林内形成穿透雨。由于雨水对树体表面分泌物的溶解及对枝叶表面粉尘、微粒等大气悬浮沉降物的淋洗,同时由于枝叶对降水中离子的吸收作用,造成穿透雨的化学成分相比非穿透雨发生了根本变化,因而穿透雨在森林生态系统的功能研究中具有重要意义。

通量方法计算:

$$F = \sum \left(\frac{pc}{100} \right) \quad (1-67)$$

式中,F为沉降通量,kg/(h·m^2);p为各场雨的降雨量,mm;c为雨水中各离子的浓度,mg/L。

1.3.2 森林植被对大气颗粒物的阻滞机制

带状人工林对空气颗粒物的调控主要是通过影响空气颗粒物的扩散来实现的,在空气颗粒物的扩散过程中,经过林带时,扩散面减小,扩散速率大大降低,空气对粒径较大的颗粒物搬运能力降低,促使颗粒物沉降速率加快,这种阻滞作用对粗颗粒物(TSP、PM10)的影响较为显著。目前,关于带林对颗粒物的影响研究主要包括以下几个方面:通过采集叶面尘来分析带林对颗粒物的阻滞作用,道路侧边的植被叶片表面所吸附的空气颗粒物随距离增加而逐渐降低（刘青等，2009）；城市主干、支干道路之间的空气颗粒物浓度差异（潘纯珍等，2004）；关于林带内空气颗粒物的浓度分布特征研究较少（齐飞艳等，2009）。

建立空气颗粒物传输平衡方程（图 1-9）：

$$2Q = Q_a + Q_s + \frac{Q_1 + Q_2 + Q_3}{3} + Q_4 \tag{1-68}$$

式中，Q 为输入浓度或林带前空气颗粒物浓度；Q_a 为吸附浓度或林木吸附的空气颗粒物浓度；Q_s 为沉降浓度；Q_4 为输出浓度或林带后空气颗粒物浓度；Q_1、Q_2、Q_3 均为林带内的空气颗粒物浓度。

$$p = \int_0^l \frac{f(x)}{l} dx = \frac{1}{l} \int_0^l (ax^2 + bx + c) dx \tag{1-69}$$

式中，p 为林地横断面 PM2.5 的平均浓度；l 为林地断面宽度；

树冠层体积估算：

$$K_x = \int_{\theta,\varphi} S_x / S\varphi_\theta \varphi_\varnothing d\theta d\varnothing \tag{1-70}$$

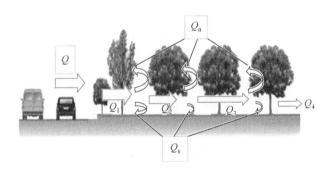

图 1-9　林带内空气颗粒物传输图

1.3.3　森林植被对大气颗粒物的吸附机制

颗粒物被植物个体捕集是植物的叶、枝、茎干等各器官表面与颗粒物相互作用的结果（Beckett et al.，2000a）。植物个体吸附大气颗粒物的方式通常有三种：停留、附着和黏附（郭伟等，2010）。植物滞尘主要是通过停留实现，但这种滞尘方式很容易受影响，叶面停留的颗粒物易被风吹入大气造成再悬浮或被雨冲洗带入土壤或地面。附着主要是由植物器官表面的结构性能决定的，其滞尘效果较稳定，不易被风吹起。黏附则是靠植物器官表面分泌的特殊液体黏滞颗粒物，滞尘效果最稳定。

计算植物器官吸附环境空气颗粒物量（μg/cm²），分别用吸附不同粒径范围颗粒物的滤膜称量前质量 W_i 和称量后质量 W_i' 的差值 M_i（即颗粒物质量）除以植物器官表面积，其中 i 表示颗粒物粒径范围。计算公式如下所示：

$$W_1 = M_1 / L \tag{1-71}$$

$$W_2 = M_2 / L \tag{1-72}$$

式中，W_1 为叶表面吸附量，μg/m²；M_1 为叶表面吸附的颗粒物总量，μg；L 为叶面积总和，m²；W_2 为叶蜡质层吸附量，μg/m²；M_2 为叶蜡质层吸附的颗粒物总量，μg。

$$W_3 = M_3 / B \tag{1-73}$$

$$W_4 = M_4 / S \tag{1-74}$$

式中，W_3 为枝表面吸附量，μg/m²；M_3 为枝表面吸附的颗粒物总量，μg；B 为枝表面积总和，m²；W_4 为树干表面吸附量，μg/m²；M_4 为树干表面吸附的颗粒物总量，μg；S 为树干表面积总和，m²。

$$W = W_1 + W_2 + W_3 + W_4 \tag{1-75}$$

式中，W 为森林对空气颗粒物（叶表面、叶蜡质层、枝表面、树干表皮）的吸附总量；W_1、W_2、W_3、W_4 为某一森林植被中的叶片或枝干对空气颗粒物的吸附量。

其中，根据 Whittaker 研究得出的综合模型，分别采用公式所示的回归模型对树木的主干和枝条总表面积进行估算。叶总面积通过将树冠在地面的投影视作圆形，如式（1-78）由植物单株的叶面积指数乘以各树冠垂直投影面积计算得到。

$$S_1 = 10^{2.6716 + 1.5881 \lg D}, \qquad R^2 = 0.989 \tag{1-76}$$

$$S_2 = 10^{2.9319 + 2.0346 \lg D}, \qquad R^2 = 0.965 \tag{1-77}$$

$$S_3 = \left(\frac{d}{2}\right)^2 \times \pi \times \text{LAI} \tag{1-78}$$

式中，S_1 为树木主干的总表面积；S_2 为树木枝条的总表面积；S_3 为树木叶片的总表面积；LAI 为叶面积指数；D 为胸径。

叶片是植物吸附、阻滞大气颗粒污染物的主要载体，叶片吸附颗粒物的机理是复杂的。叶片是组成树冠的基本元素，根据叶片的形状及其对颗粒物的收集效率将其分为两类：①针叶等比较细长的树叶、枝、干，类比为圆柱形收集体；②阔叶，影响树叶滞留颗粒物的叶面几何性质主要为叶面的直径（或宽度）、叶面积、叶面的倾斜角（吴桂香和吴超，2015）。

叶面倾斜角（图 1-10）的自由度有两个参数：倾角 θ 和方位角 Φ。倾角 θ 为叶面法线与垂直轴之间的夹角，方位角 Φ 为叶片表面的法线在地平面上的投影线与气流方向的夹角。树叶的角度分布可以用 Beta 功能函数表示（Strebell et al.，1985）。

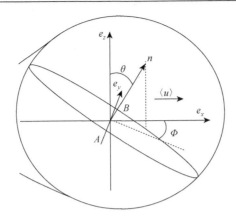

图 1-10　叶面角度示意图

$$\varphi_\phi(\chi) = \frac{2}{\pi} \frac{\Gamma(\mu+\nu)}{\Gamma(\mu)\Gamma(\nu)} \left(1 - \frac{2x}{\pi}\right)^{\mu-1} \left(\frac{2x}{\pi}\right)^{\nu-1}, \qquad x \in [0, \pi/2] \qquad (1\text{-}79)$$

式中，Γ 为伽玛函数；μ、ν 由树冠种类决定（Petroff et al.，2008）。

叶面接触角对植物叶片吸附颗粒物有显著负相关作用，而表面自由能及其色散分量与叶片吸附颗粒物有显著正相关关系（王会霞等，2010）。叶片湿润性对其吸附颗粒物的能力也有影响，湿润性越强，叶片滞尘能力也越强（Neinhuis and Barthlott，1998）。固体表面自由能及其极性和色散分量是固体表面最基本的热力学性质之一，诸多表面现象及与表面性质有关的吸附性、润湿性、各向异性和黏结性等效应均与之密切相关。

Young 建立了理想状态下纯净液体在一个光滑、均一的固体表面形成接触角的理论。在其饱和蒸气中，一滴液体滴在理想固体表面上平衡时，液滴呈球冠状，在液体所接触的固体与气相的分界点处作液滴表面的切线，此切线在液体一方与固体表面的夹角称为接触角（θ），如图 1-11 所示。

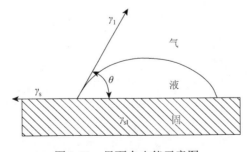

图 1-11　界面自由能示意图

$$\gamma_{sg} = \gamma_{sl} + \gamma_{lg} \cos\theta \tag{1-80}$$

式中，γ_{lg}、γ_{sg}、γ_{sl} 分别为与液体饱和蒸气呈平衡时的液体表面自由能、固体表面自由能及固液间的界面自由能。

Fowkes 将表面自由能分为极性分量（γ_p）和色散分量（γ_d）两部分，即 $\gamma=\gamma_d+\gamma_p$。认为固/液界面上只有色散力起作用。

$$\gamma_{sl} = \gamma_l + \gamma_s - 2\sqrt{\gamma_s^d \gamma_l^d} \tag{1-81}$$

式中，γ_s^d 和 γ_l^d 分别为固体和液体表面自由能的色散分量。

植物叶面的结构特征，如具有沟状、密集脊状突起、密集沟状组织，是叶片能够吸附颗粒物的基础（柴一新等，2002；Nowak et al.，2006）。树叶特征是影响截留机制的主要因子，其决定了被表面捕获的颗粒物的量。截留机制是指惯性较小、随流场流动的颗粒物，在距离树叶等壁面距离小于半个粒径时被其拦住的情况。树叶的收集速率与截留机制收集效率相关。Slinn 等（1982）对树叶截留作用的收集效率提出了便于使用的解析形式，但 d_r、f_{in} 在实验中很难确定。

$$E_{in} = \frac{c_v}{c_d}\left[f_{in}\frac{d_p}{d_p+d_r} + (1-f_{in})\frac{d_p}{d_p+d_n} \right] \tag{1-82}$$

式中，d_n 为树叶直径；d_r 为叶片表面的粗糙度；c_v 为植物的黏性阻力系数；c_d 为植物的阻力系数；f_{in} 为植物的截留量分数。

1.4 森林植被对 PM2.5 等颗粒物调控的主要作用方式

1.4.1 沉降作用的测定方法

1.4.1.1 采样与处理

采样之前，要对滤膜进行烘焙，以除去其所吸收的有机蒸气，烘焙滤膜必须既不破坏其结构和机械强度，又能将其内部影响称量和分析精度的物质去掉。本实验在 600℃下烘烤石英膜，时间为 2h，在 80℃下烘烤聚丙烯纤维膜，时间为 1h，然后将滤膜放入干燥器内平衡，天平室干燥器内的温度应在 15～35℃，滤膜在干燥器内的平衡时间不少 72h。72h 后，用天平对滤膜进行称量，称完后放回干燥器 1h 后再称量，两次质量之差不大于 0.1mg 即为恒量，本次研究中，每两次的称量相差都在 0.1mg 以内。最后将滤膜放入滤膜袋中，防止滤膜折皱。

本研究使用的采样器为武汉天虹智能仪表厂生产的 TH-150 中流量 PM2.5 采样器，流量为 100L/min，根据不同需求，采样时间为 4～24h。所用滤膜为直径 90mm 的石英纤维滤膜。

采样结束后，记录下采样温度、体积、时间等，将滤膜有尘面对折，放入滤膜袋。将采样后的滤膜放入干燥器内,平衡 72h 后称量,采样前后滤膜质量的差值即为所采样品的质量。

1.4.1.2 质量控制与质量保证

(1)每天采样前使用气体流量校准仪(武汉天虹 TH-150)对采样器流量进行校准。

(2)滤膜耐热实验:取 3 张聚丙烯滤膜做平行样分析,放入烘箱中,分别在 25~60℃、60~110℃和 110~150℃烘烤,称量,看滤膜质量和结构的变化情况,最终确定烘烤温度为 60~80℃,烘烤 0.5~1h。

(3)采样前后滤膜均放入干燥器中进行充分的干燥平衡,去除水分的影响。

(4)称量时空白滤膜和样品放入玻璃培养皿中,盖好盖子,避免滤膜静电场干扰称量精度。

(5)每张滤膜平行称量 3 次,取 3 次称量的平均值。

1.4.1.3 垂直浓度梯度法计算沉降速率和沉降量

表 1-1 列出了模型需要的基本参数。式(1-83)~式(1-85)用来确定参数 d 和 z_0。

表 1-1 模型需要的基本参数

简写	全称	简写	全称
F	通量	Δc	不同测量高度浓度差
u^*	摩擦速度	C	15m 处 PM2.5 浓度
c^*	涡度浓度	D	零平面位移高度
LAI	叶面积指数	L	莫宁-奥布霍夫长度
k	冯卡门常数	ψ_h	综合稳定函数
z_2	测量高度 15m	D	传输速率
z_1	测量高度 9m	z_{ref}	参照高度

$$U(z) = \frac{u^*}{k} \ln \frac{z-d}{z_0} \quad (1-83)$$

式中,$U(z)$ 为平均风速;u^* 为摩擦速度;k 为冯卡门常数;d 为粗糙度长度;z_0 为位移高度。

$$f(d) = \frac{U(z_1) - U(z_2)}{U(z_1) - U(z_3)} = \frac{\ln(z_1-d) - \ln(z_2-d)}{\ln(z_1-d) - \ln(z_3-d)} \quad (1-84)$$

式中，$U(z_1)$、$U(z_2)$ 和 $U(z_3)$ 是分别在 z_1、z_2 和 z_3 三个高度的风速。

$$g(d) = d - \frac{f(d)}{f'(d)} \tag{1-85}$$

赋予 d 一个初始值，然后得到一个 $g(d)$ 值，把这个值重新赋予 d，然后再将 d 代入式（1-84）和式（1-85）中，然后得到一个新的 $g(d)$ 值。当前后两次的 $g(d)$ 值差小于 0.001 时，最后得到的 $g(d)$ 就是 d。

浓度梯度法通过测量不同高度的浓度和涡流扩散系数来确定沉降通量 F，如式（1-86）所示：

$$F = -u^* c^* \tag{1-86}$$

$$c^* = \frac{k\Delta c}{\ln\left(\frac{z_2 - d}{z_1 - d}\right) - \psi_h\left(\frac{z_2 - d}{L}\right) + \psi_h\left(\frac{z_1 - d}{L}\right)} \tag{1-87}$$

$$\Delta c = c(z_3) - c(z_1) \tag{1-88}$$

式中，L 为莫宁-奥布霍夫长度；c^* 为涡流浓度；Δc 是 z_1 和 z_3 两个高度的浓度差。

$$\psi_h\left(\frac{z-d}{L}\right) = 2\ln\left(\frac{1+x}{2}\right) + \ln\left(\frac{1+x^2}{2}\right) - 2\arctan x + \frac{\pi}{2} \tag{1-89}$$

$$x = \left[1 - 16 \times \frac{(z-d)}{L}\right]^{0.25} \tag{1-90}$$

根据式（1-86）和式（1-87），F 可以表达为

$$F = \frac{-ku^*\Delta c}{\ln\left(\frac{z_3 - d}{z_1 - d}\right) - \psi_h\left(\frac{z_3 - d}{L}\right) + \psi_h\left(\frac{z_1 - d}{L}\right)} \tag{1-91}$$

式中，u^* 和 L 数据频度为 15min；F 数据频度为 4h；Δc 的采样时间间隔为：06：00～10：00，10：00～14：00，14：00～18：00，18：00～22：00，22：00～02：00，02：00～06：00。

沉降速率 V_d 可以按式（1-92）计算：

$$V_d = -\frac{F}{c} \tag{1-92}$$

1.4.1.4 自建模型沉降速率和沉降量的计算

本书将森林分为两层：一层是树冠层，另一层是树干下层，树冠层的叶片密度达到最大值，树干层的稀疏结构也使其对颗粒物的阻滞作用有所降低。

$$\Delta x \times L \times H_T \frac{\Delta C}{\Delta t} = A - B + C \tag{1-93}$$

$$A = u[C_T(x) - C_T(x + \Delta x)]L \times H_T \tag{1-94}$$

$$B = \text{LAI} \times V_d \times C_T \times \Delta x \quad (1\text{-}95)$$

$$C = K_d \times \frac{2(C_T - C_B) \times \Delta x \times L}{H_T + H_B} \quad (1\text{-}96)$$

$$\frac{\Delta C}{\Delta t} = \frac{u[C_T(x) - C_T(x + \Delta x)]}{\Delta x} - \frac{\text{LAI} \times V_d \times C_T}{H_T} + \frac{2K_d(C_T - C_B)}{(H_T + H_B)H_T} \quad (1\text{-}97)$$

当 $\Delta x \to 0$, $\Delta t \to 0$,

$$-u\frac{\partial C_T}{\partial x} - \frac{\text{LAI} \times V_d \times C_T}{H_T} - \frac{2K_d(C_T - C_B)}{(H_T + H_B)H_T} = 0 \quad (1\text{-}98)$$

本模型将树冠层分为上下两层，第一层为树冠层，主要包括树冠部分，第二层为地面以上树冠以下的部分。树冠部分因为风速受到了冠层的影响会与树冠上层的风速有所不同，导致不同森林植被类型内部的沉降速率和沉降量有所不同，风速的改变也同样会对其产生影响。在不同的风速下，植物碰撞叶片表面的次数可能会有所变化，从而改变了植物对颗粒物的吸附效果，在一定程度上改变了颗粒物的滞留量，同时，由于不同风速的影响，可能已经滞留在叶面的颗粒物还可能随着风速撞击叶片而发生再悬浮的现象。第二层受风速影响较小。

1.4.1.5 湿沉降的测量

湿沉降的采集主要用降雨采集器，在降雨过程中收集降雨，测量降雨中的成分（图 1-12）（Fowler et al.，2004；Beier et al.，1989）。

图 1-12 湿沉降过程

以下几方面可能会影响降雨样品的成分：①在光和温度升高的影响下成分的

转化；②分析样品前的时间长短和条件好坏；③鸟类的粪便和昆虫等影响。其他的误差可能是分析方法和处理方法。通常以上的误差主要通过降低采样周期、减少储存时间、在样品分析和处理方法上采用标准化的质量控制等方法进行控制。

根据环境污染分析方法的要求采集水样，收集的大气降水和林内降水样品经过滤后，分别置入 50mL 的聚乙烯塑料瓶内保存，以供分析。每次降雨后，立即收集雨水样品，并进行污染物含量分析。

在春、夏、秋、冬四季分别就雨（雨强）、雪（降雪等级）对空气中颗粒物的湿沉降进行研究，对比分析不同的降雨、降雪强度影响下的湿沉降效率。

1.4.2 阻滞作用的测定方法

1.4.2.1 带状人工林阻滞作用监测

实验选取位于同一大环境下的三种林带，以北京市奥林匹克森林公园南园为例，如图 1-13 所示，从左向右依次为杨树林带、榆树林带、混交林带。根据实验目的，在林带内部包括林带两侧的林缘，即林带前和林带后共计六个位置处，设置 Dustmate 浓度监测仪监测颗粒物的浓度，以灌木林带与北五环的交接处为 0m，自北向南分别为北五环与林带交接处（林带 0m 左右位置处）、乔灌交接处（林带 5m 左右位置处）、林带 20m 左右位置处、林带 35m 左右位置处、林带 50m 左右位置处、公园健身道路与乔木林交接处（林带 65m 左右位置处）。每种林带观测 3 天，共计观测 9 天。根据公园开园、闭园时间及居民游园习惯，每天观测时间为 7∶00～19∶00，仪器设置每 5min 记录一次四种粒径空气颗粒物的浓度，同时

图 1-13　带状人工林研究地点及监测点布设（Google 地图）

用气象仪同步监测气温、相对湿度、气压、风速等。受仪器本身工作环境的限制,降雨天气时,空气湿度较高,仪器无法正常运行,故本研究中仅选择无雨天气进行监测。

1.4.2.2 片状人工林阻滞作用监测

以房山石楼镇多功能森林科技示范区为例(图 1-14),多个树种的纯林均处于统一大气环境下,森林内外的空气颗粒物浓度差异主要由不同树种人工林的结构差异引起。本研究选取了栾树、刺槐、银杏、臭椿、白蜡、樱桃、碧桃、国槐、楸树、海棠十种北京常见的绿化树种。利用 Dustmate 在每片林子的中心位置进行监测,检测高度为 1.6m 左右(人体的呼吸水平)。林外的空气颗粒物浓度对森林中心的影响远远小于对森林边缘的影响。森林和控制中心之间的空气颗粒物浓度差可以代表森林调节颗粒物浓度的能力。

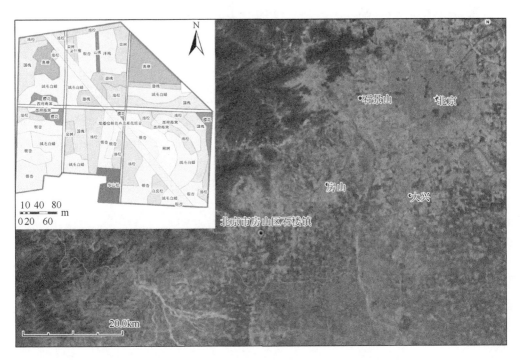

图 1-14 片状人工林研究地点及监测点布设(Google 地图)

空气颗粒物的浓度监测实验在 2014 年 5 月~2015 年 5 月期间进行,根据植被生长时期确定监测时期,具体监测月份包括:2014 年 5 月(新叶时期)、6 月(叶生长期)、7~8 月(叶成熟时期)、9 月(叶开始出现凋落)、10 月(叶片开始变黄并枯萎凋落)、11 月(大部分叶片已经凋落)、2014 年 12 月和 2015 年 2 月(无叶时期）、2015 年 3 月（叶刚刚发芽）、4 月（幼叶时期）、5 月（新叶时期）。每月监测两次林内外空气颗粒物浓度，每次连续监测 3 天（无雨、无大风），每天连续 24h 监测空气颗粒物（TSP、PM10、PM2.5 和 PM1）浓度。气象因素由 Kestrel 4500 手持气象仪获取，分别在无林地、稀疏林（臭椿）、密林（刺槐）三个监测点设置气象仪，记录频度为每分钟记录一次。

1.4.3 吸附作用的测定方法

1.4.3.1 叶表面对颗粒物吸附量的测定方法

1. 样品采集

选取待测植物的叶片，取样量：叶片总表面积为 $200\sim300\text{cm}^2$，装入采样袋中，编号，封袋。

取样方法如图 1-15 所示，依据实验需求从植物上、中、下三层，以树干为中心，在东、西、南、北四个方向取样。采样后将样品置于提前编号的自封袋内保存，放入冰箱中于 4℃保存，直至测量时取出样品。

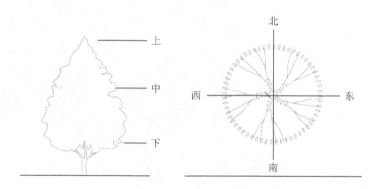

图 1-15 采样示意图

2. 仪器与材料

本实验中所用的仪器和材料如表 1-2 所示。

表 1-2 实验仪器和材料

仪器/材料名称	型号/规格	厂家
电子天平	BT125D	Sartorius Co., Ltd., Beijing, China
除静电棒	AP-BC2451	AP&T, Shanghai, China
温湿度调节器	WHD48-11	ACREL Co., Ltd., Jiangsu, China

续表

仪器/材料名称	型号/规格	厂家
亲水性微孔滤膜	孔径 0.2μm、2.5μm、10μm	EMD Millipore Corp., Billerica, Massachusetts, USA
疏水性微孔滤膜	孔径 0.2μm、2.5μm、10μm	EMD Millipore Corp., Billerica, Massachusetts, USA
激光粒度分析仪	Mastersizer 2000,测量范围:0.02~2000μm	Malvern, England
烘箱	oDHG-9145A	Shanghai Yiheng Scientific Instrument Co., Ltd., Shanghai, China
超声波清洗器	4.5L	北京科玺超声波清洗机有限公司
真空泵	—	Sciencetool, USA
玻璃砂芯过滤装置	1000mL	Sciencetool, USA
滤膜储存盒	90mm	—
采样袋	自封袋:8号、10号,牛皮纸袋	—
三氯甲烷溶剂	优级纯	北京化学试剂公司
网筛	100 目	—
其他:去离子水、锥形瓶		

3. 测量步骤

1) 测量前准备

将测量所需不同孔径微孔滤膜放于 60℃的烘箱中烘干 0.5h,然后放入天平室平衡 24h,确保滤膜与天平室的温度、湿度达到一致。将已平衡过(温度、湿度达到一致)的滤膜通过除静电棒后放在天平上称量,记初重。静电棒用于消除滤膜表面静电。防止空气中的颗粒物在静电作用下吸附到滤膜上,致使称量数据不准确。

2) 抽滤步骤

(1) 将待测植物样品分别放入已编号的锥形瓶中,倒入 100mL 去离子水,确保去离子水将叶片淹没。将锥形瓶放入超声波清洗器清洗至少 3min,如图 1-16

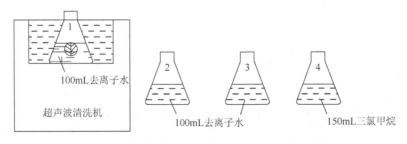

图 1-16 过滤操作示意图(1)

所示,在超声波清洗器中放入水,超声波清洗器发生振动,水摇晃锥形瓶,确保叶表面的颗粒物被冲洗至去离子水中。此步骤重复三次,共用 300mL 去离子水分三次在超声波清洗器中致使叶表面的颗粒物完全被冲洗至去离子水中,取出叶片。经实验验证,三次清洗就基本将颗粒物全部冲洗至去离子水中,如果清洗次数过多,溶液在容器壁残留过多,易造成误差。

(2)准备一套抽滤装置,该装置包括孔径为 100 目的网筛、过滤器、滤膜、抽滤泵,如图 1-17 所示。网筛置于过滤器的上端入口处,滤膜置于过滤器的中间部位,可更换,滤膜先后放入次序是孔径为 10μm、2.5μm、0.2μm 的亲水性滤膜;过滤器下端的锥形瓶上连接抽滤泵,抽取锥形瓶中的空气,促进上方溶液进入过滤器下端的大锥形瓶中。

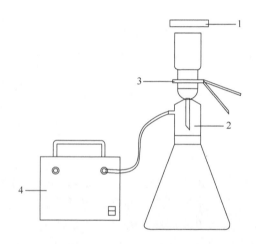

图 1-17　过滤操作示意图(2)
1. 网筛;2. 过滤器;3. 滤膜;4. 抽滤泵

(3)将锥形瓶中含有颗粒物的溶液从网筛上方倒下,溶液通过网筛,过滤掉粒径大于 100μm 的颗粒物和杂质,进一步通过孔径为 10μm 的滤膜,此时膜表面得到粒径范围为 10~100μm 的颗粒物。

(4)依次换上孔径为 2.5μm 和 0.2μm 的亲水性滤膜,得到粒径范围为 2.5~10μm 和 0.2~2.5μm 的颗粒物。

3)称量

将过滤后的滤膜全部放入 60℃的烘箱中烘干 0.5h,然后放入天平室平衡 24h,确保滤膜与天平室的温度、湿度达到一致。将已平衡过的滤膜放在天平上称量,记为末重。

1.4.3.2 叶片蜡质层对颗粒物吸附量的测定方法

1. 样品采集

采集方法如 1.4.3.1 所述。

2. 仪器与材料

仪器与材料如 1.4.3.1 所述。

3. 测量步骤

1）测量前准备

测量前准备如 1.4.3.1 所述，记录疏水性滤膜的初重。

2）抽滤步骤

将已经用去离子水振荡洗涤后的植物叶片分别放入已编号的锥形瓶中，倒入有机溶剂（本实验中采用三氯甲烷），确保有机溶剂将叶片淹没。将锥形瓶放入超声波清洗器，振荡约 40s，确保叶片蜡质层中的颗粒物被冲洗至有机溶剂中。

其他过滤步骤同上述叶表面颗粒物过滤步骤。

3）称量步骤

称量如 1.4.3.1 所述，记录疏水性滤膜的初重。

1.4.3.3 叶面积的测定方法

将用于测定叶表面及蜡质层吸附颗粒物量的叶片用扫描仪（HP Scanjet 4850，China Hewlett-Packard Co., Ltd., Beijing, China）扫描，然后用 Photoshop CS6 进行计算，扫描两次取平均值。

1.4.3.4 数据计算

（1）单位叶面积植物叶片吸附不同粒径颗粒物质量为 Q，单位为 $\mu g/cm^2$。

$$Q = \frac{W-w}{s} \tag{1-99}$$

式中，Q 为单位叶面积吸附颗粒物质量，$\mu g/cm^2$；W 为滤膜末重，g；w 为滤膜初重，g；s 为叶面积，cm^2。

（2）单株植物吸附不同粒径颗粒物的质量为 $Q_{单株}$。

$$Q_{单株} = (D/2)^2 \times \pi \times \mathrm{LAI} \times Q \tag{1-100}$$

式中，Q 为单位叶面积吸附颗粒物质量，$\mu g/cm^2$；LAI 为叶面积指数；D 为冠幅。

（3）林分吸附不同粒径颗粒物质量为 $Q_{林分}$。

$$Q_{林分} = Q \times \mathrm{LAI} \times 10^{-1} \tag{1-101}$$

式中，$Q_{林分}$ 为每公顷纯林吸附颗粒物的质量，kg/hm^2；LAI 为叶面积指数。

1.4.4 三种作用方式对比

沉降作用、阻滞作用和吸附作用这三种研究途径，由于其测量介质、测量仪器和测量时间等均有所不同，因此有其各自的优缺点，如表1-3所示。

表1-3 森林生态系统PM2.5三种研究途径对比

研究作用方式	沉降作用	阻滞作用	吸附作用
测量介质	空气	空气	植物叶片
测定仪器	总悬浮微粒采样器（滤膜）或手持式颗粒物检测仪,气象站或手持式气象仪	总悬浮微粒采样器（滤膜）或手持式颗粒物检测仪	超声波清洗器和玻璃砂芯过滤装置（滤膜）
测定时间	通常需要24h以上连续测定	通常需要24h以上连续测定	一次采样即可返回实验室分析测定
优点	可了解每个时间段的沉降量，国内外得到广泛研究，相对完善地描述了森林调控颗粒物的作用	可了解每个时间段的阻滞量，计算简单	方法简单，成本低
缺点	计算所需参数较多,对测量仪器的要求高	突出了带状或片状林在水平方向上的作用，忽略了垂直方向上的作用	只能获得一段时间内吸附的总量,无法对应具体时间

1.5 森林植被对大气颗粒物沉降、阻滞和吸附作用的关系

在前人的研究中，植被对大气颗粒物沉降、阻滞和吸附作用一直被作为三种不同的研究途径进行研究，鲜有交叉。本书通过对北京市森林生态系统的沉降、阻滞和吸附作用的研究，初探了这三种作用与森林生态系统调控总量之间的数量关系。

1) 森林生态系统阻滞大气颗粒物的量 P

$$P = C^* \times S \times h \qquad (1\text{-}102)$$

式中，S 为森林生态系统占地面积，m^2；h 为森林生态系统冠层顶端到地面高度差，m；C^* 为森林生态系统中水平方向颗粒物浓度差值，g/m^3，用式（1-103）计算：

$$C^* = C_e + C_w + C_s + C_n - 4C_c \qquad (1\text{-}103)$$

式中，C_e、C_w、C_s、C_n 分别为森林边缘四个方向非林地的空气颗粒物浓度，g/m^3；C_c 为森林内部的空气颗粒物浓度，g/m^3。

2) 森林生态系统沉降大气颗粒物的量 D

$$D = F \times A \qquad (1\text{-}104)$$

式中，A 为森林叶表面积，m^2；F 为沉降通量，$g/(m^2 \cdot h)$，用式（1-105）计算：

$$F = \frac{-ku^* \Delta c}{\ln\left(\dfrac{Z_2 - d}{Z_1 - d}\right) - \Psi_h\left(\dfrac{Z_2 - d}{L}\right) + \Psi_h\left(\dfrac{Z_1 - d}{L}\right)} \quad (1\text{-}105)$$

其中,

$$\Delta c = c(Z_2) - c(Z_1) \quad (1\text{-}106)$$

式中,Z_1 是林冠层顶部下方观测点的高度,m;Z_2 是林冠层顶部上方 6m 左右处观测点的高度,m;Δc 是 Z_2 高度上颗粒物浓度和 Z_1 高度上颗粒物浓度的差值,g/m³;k 是冯卡门常数,值为 0.41;u^* 是摩擦速度,m/s,三维超声风速仪在线监测值;L 是莫宁-奥布霍夫长度,m,三维超声风速仪在线监测值;d 是零面位移高度值,m,d/h=0.8,其中 h 为林冠层顶部高度,m;Ψ_h 为修正参数。

3) 森林生态系统吸附的大气颗粒物的量 W

W 是植物表面滞尘量,即叶表吸附颗粒物+枝条吸附颗粒物+树干吸附颗粒物的量。计算植物器官吸附环境空气颗粒物量(g/cm²),分别用吸附不同粒径范围颗粒物的滤膜称量前质量 m_i 和称量后质量 m_i' 的差值 M_i(即颗粒物质量)除以植物器官表面积,其中 i 表示颗粒物粒径范围。计算公式如式(1-107)所示:

$$W_L = M_L / L \quad (1\text{-}107)$$

式中,W_L 为叶表面吸附量,g/m²;M_L 为叶表面吸附的颗粒物总量,g;L 为叶面积总和,m²。

$$W_B = M_B / B \quad (1\text{-}108)$$
$$W_S = M_S / S \quad (1\text{-}109)$$

式中,W_B 为枝表面吸附量,g/m²;M_B 为枝表面吸附的颗粒物总量,g;B 为枝表面积总和,m²;W_S 为树干表面吸附量,g/m²;M_S 为树干表面吸附的颗粒物总量,g;S 为树干表面积总和,m²。

$$W = W_L + W_B + W_S \quad (1\text{-}110)$$

式中,W 为森林对空气颗粒物(叶表面、枝表面、树干表皮)的吸附总量。

根据 Whittaker 研究得出的综合模型,分别采用公式所示的回归模型对树木的主干和枝条总表面积进行估算。叶总面积通过将树冠在地面的投影视为圆形,如式(1-111)所示由植物单株的叶面积指数乘以各树冠垂直投影面积计算得到:

$$L = \left(\frac{r}{2}\right)^2 \times \pi \times \text{LAI} \quad (1\text{-}111)$$

$$B = 10^{2.9319 + 2.03461 \lg D} \quad (1\text{-}112)$$

$$S = 10^{2.6716 + 1.58811 \lg D} \quad (1\text{-}113)$$

式中,L 为树木叶片的总表面积;B 为树木枝条的总表面积;S 为树木主干的总表面积;LAI 为叶面积指数;D 为胸径;r 为冠幅。

4) 颗粒物再悬浮量 R

$$R=R_f(U) \times P \qquad (1\text{-}114)$$

式中，R_f 是再悬浮百分数，与风速 U 有关，常用经验公式为 $R_f=-0.01U^2+0.17U$。颗粒物再悬浮量由于数量上与前面三种作用相差悬殊，经常忽略不计。

5) 地表累积颗粒物量 Y

可通过测量地表颗粒物获得。

6) 森林生态系统调控颗粒物总量 Q

植被对大气颗粒物的阻滞作用代表了某一块森林生态系统整体对颗粒物的去除作用；沉降作用强调了森林生态系统中各种表面（植物表面和地表）所起的作用；吸附作用强调了森林生态系统中植物表面所起的作用。因此沉降颗粒物，与森林中再悬浮的颗粒物一起共同组成了阻滞颗粒物；吸附颗粒物与地表颗粒物一起共同组成沉降颗粒物。又由于颗粒物再悬浮量经常忽略不计，阻滞颗粒物约等于沉降颗粒物，二者略大于吸附颗粒物。

森林生态系统调控颗粒物总量 Q，可通过对阻滞颗粒物、沉降颗粒物和吸附颗粒物赋权重、加和获得。

$$Q = a_P \times P + a_D \times D + a_W \times W \qquad (1\text{-}115)$$

式中，P 为森林生态系统阻滞大气颗粒物的量；a_P 为阻滞颗粒物权重值；D 为森林生态系统沉降大气颗粒物的量；a_D 为沉降颗粒物权重值；W 为森林生态系统吸附大气颗粒物的量；a_W 为吸附颗粒物权重值。

根据野外观测结果，结合数据分析（表1-4 和表1-5），森林阻滞颗粒物量大于沉降量，根据计算结果，a_P 赋值为 0.4，a_D 赋值为 0.35；吸附颗粒物略小于阻滞颗粒物和沉降颗粒物，通常赋予略高于后两者的权重值，在华北地区 a_W 参考值为 0.25。

表1-4 不同城市公园调控 PM2.5 不同作用方式滞尘量所占比例（%）

作用方式	公园类型	滞尘量比例
阻滞	文化遗址公园	34
	游乐公园	28
	综合性公园	41
	社区公园	47
	生态公园	28
	合计	33
沉降	文化遗址公园	38
	游乐公园	40
	综合性公园	38

续表

作用方式	公园类型	滞尘量比例
沉降	社区公园	30
	生态公园	40
	合计	38
吸附	文化遗址公园	28
	游乐公园	32
	综合性公园	29
	社区公园	23
	生态公园	32
	合计	29

表 1-5 北京市不同行政区森林生态系统调控 PM2.5 不同作用方式滞尘量所占比例（%）

行政区	阻滞作用	沉降作用	吸附作用
东城区	33	26	22
西城区	42	24	21
朝阳区	36	36	29
丰台区	31	37	30
石景山区	45	33	27
海淀区	48	32	26
房山区	32	36	24
通州区	27	34	22
顺义区	46	33	29
昌平区	41	31	25
大兴区	43	29	27
门头沟区	43	30	23
怀柔区	45	28	21
平谷区	41	29	33
密云区	39	35	34
延庆区	37	34	28

由于三种研究途径的测定方法都限定在非降雨日，因此本研究的关系式只适用于非降雨日。

第 2 章　森林植被对 PM2.5 等颗粒物的沉降作用

2.1　不同地区森林植被对 PM2.5 的干沉降速率和沉降量的影响

2.1.1　不同地区森林植被 PM2.5 的干沉降速率和沉降量日变化

奥林匹克森林公园和鹫峰国家森林公园的不同高度的 PM2.5 浓度呈现出白天浓度大于夜间浓度的现象，而且在 15m 的高处，白天夜间浓度差最大，9m 处，白天夜间浓度差最小。

图 2-1 为不同地点沉降速率的变化，根据统计分析，奥林匹克森林公园和鹫峰国家森林公园的沉降速率差异极为显著（$P<0.01$），且 5 月、8 月和 11 月的白天和夜间的差异极为显著（$P<0.01$）。2013 年 2 月，白天奥林匹克森林公园的 PM2.5 沉降速率为 0.05cm/s，夜间奥林匹森林公园的沉降速率为 0.03cm/s；而在鹫峰国家森林公园白天的沉降速率为 1.20cm/s，在夜间沉降速率为 0.70cm/s。5 月的奥林匹克国家森林公园白天的 PM2.5 沉降速率为 0.90cm/s，在夜间的沉降速率为 0.40cm/s；在鹫峰国家森林公园，白天的沉降速率为 1.10cm/s，夜间的沉降速率为 0.60cm/s。

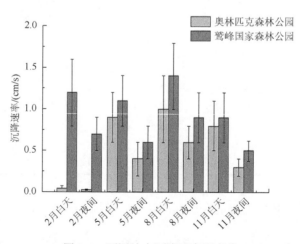

图 2-1　不同地点沉降速率日变化

2013年8月白天奥林匹克森林公园的PM2.5沉降速率为1.00cm/s，夜间奥林匹森林公园的沉降速率为0.60cm/s；而在鹫峰国家森林公园白天的沉降速率为1.40cm/s，在夜间沉降速率为0.90cm/s。在11月的奥林匹克森林公园白天的PM2.5沉降速率为0.80cm/s，在夜间沉降速率为0.30cm/s；在鹫峰国家森林公园，白天的沉降速率为0.90cm/s，夜间的沉降速率为0.50cm/s。

总体看来，白天的沉降速率大于夜间的沉降速率，主要是因为白天的空气运动较为复杂，这里的沉降包括经过植物的影响，森林小气候变化后，导致在不同场地的条件下，颗粒物的沉降速率是不同的，在林内的沉降速率肯定大于林外的沉降速率，因为林内的复杂层级结构，极容易改变空间的小气候，从而导致颗粒物的沉降速率产生巨大的差异。

由图2-2可知，根据统计分析，奥林匹克森林公园和鹫峰国家森林公园的沉降通量差异极为显著（$P<0.01$），且5月、8月和11月白天和夜间的沉降通量差异极为显著（$P<0.01$）。奥林匹克森林公园2月白天PM2.5的沉降通量为2.3760mg/(m^2·d)，2月夜晚的沉降通量为1.4256mg/(m^2·d)；5月白天的沉降通量为33.0480mg/(m^2·d)，5月夜间的沉降通量为14.6880mg/(m^2·d)。鹫峰国家森林公园2月白天的沉降通量为57.0240mg/(m^2·d)，2月夜晚的沉降通量为33.2640mg/(m^2·d)；5月白天的沉降通量为40.3920mg/(m^2·d)，5月夜晚的沉降通量为22.0320mg/(m^2·d)。鹫峰国家森林公园2月的沉降通量大于5月的沉降通量，主要是因为2月PM2.5的颗粒物浓度大于5月的颗粒物浓度。2月和5月的鹫峰国家森林公园产生巨大的沉降通量主要是因为颗粒物浓度较大。而且鹫峰国家森林公园的沉降量大于奥林匹克森林公园的沉降量。

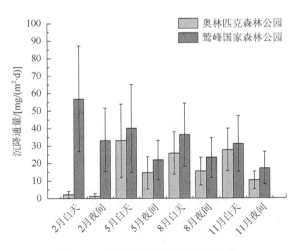

图2-2 不同地点沉降通量日变化

奥林匹克森林公园 8 月白天的沉降通量为 25.9200mg/(m²·d)，8 月夜晚的沉降通量为 15.5520mg/(m²·d)；11 月白天的沉降通量为 27.6480mg/(m²·d)，11 月夜间的沉降通量为 10.3680mg/(m²·d)。鹫峰国家森林公园 8 月白天的沉降通量为 36.2880mg/(m²·d)，8 月夜晚的沉降通量为 23.3280mg/(m²·d)；11 月白天的沉降通量为 31.1040mg/(m²·d)，11 月夜晚的沉降通量为 17.2800mg/(m²·d)。鹫峰国家森林公园 8 月的沉降通量大于 11 月的沉降通量，主要是因为 8 月的沉降速率大于 11 月的沉降速率。而且鹫峰国家森林公园的沉降量大于奥林匹克森林公园的沉降量。

对于沉降通量和沉降速率的不同，从上述结果可以看出，沉降速率变化最为剧烈的月份，沉降通量不一定最大。如表 2-1、图 2-1 和图 2-2 所示，8 月的鹫峰国家森林公园白天沉降速率是最高的，为 1.40cm/s，为所有月份中的最大值，但是 8 月白天鹫峰国家森林公园沉降通量并不是一年中最大的。一年中沉降通量最大的是 2 月的鹫峰国家森林公园，沉降通量为 57.0240mg/(m²·d)，但是 2 月的鹫峰国家森林公园的沉降速率并不是一年中的最大值，所以由此可以看出，沉降速率和沉降通量之间并没有一对一的一致性对应关系。

表 2-1　沉降通量和沉降速率比较

时段	沉降速率/(cm/s)		沉降通量/[mg/(m²·d)]	
	鹫峰国家森林公园	奥林匹克森林公园	鹫峰国家森林公园	奥林匹克森林公园
2 月白天	1.20	0.05	57.0240	2.3760
2 月夜间	0.70	0.03	33.2640	1.4256
5 月白天	1.10	0.90	40.3920	33.0480
5 月夜间	0.60	0.40	22.0320	14.6880
8 月白天	1.40	1.00	36.2880	25.9200
8 月夜间	0.90	0.60	23.3280	15.5520
11 月白天	0.90	0.80	31.1040	27.6480
11 月夜间	0.50	0.30	17.2800	10.3680

2.1.2　不同地区森林植被 PM2.5 的干沉降速率和沉降季节变化

如图 2-3 所示，根据统计分析，奥林匹克森林公园和鹫峰国家森林公园的沉降速率差异极为显著（$P<0.01$），且 5 月、8 月和 11 月的白天和夜间的差异极显著（$P<0.01$）。2013 年冬季白天奥林匹克森林公园的 PM2.5 沉降速率为

0.05cm/s，冬季夜间的沉降速率为 0.03cm/s；而在鹫峰国家森林公园冬季白天的沉降速率为 1.20cm/s，夜间的沉降速率为 0.70cm/s。在奥林匹克森林公园春季白天 PM2.5 的沉降速率为 0.90cm/s，春季夜间的沉降速率为 0.40cm/s；而在鹫峰国家森林公园春季白天的沉降速率为 1.10cm/s，春季夜间的沉降速率为 0.60cm/s。

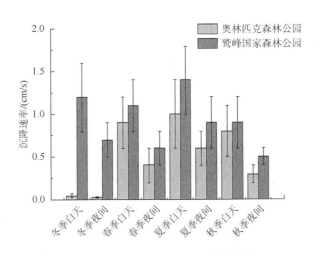

图 2-3　不同地点沉降速率季节变化

2013 年夏季白天在奥林匹克森林公园的 PM2.5 沉降速率为 1.00cm/s，夜间的沉降速率为 0.60cm/s；而在鹫峰国家森林公园夏季白天的 PM2.5 沉降速率为 1.40cm/s，夜间的沉降速率为 0.90cm/s。在奥林匹克森林公园秋季白天的沉降速率为 0.80cm/s，夜间的沉降速率为 0.30cm/s；而在鹫峰国家森林公园秋季白天的沉降速率为 0.90cm/s，夜间的沉降速率为 0.50cm/s。

冬季颗粒物的沉降速率是一年中的最小值，春季颗粒物的沉降速率在一年中处于较大值，仅次于夏季颗粒物的沉降速率，而大于秋季颗粒物的沉降速率。

如图 2-4 所示，根据统计分析，奥林匹克森林公园和鹫峰国家森林公园的沉降通量差异极为显著（$P<0.01$），且四季的白天和夜间的差异极为显著（$P<0.01$），但是夏季白天和秋季白天的差异不显著（$P>0.05$）。一年中奥林匹克公园冬季白天 PM2.5 的沉降通量为 2.70mg/($m^2 \cdot d$)，冬季夜间沉降通量 1.63mg/($m^2 \cdot d$)，春季白天沉降通量为 33.00mg/($m^2 \cdot d$)，春季夜间沉降通量 14.70mg/($m^2 \cdot d$)。鹫峰国家森林公园冬季白天的沉降通量为 65.00mg/($m^2 \cdot d$)，冬季夜间的沉降通量为 38.00mg/($m^2 \cdot d$)，春季白天的沉降通量为 40.00mg/($m^2 \cdot d$)，春季夜晚的沉降通量为 22.00mg/($m^2 \cdot d$)。

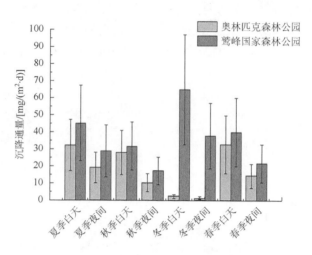

图 2-4　不同地点沉降通量季节变化

奥林匹克森林公园夏季白天 PM2.5 的沉降通量为 32.00mg/(m²·d)，夏季夜间的沉降通量为 19.00mg/(m²·d)，秋季白天沉降通量为 28.00mg/(m²·d)，秋季夜间的沉降通量为 10.60mg/(m²·d)。鹫峰国家森林公园夏季白天的沉降通量为 45.40mg/(m²·d)，夏季夜间的沉降通量为 29.20mg/(m²·d)，秋季白天的沉降通量为 32.00mg/(m²·d)，秋季夜间的沉降通量为 17.70mg/(m²·d)。

对于沉降通量和沉降速率的不同，从上述结果可以看出，沉降速率变化最为剧烈的月份，沉降通量不一定最大。如图 2-3 和图 2-4 所示，夏季的鹫峰国家森林公园白天沉降速率是最高的，为 1.40cm/s，为所有月份的最大值，但是夏季白天鹫峰国家森林公园沉降通量并不是一年中最大的。一年中沉降通量最大的是冬季的鹫峰国家森林公园，沉降通量为 57.00mg/(m²·d)，但是冬季的鹫峰国家森林公园的沉降速率并不是一年中的最大值，由此可以看出，沉降速率和沉降通量之间并没有一对一的一致性对应关系，因为沉降速率与研究对象的粗糙程度有关系，沉降通量除了与研究对象的粗糙程度有关外，还与大气颗粒物浓度有很大关系。

2.1.3　不同地区森林植被 PM2.5 沉降速率和沉降通量年变化

图 2-5 为不同地点沉降速率年变化，统计分析显示，鹫峰国家森林公园在 6 月、8 月和 9 月与 11 月的沉降速率相比差异极为显著（$P<0.01$），2 月、3 月和

12 月与 11 月相比差异显著（$P<0.05$）。奥林匹克森林公园 5 月、6 月、8 月、9 月和 11 月的沉降速率与 2 月、3 月和 12 月相比有显著差异（$P<0.01$）。

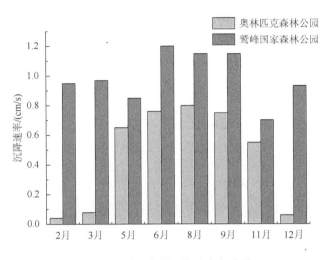

图 2-5　不同地点沉降速率年变化

图 2-6 为不同地点沉降通量变化，一年中 2 月、3 月和 6 月的鹫峰国家森林公园的沉降通量最高，其次为 9 月和 12 月，最小的为 11 月。奥林匹克森林公园 6 月的沉降通量最高，其次为 5 月、8 月、9 月和 11 月。

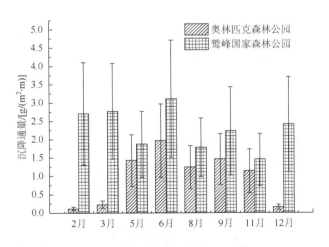

图 2-6　不同地点沉降通量年变化

2.2 不同类型森林植被 PM2.5 的干沉降速率

2.2.1 不同类型森林植被 PM2.5 的干沉降速率日变化

如图 2-7 所示，2 月不同类型植被颗粒物的沉降速率大小依次为：白天油松林的沉降速率为 1.20cm/s，夜间的沉降速率为 0.70cm/s；白天毛白杨油松混交林的沉降速率为 0.60cm/s，夜间的沉降速率为 0.30cm/s；白天毛白杨林的沉降速率为 0.12cm/s，夜间的沉降速率为 0.08cm/s；白天榆叶梅的沉降速率为 0.05cm/s，夜间的沉降速率为 0.03cm/s；白天对照的沉降速率为 0.04cm/s，夜间的沉降速率为 0.02cm/s。并且各植被之间沉降速率差异显著（$P<0.05$），其中，毛白杨油松混交林、油松林和毛白杨林差异极为显著（$P<0.01$），榆叶梅和对照之间差异显著（$P<0.05$），并且各植被之间，白天和夜间的沉降速率差异显著（$P<0.05$）。

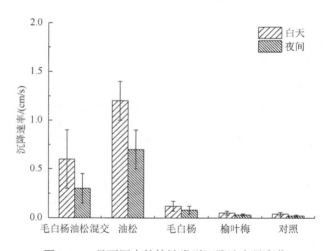

图 2-7　2 月不同森林植被类型沉降速率日变化

如图 2-8 所示，5 月不同森林植被类型沉降速率日变化，白天油松林的沉降速率为 1.10cm/s，夜间的沉降速率为 0.60cm/s；白天毛白杨油松混交林的沉降速率为 1.30cm/s，夜间的沉降速率为 0.70cm/s；白天榆叶梅的沉降速率为 0.30cm/s，夜间的沉降速率为 0.15cm/s；白天毛白杨林的沉降速率为 0.90cm/s，夜间的沉降速率为 0.50cm/s；白天对照的沉降速率为 0.20cm/s，夜间的沉降速率为 0.10cm/s。并且各植被之间的沉降速率差异显著（$P<0.05$），其中，毛白杨油松混交林、油松林、毛白杨林与榆叶梅和对照组之间差异极为显著（$P<0.01$），榆叶梅和对照之间差异极为显著（$P<0.01$），并且各植被之间，白天和

夜间的沉降速率差异显著（$P<0.05$）。

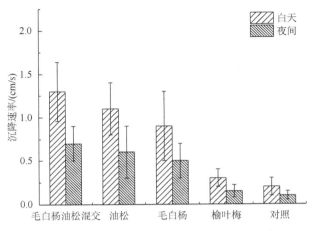

图 2-8　5 月不同森林植被类型沉降速率日变化

如图 2-9 所示，8 月不同森林植被类型沉降速率日变化，白天油松林的沉降速率为 1.30cm/s，夜间的沉降速率为 0.80cm/s；白天毛白杨油松混交林的沉降速率为 1.40cm/s，夜间的沉降速率为 0.90cm/s；白天榆叶梅的沉降速率为 0.40cm/s，夜间的沉降速率为 0.20cm/s；毛白杨林的沉降速率为 1.00cm/s，夜间沉降速率为 0.60cm/s；白天对照的沉降速率为 0.30cm/s，夜间的沉降速率 0.15cm/s。夜间毛白杨油松混交林和油松林沉降速率相比差异不显著（$P>0.05$），毛白杨油松混交林、油松林、毛白杨林、榆叶梅及对照组之间的沉降速率差异显著（$P<0.05$）。并且毛白杨油松混交林、油松林和毛白杨林与榆叶梅和对照组之间沉降速率差异极为显著（$P<0.01$）。

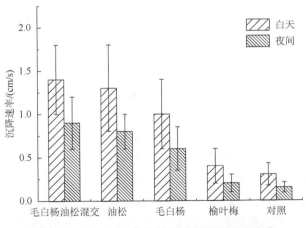

图 2-9　8 月不同森林植被类型沉降速率日变化

如图 2-10 所示，11 月不同森林植被类型沉降速率日变化，白天油松林的沉降速率为 0.80cm/s，夜间的沉降速率为 0.40cm/s；白天毛白杨油松混交林的沉降速率为 1.00cm/s，夜间的沉降速率为 0.40cm/s；白天榆叶梅的沉降速率为 0.20cm/s，夜间的沉降速率为 0.10cm/s；白天毛白杨林的沉降速率为 0.60cm/s，夜间的沉降速率为 0.30cm/s；白天对照的沉降速率为 0.20cm/s，夜间的沉降速率是 0.09cm/s。夜间毛白杨油松混交林和油松林的沉降速率差异不显著（$P>0.05$），毛白杨油松混交林、油松林、毛白杨林之间的沉降速率差异显著（$P<0.05$）。并且毛白杨油松混交林、油松林和毛白杨林与榆叶梅和对照组之间沉降速率差异极为显著（$P<0.01$），榆叶梅和对照组之间沉降速率差异不显著（$P>0.05$）。

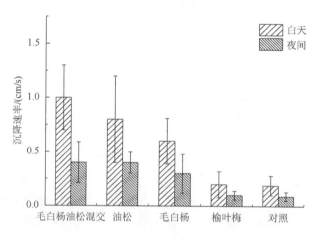

图 2-10　11 月不同森林植被类型沉降速率日变化

2.2.2　不同类型森林植被 PM2.5 的干沉降速率季节变化

图 2-11 为不同类型森林植被沉降速率季节变化，冬季以油松林为最高，沉降速率为 0.94cm/s，其次为毛白杨油松混交林，沉降速率为 0.44cm/s，毛白杨林、榆叶梅和对照组依次减小，毛白杨林的沉降速率为 0.094cm/s，榆叶梅的沉降速率为 0.03cm/s，对照组的沉降速率为 0.02cm/s。

春季，不同类型森林植被沉降速率依次减小，毛白杨油松混交林的沉降速率为 0.99cm/s，油松林的沉降速率为 0.83cm/s，毛白杨林的沉降速率为 0.70cm/s，榆叶梅的沉降速率为 0.22cm/s，对照组的沉降速率为 0.14cm/s。

夏季，不同类型森林植被沉降速率依次减小，毛白杨油松混交林的沉降速率为 1.09cm/s，油松林的沉降速率为 1.05cm/s，毛白杨林的沉降速率为 0.78cm/s，榆叶梅的沉降速率为 0.29cm/s，对照组的沉降速率为 0.20cm/s。

秋季，油松林沉降速率最高，为 0.88cm/s，其次为毛白杨油松混交林，沉降速率为 0.69cm/s，毛白杨林、榆叶梅和对照组依次减小，毛白杨林的沉降速率为 0.45cm/s，榆叶梅的沉降速率为 0.14cm/s，对照组的沉降速率为 0.12cm/s。

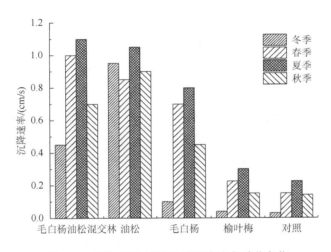

图 2-11　不同森林植被类型沉降速率季节变化

根据统计学分析，油松林在冬秋季和春夏季沉降速率差异极为显著（$P<0.01$），油松林在冬季和春季沉降速率差异不明显（$P>0.05$）。

2.2.3　不同类型森林植被 PM2.5 的干沉降速率年变化

如图 2-12 所示，各类型森林植被的最大沉降速率均出现在 7 月和 8 月，除油松林以外的其他类型森林植被在 5 月和 10 月出现沉降速率的次高峰，再次为 3 月和 11 月，最小的为 12 月和 2 月。毛白杨油松混交林和毛白杨林，3 月、7 月和 8 月与其他月份差异极为显著（$P<0.01$）。夏季由于巨大的林内小气候的影响，叶面具有最大的接触面积和吸附能力，并且夏季空气湿度最大，沉降速率达到最大值。

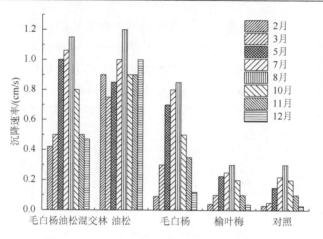

图 2-12 不同森林植被类型沉降速率年变化

2.3 森林植被对 EC 干沉降速率的影响

2.3.1 不同地区森林植被对 EC 干沉降速率的影响

2.3.1.1 不同地区森林植被对 EC 干沉降速率影响的日变化

图 2-13 所示为不同地点 EC 干沉降速率日变化，2013 年 2 月白天奥林匹克森林公园 EC 的沉降速率为 0.05cm/s，夜间的沉降速率为 0.03cm/s；而白天鹫峰国家森林公园的沉降速率为 1.09cm/s，夜间的沉降速率为 0.62cm/s。在 5 月白天奥林匹克森林公园的沉降速率为 0.83cm/s，夜间的沉降速率为 0.37cm/s；

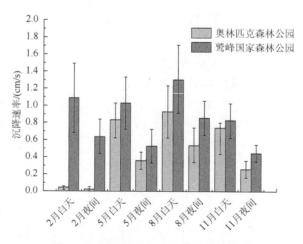

图 2-13 不同地点 EC 沉降速率日变化

而在鹫峰国家森林公园,白天的沉降速率为 1.03cm/s,夜间的沉降速率为 0.55cm/s。根据统计分析,奥林匹克森林公园和鹫峰国家森林公园的沉降速率差异极为显著($P<0.01$),且 5 月、8 月和 11 月的白天和夜间的差异极为显著($P<0.01$)。

2013 年 8 月白天在奥林匹克森林公园沉降速率为 0.94cm/s,夜间奥林匹克森林公园的沉降速率为 0.53cm/s;而白天鹫峰国家森林公园的沉降速率为 1.29cm/s,夜间的沉降速率为 0.85cm/s。11 月白天奥林匹克森林公园的沉降速率为 0.76cm/s,夜间的沉降速率为 0.26cm/s;在鹫峰国家森林公园,白天的沉降速率为 0.80cm/s,夜间的沉降速率为 0.40cm/s。

总体看来,白天的沉降速率大于夜间的沉降速率,主要是因为白天的空气运动较为复杂,这里的沉降包括经过植物的影响。森林小气候变化后,导致在不同的条件下颗粒物的沉降速率是不同的,林内的沉降速率肯定大于林外的沉降速率,因为林内的复杂层级结构,极容易改变空间小气候,导致颗粒物的沉降速率产生巨大的差异。

2.3.1.2 不同地区森林植被对 EC 干沉降速率影响的季节变化

图 2-14 所示为不同地点 EC 干沉降速率季节变化,2013 年冬季白天在奥林匹克森林公园 EC 的沉降速率为 0.05cm/s,夜间的沉降速率为 0.03cm/s;而白天鹫峰国家森林公园的沉降速率为 1.09cm/s,夜间的沉降速率为 0.62cm/s。在春季白天奥林匹克国家森林公园的沉降速率为 0.83cm/s,夜间的沉降速率为 0.37cm/s;而在鹫峰国家森林公园,白天的沉降速率为 1.03cm/s,夜间的沉降速率为 0.55cm/s。

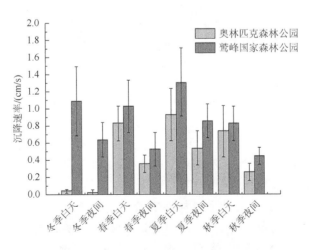

图 2-14 不同地点 EC 沉降速率季节变化

2013 年夏季白天在奥林匹克森林公园 EC 的沉降速率为 0.94cm/s，夜间的沉降速率为 0.53cm/s；而白天鹫峰国家森林公园的沉降速率为 1.29cm/s，夜间鹫峰国家森林公园的沉降速率为 0.85cm/s。在秋季白天奥林匹克森林公园的沉降速率为 0.76cm/s，春季夜间奥林匹克公园的沉降速率为 0.26cm/s，在鹫峰国家森林公园，白天的沉降速率为 0.80cm/s，夜间的沉降速率为 0.40cm/s。

从图 2-14 中发现，冬季的颗粒物沉降速率是一年中的最小值，春季的颗粒物沉降速率在一年中处于较大值，仅次于夏季的颗粒物沉降速率，而大于秋季的颗粒物沉降速率。

2.3.1.3 不同地区森林植被对 EC 干沉降速率影响的年变化

图 2-15 所示为不同地点 EC 干沉降速率的年变化，2013 年 2 月在奥林匹克森林公园 EC 的沉降速率为 0.045cm/s，而在鹫峰国家森林公园 EC 的沉降速率为 1.000cm/s。5 月在奥林匹克森林公园 EC 的沉降速率为 0.700cm/s，而在鹫峰国家森林公园 EC 的沉降速率为 0.900cm/s。

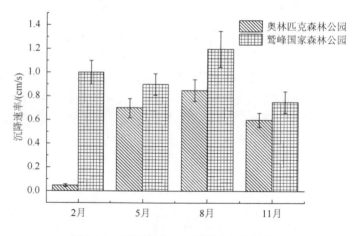

图 2-15 不同地点 EC 沉降速率的年变化

2013 年 8 月在奥林匹克森林公园 EC 的沉降速率为 0.85cm/s，而在鹫峰国家森林公园 EC 的沉降速率为 1.20cm/s。11 月在奥林匹克森林公园 EC 的沉降速率为 0.60cm/s，而在鹫峰国家森林公园，沉降速率为 0.75cm/s。

由图 2-15 可以看出，2 月奥林匹克森林公园和鹫峰国家森林公园 EC 的沉降速率相比，差异极为显著（$P<0.01$）。奥林匹克森林公园颗粒物沉降速率 2 月最小，8 月最大，而鹫峰国家森林公园的颗粒物沉降速率是 11 月最小，8 月最大。

2.3.2 不同类型森林植被对 EC 干沉降速率的影响

2.3.2.1 不同类型森林植被对 EC 干沉降速率影响的日变化

如图 2-16 所示，2 月不同类型森林植被 EC 沉降速率的日变化，EC 沉降速率的大小依次为油松林＞毛白杨油松混交林＞毛白杨林＞榆叶梅＞对照组。2 月白天油松林的 EC 沉降速率最大，为 1.26cm/s，夜间的沉降速率为 0.75cm/s。白天毛白杨油松混交林的 EC 沉降速率为 0.65cm/s，夜间的沉降速率为 0.34cm/s。毛白杨林白天的沉降速率为 0.12cm/s，夜间的沉降速率为 0.1cm/s。榆叶梅白天的沉降速率为 0.05cm/s，夜间的沉降速率为 0.03cm/s。各植被之间沉降速率差异显著（$P<0.05$），其中，毛白杨油松混交林、油松林和毛白杨林差异极为显著（$P<0.01$），榆叶梅和对照之间差异显著（$P<0.05$）。并且各植被之间，白天和夜间的沉降速率差异显著（$P<0.05$）。

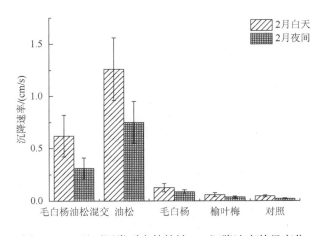

图 2-16　2 月不同类型森林植被 EC 沉降速率的日变化

如图 2-17 所示，5 月白天油松林的 EC 沉降速率为 1.150cm/s，夜间的沉降速率为 0.640cm/s。白天毛白杨油松混交林的 EC 沉降速率为 1.360cm/s，夜间的沉降速率为 0.730cm/s。白天榆叶梅的 EC 沉降速率为 0.340cm/s，夜间的沉降速率为 0.153cm/s。白天毛白杨林的 EC 沉降速率为 0.950cm/s，夜间的沉降速率为 0.540cm/s。各植被之间沉降速率差异显著（$P<0.05$），其中毛白杨油松混交林、油松林、毛白杨林与榆叶梅和对照组之间差异极为显著（$P<0.01$），榆叶梅和对照之间差异极为显著（$P<0.01$）。并且各植被之间白天和夜间的沉降速率差异显著（$P<0.05$）。

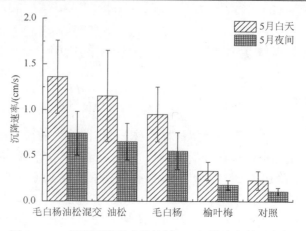

图 2-17　5 月不同类型森林植被 EC 沉降速率的日变化

如图 2-18 所示，8 月白天油松林的 EC 沉降速率为 1.36cm/s，夜间的沉降速率为 0.83cm/s。白天毛白杨油松混交林的 EC 沉降速率为 1.45cm/s，夜间的沉降速率为 0.94cm/s。白天榆叶梅的 EC 沉降速率为 0.44cm/s，夜间的沉降速率为 0.23cm/s。白天毛白杨林的 EC 沉降速率为 1.05cm/s，夜间的沉降速率为 0.64cm/s。

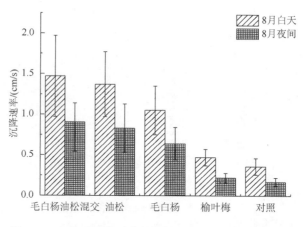

图 2-18　8 月不同类型森林植被 EC 沉降速率的日变化

如图 2-19 所示，11 月白天油松林的 EC 沉降速率为 0.86cm/s，夜间的沉降速率为 0.44cm/s。白天毛白杨油松混交林的 EC 沉降速率为 1.04cm/s，夜间的沉降速率为 0.45cm/s。白天榆叶梅的 EC 沉降速率为 0.23cm/s，夜间的沉降速率为 0.13cm/s。白天毛白杨林的 EC 沉降速率为 0.65cm/s，夜间的沉降速率为 0.34cm/s。夜间毛白杨油松混交林和油松林沉降速率相比差异不显著（$P>0.05$）。毛白杨油松混交林、油松林、毛白杨林、榆叶梅及对照组之间的沉降速率差异显著（$P<$

0.05)。并且毛白杨油松混交林、油松林、毛白杨林、榆叶梅及对照组之间的沉降速率比较,差异极为显著($P<0.01$)。

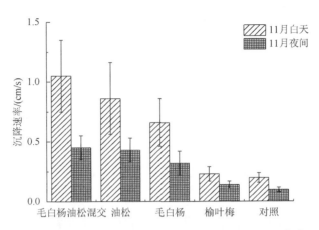

图 2-19 11 月不同类型森林植被 EC 沉降速率的日变化

2.3.2.2 不同类型森林植被对 EC 干沉降速率影响的季节变化

图 2-20 所示为不同类型森林植被 EC 干沉降速率的季节变化。油松林的 EC 沉降速率在冬季最大,为 1.000cm/s,冬季毛白杨油松混交林 EC 的沉降速率为 0.490cm/s。春季油松林的 EC 沉降速率为 0.900cm/s,毛白杨油松混交林的沉降速率为 1.050cm/s,榆叶梅的沉降速率为 0.253cm/s,毛白杨林的沉降速率为 0.750cm/s。夏季油松林的 EC 沉降速率为 1.050cm/s,毛白杨油松混交林的沉降速率为 1.150cm/s,榆叶梅的沉降速率为 0.330cm/s,毛白杨林的沉降速率为 0.850cm/s。

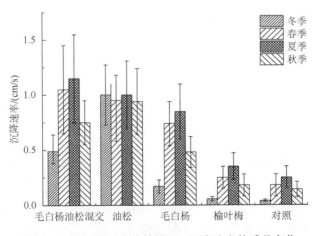

图 2-20 不同类型森林植被 EC 沉降速率的季节变化

秋季油松林的EC沉降速率为0.950cm/s，毛白杨油松混交林的沉降速率为0.730cm/s，榆叶梅的沉降速率为0.180cm/s，毛白杨林的沉降速率为0.500cm/s。根据统计分析，油松林在冬秋季和春夏季沉降速率相比差异极为显著（$P<0.01$），油松林在冬季和春季沉降速率相比差异不明显（$P>0.05$）。

2.4 森林植被对OC干沉降速率的影响

2.4.1 不同地区森林植被对OC干沉降速率的影响

2.4.1.1 不同地区森林植被对OC干沉降速率和沉降量影响的日变化

如图2-21所示，2013年2月白天在奥林匹克森林公园OC的沉降速率为0.0450cm/s，夜间的沉降速率为0.0283cm/s；而在鹫峰国家森林公园，白天的沉降速率为1.1700cm/s，夜间的沉降速率为0.6700cm/s。5月在奥林匹克森林公园白天的OC沉降速率为0.8600cm/s，夜间的沉降速率为0.3700cm/s；而在鹫峰国家森林公园，白天的沉降速率为1.0700cm/s，夜间的沉降速率为0.5400cm/s。

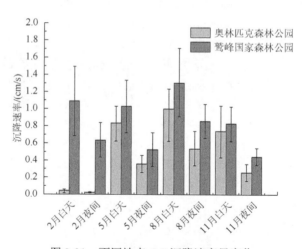

图2-21 不同地点OC沉降速率日变化

2013年8月，白天在奥林匹克森林公园OC的沉降速率为1.01cm/s，夜间的沉降速率为0.58cm/s；而白天在鹫峰国家森林公园的沉降速率为1.35cm/s，夜间的沉降速率为0.85cm/s。11月白天奥林匹克森林公园的OC沉降速率为0.76cm/s，夜间的沉降速率为0.25cm/s；而在鹫峰国家森林公园，白天的沉降速率为0.84cm/s，夜间的沉降速率为0.46cm/s。

根据统计分析，奥林匹克森林公园和鹫峰国家森林公园的沉降速率差异极为显著（$P<0.01$），且5月、8月和11月白天和夜间的差异极为显著（$P<0.01$）。由图2-21看出，白天的沉降速率大于夜间的沉降速率，主要是白天的空气运动较为复杂，这里的沉降包括经过植物的影响，森林小气候变化后，导致在不同的条件下，颗粒物的沉降速率有所不同，在林内的沉降速率肯定大于林外的沉降速率，因为林内的复杂层级结构，容易改变空间的小气候，导致颗粒物的沉降速率产生巨大的差异。

2.4.1.2 不同地区森林植被对 OC 干沉降速率影响的季节变化

如图2-22所示，2013年冬季白天在奥林匹克森林公园 OC 的沉降速率为 0.0450cm/s，夜间的沉降速率为 0.0286cm/s；而在鹫峰国家森林公园，白天的沉降速率为 1.1500cm/s，夜间的沉降速率为 0.6500cm/s。在春季白天奥林匹克森林公园的 OC 沉降速率为 0.8700cm/s，夜间的沉降速率为 0.3800cm/s；而在鹫峰国家森林公园，白天的沉降速率为 1.0500cm/s，夜间的沉降速率为 0.5700cm/s。

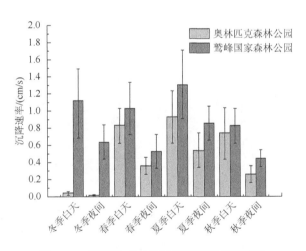

图 2-22 不同地点 OC 沉降速率的季节变化

2013年夏季白天在奥林匹克森林公园 OC 的沉降速率为 0.96cm/s，夜间的沉降速率为 0.54cm/s；而在鹫峰国家森林公园，白天的沉降速率为 1.35cm/s，夜间的沉降速率为 0.87cm/s。在秋季白天奥林匹克森林公园的沉降速率为 0.76cm/s，夜间的沉降速率为 0.26cm/s；而在鹫峰国家森林公园，白天的沉降速率为 0.82cm/s，夜间的沉降速率为 0.47cm/s。

由图2-22看出，就白天的颗粒物沉降速率而言，两个公园最高值均出现在夏季,但最低值则有不同,奥林匹克森林公园最低值出现在冬季,而鹫峰国家森林公园最低值出现在秋季。

2.4.1.3 不同地区森林植被对 OC 干沉降速率影响的年变化

如图 2-23 所示,2013 年 2 月奥林匹克森林公园 OC 的沉降速率为 0.04cm/s,鹫峰国家森林公园的沉降速率为 0.89cm/s。3 月奥林匹克森林公园 OC 的沉降速率为 0.07cm/s,鹫峰国家森林公园的沉降速率为 0.89cm/s。5 月奥林匹克森林公园 OC 的沉降速率为 0.58cm/s,鹫峰国家森林公园的沉降速率为 0.79cm/s。6 月奥林匹克森林公园 OC 的沉降速率为 0.69cm/s,鹫峰国家森林公园的沉降速率为 1.09cm/s。8 月奥林匹克森林公园 OC 的沉降速率为 0.73cm/s,鹫峰国家森林公园的沉降速率为 1.04cm/s。9 月奥林匹克森林公园 OC 的沉降速率为 0.68cm/s,鹫峰国家森林公园的沉降速率为 0.99cm/s。11 月奥林匹克森林公园的沉降速率为 0.50cm/s,夜间奥林匹克公园的沉降速率为 0.80cm/s。12 月奥林匹克森林公园 OC 的沉降速率为 0.05cm/s,鹫峰国家森林公园的沉降速率为 0.78cm/s。

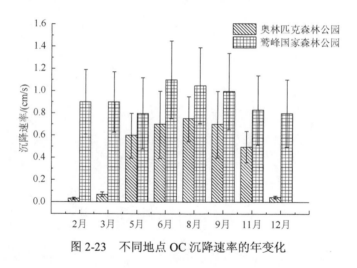

图 2-23 不同地点 OC 沉降速率的年变化

由图 2-23 看出,奥林匹克森林公园颗粒物沉降速率较小的月份是 2 月、3 月和 12 月,较大的月份是 5 月、6 月、8 月、9 月和 11 月;而鹫峰国家森林公园颗粒物沉降速率较小的月份是 5 月、11 月和 12 月,较大的月份是 2 月、3 月、6 月、8 月和 9 月。

2.4.2 不同类型森林植被对 OC 干沉降速率的影响

2.4.2.1 不同类型森林植被对 OC 干沉降速率影响的日变化

如图 2-24 所示为 2 月不同类型森林植被 OC 沉降速率的日变化。2 月白天油松林的 OC 沉降速率最大,为 1.10cm/s,夜间的沉降速率为 0.65cm/s。白天毛白杨油松混交林的 OC 沉降速率为 0.51cm/s,夜间的沉降速率为 0.21cm/s。白天毛白杨林的 OC 沉降速率为 0.10cm/s,夜间的沉降速率为 0.08cm/s。白天榆叶梅的 OC 沉降速率为 0.04cm/s,夜间的沉降速率为 0.02cm/s。白天对照组的 OC 沉降速率为 0.03cm/s,夜间的沉降速率为 0.01cm/s。各植被之间的 OC 沉降速率差异显著($P<0.05$),其中,毛白杨油松混交林、油松林和毛白杨林差异极为显著($P<0.01$),榆叶梅和对照之间差异显著($P<0.05$),并且各植被之间白天和夜间的沉降速率差异显著($P<0.05$)。

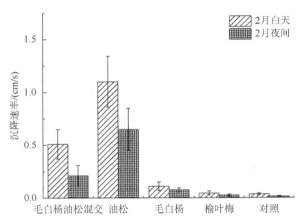

图 2-24　2 月不同类型森林植被 OC 沉降速率的日变化

如图 2-25 所示,5 月白天油松林 OC 的沉降速率为 1.05cm/s,夜间的沉降速率为 0.55cm/s。白天毛白杨油松混交林 OC 的沉降速率为 1.26cm/s,夜间的沉降速率为 0.64cm/s。白天榆叶梅 OC 的沉降速率为 0.23cm/s,夜间的沉降速率为 0.10cm/s。白天毛白杨林 OC 的沉降速率为 0.85cm/s,夜间的沉降速率为 0.45cm/s。

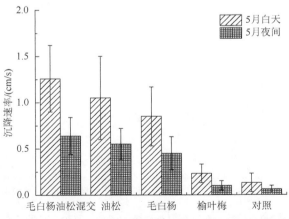

图 2-25　5 月不同类型森林植被 OC 沉降速率的日变化

如图 2-26 所示，8 月白天油松林的 OC 沉降速率为 1.27cm/s，夜间的沉降速率为 0.73cm/s。白天毛白杨油松混交林的 OC 沉降速率为 1.37cm/s，夜间的沉降速率为 0.74cm/s。白天榆叶梅的 OC 沉降速率为 0.37cm/s，夜间的沉降速率为 0.20cm/s。白天毛白杨林的 OC 沉降速率为 0.90cm/s，夜间的沉降速率为 0.54cm/s。

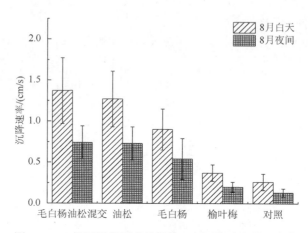

图 2-26　8 月不同类型森林植被 OC 沉降速率的日变化

如图 2-27 所示，11 月白天油松林的 OC 沉降速率为 0.76cm/s，夜间的沉降速率为 0.33cm/s。白天毛白杨油松混交林的 OC 沉降速率为 0.95cm/s，夜间的沉降速率为 0.35cm/s。白天榆叶梅的 OC 沉降速率为 0.15cm/s，夜间的沉降速率为 0.14cm/s。毛白杨林的 OC 沉降速率为 0.56cm/s，夜间的沉降速率为 0.23cm/s。

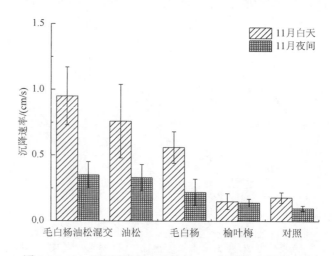

图 2-27　11 月不同类型森林植被 OC 沉降速率的日变化

2.4.2.2 不同类型森林植被对 OC 沉降速率影响的季节变化

如图 2-28 所示，油松的 OC 沉降速率在冬季最大，为 1.040cm/s，毛白杨油松混交林的沉降速率为 0.470cm/s。春季油松林的 OC 沉降速率为 0.780cm/s，毛白杨油松混交林的沉降速率为 1.000cm/s，榆叶梅的沉降速率为 0.150cm/s，毛白杨林的沉降速率为 0.64cm/s。夏季油松林的 OC 沉降速率为 1.000cm/s，毛白杨油松混交林的沉降速率为 1.050cm/s，榆叶梅的沉降速率为 0.250cm/s，毛白杨林的沉降速率为 0.750cm/s。秋季油松林的 OC 沉降速率为 0.784cm/s，毛白杨油松混交林的沉降速率为 0.650cm/s，榆叶梅的沉降速率为 0.140cm/s，毛白杨林的沉降速率为 0.480cm/s。

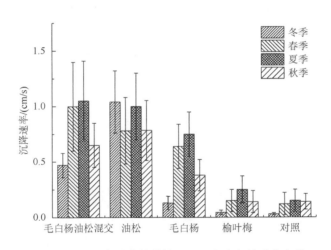

图 2-28 不同类型森林植被 OC 沉降速率的季节变化

2.4.2.3 不同类型森林植被对 OC 沉降速率影响的年变化

如图 2-29 所示，在一年中 OC 沉降速率最大的是 7 月和 8 月份，其次是 5 月和 10 月，再次为 3 月和 11 月，最小的为 12 月和 2 月。夏季由于受到巨大的林内小气候的影响，叶面具有最大的接触面积和吸附能力，并且夏季空气湿度最大，沉降速率达到最大值。

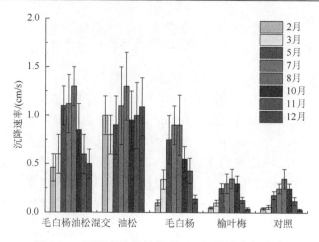

图 2-29 不同森林植被类型 OC 沉降速率年变化

第 3 章　森林植被对 PM2.5 等颗粒物的阻滞作用

3.1　带状人工林内的空气颗粒物浓度变化特征

随着城市化的发展及人们生活水平的提高，北京市机动车数量不断增加，截至 2015 年 8 月，北京市机动车保有量 557.5 万辆。因此城市交通道路扬尘、汽车排放是北京市空气颗粒物污染的重要来源（刘旭辉等，2014）。控制空气颗粒物污染源和阻止空气颗粒物扩散是现今控制城市交通污染的主要手段。当前研究表明城市林带可以有效地阻止污染物扩散，降低空气颗粒物浓度（Tiwary et al.，2009；齐飞艳，2009）。

3.1.1　带状人工林内空气颗粒物浓度的年变化特征

2013 年 4 月~12 月期间带状人工林内空气颗粒物浓度的监测结果如图 3-1 所示。

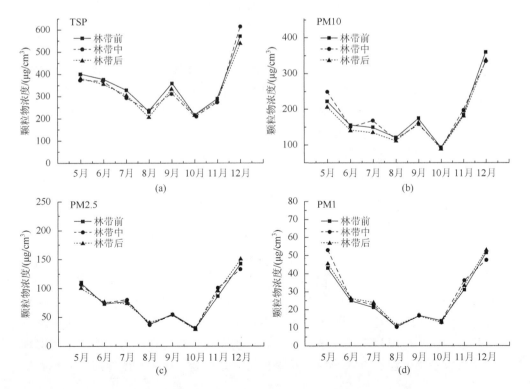

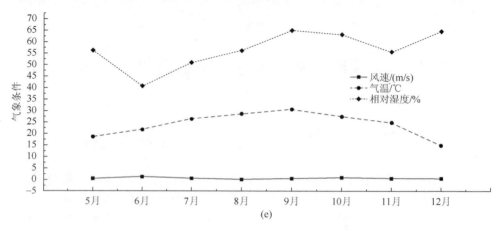

图 3-1 带状人工林内空气颗粒物浓度及气象因素的年变化特征（μg/m³）

如图 3-1 所示，奥林匹克森林公园在 7 月、9 月两个月份空气颗粒物浓度最低，空气颗粒物浓度最高的时候是在 4 月、11 月、12 月三个月份，其他月份颗粒物浓度相对较低。北京冬季包括了 11 月、12 月、1 月、2 月将近四个月份，在此供暖期间，燃煤、燃气都会产生大量的空气颗粒物，加之冬季阴霾天气多，逆温层容易出现，不利于空气颗粒物的迅速扩散，致使空气颗粒物浓度升高，北京春季受大风引起的浮尘、扬尘天气影响较多，这些天气会带来大量的 TSP 和 PM10（盛立芳等，2003）。夏季植被生长茂盛，植被净化空气颗粒物的能力达到最佳；且夏季炎热多雨、气温高，有助于空气颗粒物的扩散，多雨会促进空气颗粒物的湿沉降。

北京春季包括 4 月、5 月两个月份，4 月、5 月的气温和相对湿度相对较低，平均风速较其他月份大。冷暖气流的交锋导致北京春季没有定向风，此外北京地势平坦，没有大面积的树林和高山，西北的冷空气就容易长驱直入，不仅冷而且干燥，还会带来大量沙尘，这也是北京春季粗颗粒物浓度较高的主要原因。

夏季日照时间增长，日出早而日落晚，气温高，相对湿度大，此外植被生长旺盛，枝繁叶茂；7:00 太阳早已照耀多时，气温迅速爬高，空气颗粒物扩散速度增加，浓度开始下降，空气颗粒物在扩散过程中遇到林分阻滞，扩散速度降低而堆积在林内，同时林内由于植被的生理活动旺盛，产生大量的挥发性有机物，加之林内相对湿度大于林外，容易发生二次反应，生成空气颗粒物。

秋季日照时间减少，昼夜温差逐渐加大，加之北京秋天风力较弱，但是由于观测地区的特殊位置，空气颗粒物容易在平坦的地区堆积，白天气温较高，并时常有风，空气颗粒物可以迅速扩散，但一到夜间，近地层大气稳定，空气颗粒物在地势低的地方开始堆积，导致浓度升高。另外，在晴朗无风的夜晚，夜间植物的散热速度慢、地温特别低，水汽聚集到植物表面时就会凝结形成霜，霜的形成也对空气颗粒物有湿沉降的作用。秋季植物开始枯萎，叶片开始掉落，森林底下往往积累着大量的落叶，这些落叶对霜的形成有很大影响。

与春季、夏季、秋季相比，冬季空气颗粒物多了燃煤供暖的污染排放来源，冬季处于采暖期，奥林匹克森林公园附近有村庄，而村庄以燃煤供暖为主，白天燃煤较多，产生大量空气颗粒物及可以反应生成空气颗粒物的气体；夜间人们休息，燃煤供暖的行为减少或停止，因此粗颗粒物在白天和夜间的浓度值相差不大，细颗粒物浓度白天高于夜间。冬季白天日照辐射较强，近地层空气处于不稳定状态，湍流交换作用强，垂直扩散能力强；夜晚静风、湿度大、逆温频率高等因素不利于颗粒物扩散，致使空气颗粒物容易发生累积而达到较高值（王淑英和张小玲，2002；Song et al.，2006）。

3.1.2　带状人工林内空气颗粒物浓度的季节分布特征

3.1.2.1　春季林带内空气颗粒物浓度的分布特征

林带不同位置处的空气颗粒物浓度如表 3-1 所示。林带前（0m，5m）的 TSP （590.80μg/m^3 和 605.30μg/m^3）、PM10（355.50μg/m^3 和 349.30μg/m^3）浓度远远大于林带后（65m）的 TSP（583.10μg/m^3）、PM10（342.60μg/m^3）浓度。林带 50m 处的 PM2.5 浓度最高，为 154.30μg/m^3。林带各位置处 PM1 的浓度相差不大。

表 3-1　春季林带内的颗粒物浓度分布（μg/m^3）

颗粒物	监测点	均值	中值	标准差	极小值	极大值
TSP	0m	590.80a	448.23	197.020	84.30	945.80
	5m	605.30	385.50	214.040	77.20	987.90
	20m	614.10b	281.75	189.430	88.70	821.80
	35m	617.50b	288.30	225.800	75.80	997.70
	50m	577.60a	300.70	159.880	61.80	825.60
	65m	583.10a	309.30	181.340	62.70	773.80
PM10	0m	355.50a	177.70	155.070	48.10	866.70
	5m	349.30a	151.00	127.740	37.30	565.30
	20m	340.20a	136.30	115.460	42.30	520.10
	35m	349.20a	143.00	136.040	36.80	746.90
	50m	344.80a	147.90	118.160	30.30	539.60
	65m	342.60a	143.70	120.770	28.80	545.30
PM2.5	0m	143.01a	16.23	57.755	8.35	314.65
	5m	141.41a	17.47	57.842	8.00	273.02
	20m	133.26b	17.50	54.071	7.32	263.26
	35m	145.20a	18.36	58.077	7.57	295.24

续表

颗粒物	监测点	均值	中值	标准差	极小值	极大值
PM2.5	50m	154.30a	16.94	61.934	8.46	310.99
	65m	150.66a	16.02	61.487	8.17	305.99
PM1	0m	51.42a	4.18	21.691	2.22	137.57
	5m	50.64a	4.15	21.662	2.37	120.28
	20m	47.38b	3.49	20.182	2.23	97.21
	35m	52.05a	3.74	21.719	2.28	103.78
	50m	54.88a	3.50	23.008	1.91	110.39
	65m	52.94a	3.53	22.421	2.02	107.69

注：表中均为与0m处空气颗粒物浓度比较，字母代表5%的显著性差异。

0~65m，即从五环林缘到公园内林缘，四种粒径颗粒物在林带内的分布特征不完全一致，这与它们的粒径形态和环境条件变化的影响有关。林带内TSP和PM10的最高浓度分别在35m和0m处，分别为617.50μg/m³和349.20μg/m³，最低浓度分别在50m和65m处，分别为577.60μg/m³和342.60μg/m³。林带内PM2.5和PM1的最高浓度均在50m处，分别为154.30μg/m³和54.88μg/m³，最低浓度分别在20m和5m处，分别为133.26μg/m³和47.38μg/m³。这个结果说明空气颗粒物在扩散过程中，遇到林带后，扩散速度降低，导致颗粒物堆积在林带前，从而林带前空气颗粒物浓度增加。林带中部相对稳定的环境条件更有利于空气颗粒物的沉降，而且植被也会大量地吸附空气颗粒物（Sun et al., 2014）。在林带50m处，空气颗粒物浓度也比较高，主要是因为在林带后是一个健身跑道，每天都会有很多人在此散步和跑步，这些活动会扰动地表，造成沉积在地面的颗粒物再悬浮到空中，并向林内扩散。

3.1.2.2 夏季林带内空气颗粒物浓度的分布特征

夏季林带不同位置处的空气颗粒物浓度如表3-2所示。林带前（0m，5m）的TSP（318.30μg/m³和320.40μg/m³）、PM10（203.20μg/m³和209.00μg/m³）浓度大于林带后（65m）的TSP（293.60μg/m³）、PM10（192.10μg/m³）浓度。林带前（0m，5m）的PM2.5（87.09μg/m³和87.58μg/m³）、PM1（24.52μg/m³和26.66μg/m³）浓度小于林带后（65m）的PM2.5（91.87μg/m³），PM$_1$（28.02μg/m³）浓度。

表3-2 夏季林带颗粒物浓度分布特征（μg/m³）

颗粒物	监测点	均值	中值	标准差	极小值	极大值
TSP	0m	318.30a	231.50	200.40	25.80	1014.10
	5m	320.40a	187.60	198.60	17.60	999.60

续表

颗粒物	监测点	均值	中值	标准差	极小值	极大值
TSP	20m	315.20a	231.40	207.20	22.80	867.20
	35m	299.50a	178.30	218.40	17.50	872.10
	50m	312.60a	204.05	211.20	15.90	917.40
	65m	293.60a	229.25	218.60	25.30	919.40
PM10	0m	203.20a	121.40	156.70	13.00	884.50
	5m	209.00a	108.85	127.30	11.50	795.70
	20m	221.80b	118.75	193.60	15.40	827.50
	35m	203.80a	107.80	165.70	10.10	688.60
	50m	207.50a	111.60	141.30	9.70	777.60
	65m	192.10a	121.10	185.20	12.10	612.20
PM2.5	0m	87.09a	35.70	79.94	2.89	399.43
	5m	87.58a	35.87	84.77	3.04	417.82
	20m	88.46a	35.52	89.14	3.03	445.62
	35m	93.31a	41.95	92.41	2.82	467.36
	50m	92.52a	39.95	94.17	2.92	466.53
	65m	91.87a	42.63	94.50	3.05	480.44
PM1	0m	24.52a	11.51	23.55	0.62	124.94
	5m	26.66a	11.61	26.83	0.66	113.14
	20m	27.00a	11.62	27.34	0.64	172.41
	35m	28.79a	13.46	28.58	0.63	113.53
	50m	28.10a	12.50	28.92	0.67	117.93
	65m	28.02a	12.48	34.09	0.62	133.81

注：表中均为与0m处空气颗粒物浓度比较，字母代表5%的显著性差异，同一字母表示差异性不显著。

0～65m，即从五环林缘到公园内林缘，四种粒径颗粒物在林带内的分布特征不完全一致。TSP与PM10的浓度变化趋势相似，林带后浓度低于林带前；PM2.5与PM1的浓度变化与之相反，经过林带后，细颗粒物浓度升高。与春季相比，粗颗粒物（TSP、PM10）经过林带后浓度下降程度明显较小，且细颗粒物（PM10、PM2.5）经过林带后浓度上升。

从整体来看，四种粒径颗粒物浓度的极大值与极小值差距较大，TSP浓度相差3～4倍，PM10浓度相差2～3倍，PM2.5浓度相差4～5倍，PM1浓度相差5～6倍。夏季日照时间增长，日出早而日落晚，夏季气温高、相对湿度大，此外植被生长旺盛，枝繁叶茂；7∶00太阳早已照耀多时，气温迅速爬高、空气颗粒物扩散速度增加，浓度开始下降，空气颗粒物在扩散过程中遇到林分阻滞，扩散速度降低而堆积在林内，同时林内由于植被的生理活动旺盛，产生大量的挥发性有机物，加之林内相对湿度大于林外，容易发生二次反应，生成空气颗粒物。

3.1.2.3 秋季林带内空气颗粒物浓度的分布特征

秋季林带不同位置处的空气颗粒物浓度如表 3-3 所示。林带前（0m，5m）的 TSP（408.10μg/m³ 和 398.10μg/m³）、PM10（203.90μg/m³ 和 208.90μg/m³）浓度远远大于林带后（65m）的 TSP（381.60μg/m³）、PM10（191.7μg/m³）浓度。林带前（0m，5m）的 PM2.5（112.10μg/m³ 和 111.97μg/m³）、PM1（46.66μg/m³ 和 48.90μg/m³）浓度小于林带后（65m）的 PM2.5（114.20μg/m³）、PM1（48.73μg/m³）浓度。0～65m，即从五环林缘到公园内林缘，TSP 与 PM10 浓度变化趋势相似，均呈现逐渐下降的趋势。不同林带位置处的 PM2.5 浓度相差不大，PM1 的浓度在 20m 处浓度最低（45.55μg/m³）。

表 3-3 秋季林带颗粒物浓度分布特征（μg/m³）

颗粒物	监测点	均值	中值	标准差	极小值	极大值
TSP	0m	408.10a	440.75	123.90	121.00	946.90
	5m	398.10a	430.20	133.50	103.40	988.80
	20m	389.80a	359.20	129.90	69.60	831.70
	35m	385.20a	334.30	162.80	92.10	1094.60
	50m	368.30b	229.01	118.90	48.90	827.40
	65m	381.60a	230.00	131.20	60.80	772.70
PM10	0m	203.90a	172.25	109.20	48.70	876.60
	5m	208.90a	199.20	82.40	51.60	566.20
	20m	209.20a	208.10	81.10	34.90	512.00
	35m	210.50a	209.00	93.90	40.60	748.80
	50m	191.50a	125.51	87.30	60.05	560.12
	65m	191.70a	122.91	86.79	30.78	561.21
PM2.5	0m	112.10a	27.06	43.41	6.33	347.74
	5m	111.97a	27.24	42.47	6.62	273.11
	20m	113.95a	31.83	39.42	6.26	263.35
	35m	112.46a	15.28	45.24	6.25	295.33
	50m	114.95a	30.04	45.49	4.20	318.08
	65m	114.20a	30.62	44.78	6.19	316.08
PM1	0m	46.66a	7.92	15.33	0.83	136.76
	5m	48.90a	8.02	14.96	0.83	119.47
	20m	45.55a	8.33	13.95	0.73	96.40
	35m	47.41a	5.31	15.49	0.76	102.97
	50m	46.71a	7.73	16.10	0.78	109.58
	65m	48.73a	7.88	15.55	0.83	106.88

注：表中均为与 0m 处空气颗粒物浓度比较，字母代表 5%的显著性差异，同一字母表示差异性不显著。

对于林带不同位置处的空气颗粒物浓度，5～65m 处的 TSP 平均浓度均小于 0m 处，50m、65m 处的 PM10 平均浓度小于 0m 处，5m 处的 PM2.5 平均浓度最小，20m 处的 PM1 的平均浓度最小。秋季日照时间减少，昼夜温差逐渐增大，加之北京秋天风力较弱，但是由于观测地区的特殊位置，空气颗粒物容易在平坦的地区堆积，白天气温较高，并时常有风，空气颗粒物可以迅速扩散，但一到夜间，近地层大气稳定，空气颗粒物在地势低的地方开始堆积，导致浓度升高。另外，在晴朗无风的夜晚，夜间植物的散热速度慢、地温特别低，水汽聚集到植物表面时就会凝结形成霜，霜的形成也对空气颗粒物有湿沉降的作用。从不同季节来看，林带不同位置处的颗粒物浓度差异秋季比春季和夏季小，尽管如此，秋季高污染日林内颗粒物浓度高于林外；秋季细颗粒物在总颗粒物中所占的比例略低于冬季，明显低于春季和夏季。

3.1.2.4 冬季林带内空气颗粒物浓度的分布特征

冬季林带不同位置处的空气颗粒物浓度如表 3-4 所示。林带前（0m，5m）的 TSP（590.80μg/m³ 和 605.30μg/m³）、PM10（355.50μg/m³ 和 349.30μg/m³）浓度大于林带后（65m）的 TSP（583.10μg/m³）、PM10（342.60μg/m³）浓度。林带前（0m，5m）的 PM2.5（143.01μg/m³ 和 141.41μg/m³）、PM1（51.51μg/m³）浓度小于林带后（65m）的 PM2.5（150.75μg/m³）、PM1（53.03μg/m³）浓度。从 0～65m，即从五环林缘到公园内林缘，TSP 呈现先升高后降低的单峰型变化，其余三种粒径颗粒物在林带内的分布特征基本一致，均呈现先降低后升高的波形变化趋势。

表 3-4 冬季林带颗粒物浓度分布特征（μg/m³）

颗粒物	监测点	均值	中值	标准差	极小值	极大值
TSP	0m	590.80a	448.23	197.020	84.30	945.80
	5m	605.30	385.50	214.040	77.20	987.90
	20m	614.10b	281.75	189.430	88.70	821.80
	35m	617.50b	288.30	225.800	75.80	997.70
	50m	577.60a	300.70	159.880	61.80	825.60
	65m	583.10a	309.30	181.340	62.70	773.80
PM10	0m	355.50a	177.70	155.070	48.10	866.70
	5m	349.30a	151.00	127.740	37.30	565.30
	20m	340.20a	136.30	115.460	42.30	520.10
	35m	349.20a	143.00	136.040	36.80	746.90
	50m	344.80a	147.90	118.160	30.30	539.60
	65m	342.60a	143.70	120.770	28.80	545.30

续表

颗粒物	监测点	均值	中值	标准差	极小值	极大值
PM2.5	0m	143.01a	16.23	57.755	8.35	314.65
	5m	141.41a	17.47	57.842	8.00	273.02
	20m	133.26b	17.50	54.071	7.32	263.26
	35m	145.20a	18.36	58.077	7.57	295.24
	50m	154.30a	16.94	61.934	8.46	310.99
	65m	150.66a	16.02	61.487	8.17	305.99
PM1	0m	51.42a	4.180	21.691	2.22	137.57
	5m	50.64a	4.15	21.662	2.37	120.28
	20m	47.38b	3.49	20.182	2.23	97.21
	35m	52.05a	3.74	21.719	2.28	103.78
	50m	54.88a	3.50	23.008	1.91	110.39
	65m	52.94a	3.53	22.421	2.02	107.69

注：表中均为与 0m 处空气颗粒物浓度比较，字母代表 5%的显著性差异，同一字母表示差异性不显著。

表 3-4 中 35m 处 TSP 的平均浓度最高，0m 处 PM10 的平均浓度最大。PM2.5 和 PM1 的平均浓度在 50m 处最大，仅 20m 处的平均浓度小于 0m 处。与春季、夏季、秋季相比，冬季空气颗粒物多了燃煤供暖的污染排放来源，冬季处于采暖期，奥林匹克森林公园附近有村庄，而村庄以燃煤供暖为主，白天燃煤较多，产生大量空气颗粒物及可以反应生成空气颗粒物的气体，夜间人们休息，燃煤供暖的行为减少或停止，因此粗颗粒物在白天和夜间的浓度值相差不大，细颗粒物浓度白天高于夜间。

3.1.3 带状人工林内空气颗粒物浓度分布的日变化特征

3.1.3.1 春季日间颗粒物浓度变化规律

春季不同时段带状人工林内空气颗粒物浓度的日变化特征如图 3-2 所示。

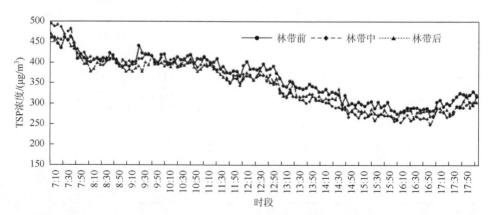

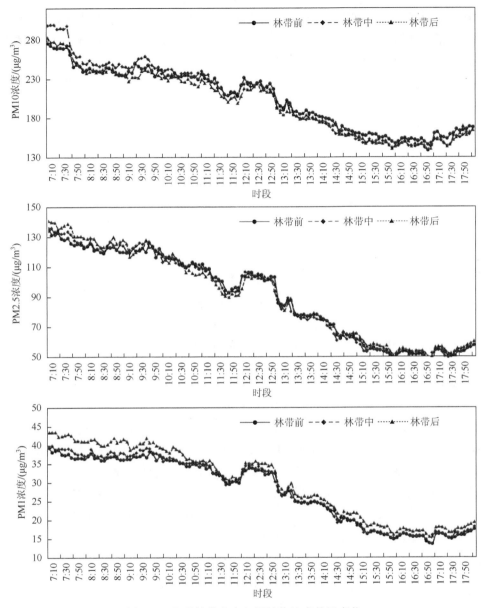

图 3-2 春季林带内空气颗粒物浓度的日变化

由图 3-2 可知,观测时段内四种粒径空气颗粒物浓度出现的峰值和低值基本一致,在 7:00~10:00 之间最大,中午略微升高,15:00~17:00 之间最低,之后空气颗粒物浓度又有升高的趋势。颗粒物的浓度变化受北五环汽车流量、气象条件的影响很大,上午颗粒物浓度出现高峰主要原因有三个:一是上午特别是早上易发生逆温现象,不利于颗粒物的扩散,使颗粒物积累在原处,导致浓度升高;二是由于紧邻北五环，汽车排放、道路扬尘是颗粒物的重要来源，上午正是交通高峰期，交通流量的增加导致颗粒物的浓度升高；三是中午林木生理活动减弱，对空气颗粒物的消纳作用降低，所以中午颗粒物浓度略微升高；从 13∶00 以后，颗粒物明显开始下降，主要是因为地表气温升高，逆温现象消失，颗粒物扩散速度加快；交通流量减少，汽车排放和道路扬尘减少，导致颗粒物浓度降低，17∶00 之后颗粒物浓度又有升高的趋势，是因为下午交通高峰期即将到来，车流量增加（刘旭辉等，2014）。

在整个监测时段（7∶00~18∶30）内，TSP 与 PM10 林带前浓度大于林带中和林带后浓度。上午 PM2.5 浓度以林带后浓度偏高，中午林带后偏低，下午三个位置处浓度差异不大；林带内 PM1 的浓度以林带后偏高。这个结果说明林带对粗颗粒物的阻滞效果远大于对细颗粒物的阻滞效果。其原因可能是粗颗粒物在林内更容易沉降，扩散距离越远，粗颗粒物浓度越低，细颗粒物越容易附着在植被器官上，而植物的吸附能力是有限的，而且吸附在植物上的空气颗粒物容易再悬浮（刘旭辉等，2014）。

3.1.3.2　夏季日间颗粒物浓度变化规律

夏季不同时段带状人工林内空气颗粒物浓度的日变化特征如图 3-3 所示。由图 3-3 可知，上午 TSP 浓度较高，中午之后浓度逐渐降低，林带中与林带前 TSP 浓度差异不大，林带后 TSP 浓度一直小于林带前 TSP 浓度；PM10、PM2.5、PM1 的日变化规律基本一致，均呈现单峰型日变化，在 10∶00 之后三种粒径颗粒物浓度开始升高，之后在 16∶00 左右出现一个小波峰。10∶00 之前林带后 PM10 浓度低于林带前和林带中，中午三个位置处 PM10 浓度差异不大。PM2.5 与 PM1 在林带不同位置处的差异规律一致，在观测时段内以林带前浓度最低，中午不同林带位置间浓度差异最大。本研究在夏季监测颗粒物浓度时，多出现高温高湿天气，中午时气温升高、相对湿度的升高导致空气颗粒物浓度的增加，之后随着相对湿度降低，空气颗粒物浓度逐渐降低。另外，林内相对湿度往往高于林外，空气颗粒物浓度与相对湿度呈正相关关系，所以林带颗粒物浓度往往高于林外。最后，夏季温度高，空气流通较快，空气颗粒物扩散速度相对于春季更快。

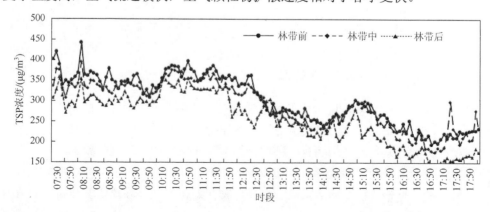

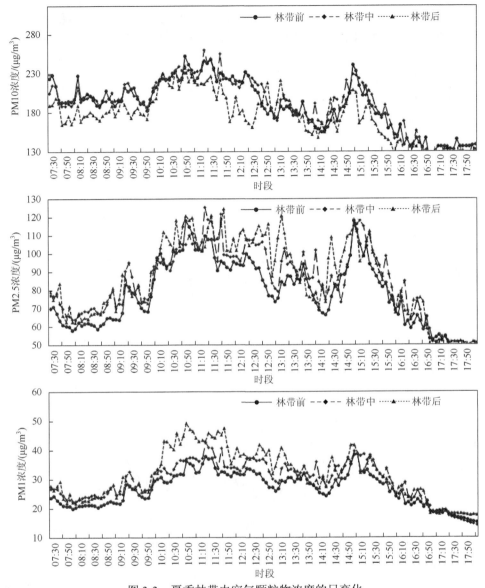

图 3-3 夏季林带内空气颗粒物浓度的日变化

3.1.3.3 秋季日间颗粒物浓度变化规律

秋季不同时段带状人工林内空气颗粒物浓度的日变化特征如图 3-4 所示。由图 3-4 可知，秋季与春季的空气颗粒物浓度日变化规律相反，秋季空气颗粒物的浓度最高值出现在 16：30 以后。秋季四种粒径空气颗粒物浓度日变化规律基本一致，均呈现先下降后升高的单谷型变化，TSP 与 PM10 的最低值出现在 14：30 左右，分别约为 277.00μg/m³ 和 200.50μg/m³。PM2.5 与 PM1 的最低值出现在 11：00

左右，分别为 77.09μg/m³ 和 27.76μg/m³。主要原因一方面在于北京市秋季平均风速在四个季节中是最小的，相对湿度相对较高，容易发生逆温现象，天气形势不易变动，导致空气颗粒物持续积累（李军等，2009）；另一方面秋季日照时间减少，昼夜温差逐渐增大，加之北京秋天风力较弱，但是由于观测地区的特殊位置，空气颗粒物易于在平坦的地区堆积，白天气温较高，并时常有风，空气颗粒物可以迅速扩散，但一到夜间，近地层大气稳定，空气颗粒物在地势低的地方开始堆积，导致浓度升高；另外，在晴朗无风的夜晚，夜间植物的散热速度慢、地温特别低，水汽聚集到植物表面时就会凝结形成霜，霜的形成也对空气颗粒物有湿沉降的作用。

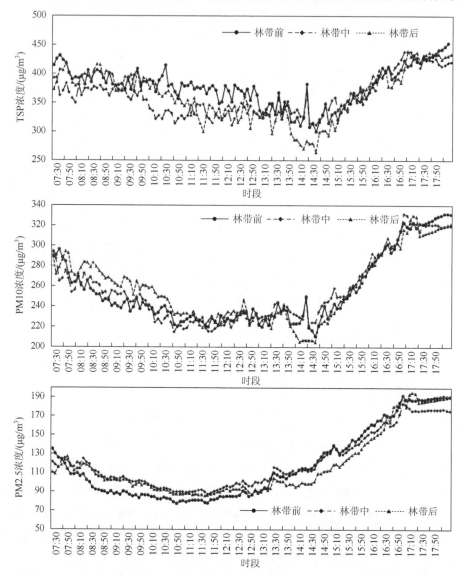

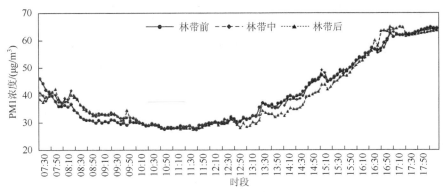

图 3-4　秋季林带内空气颗粒物浓度的日变化

在整个监测时段（7:00～18:30）内，TSP 浓度上午以林带中最低，中午以林带后最低，下午三个林带位置差异不大。PM10 浓度上午以林带前最低，中午之后三个林带位置差异不大。PM2.5 浓度上午以林带前浓度最低，中午之后，林带后浓度增长远小于林带前，导致林带后浓度最低。PM1 与 PM2.5 的变化趋势一致。

3.1.3.4　冬季日间颗粒物浓度变化规律

冬季不同时段带状人工林内空气颗粒物浓度的日变化特征如图 3-5 所示。

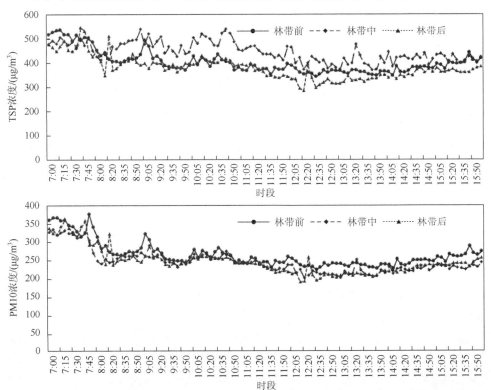

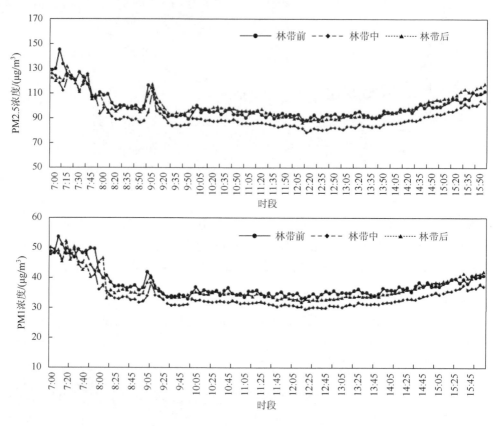

图 3-5 冬季林带内空气颗粒物浓度的日变化

由图 3-5 可知，冬季与秋季的空气颗粒物浓度日变化规律相似，早上和傍晚空气颗粒物浓度升高，中午空气颗粒物浓度最低。冬季空气颗粒物浓度日变化呈现单谷型，上午空气颗粒物浓度逐渐降低，中午比较平稳，下午空气颗粒物浓度开始快速增加。TSP 与 PM10 的最低值出现在 12：30 左右，分别约为 300.00μg/m³ 和 254.50μg/m³。PM2.5 与 PM1 的最低值出现在 12：20 左右，分别为 91.25μg/m³ 和 33.68μg/m³。北京市冬季气候干燥，平均风速小，早上和傍晚相对湿度较大，容易发生逆温现象，天气形势不易变动，冬季当气温和相对湿度都增大时，经常会伴有雾（李金香等，2007），不利于污染物垂直和水平方向的扩散，加重了颗粒物的积聚污染，使早晚空气颗粒物浓度升高；太阳升起之后，逆温层被破坏，雾霾逐渐消散，空气颗粒物扩散速度加快，浓度降低，但是，冬季时期，空气寒冷，北京处于采暖期，虽然大部分住宅是使用天然气供暖的，但在北五环附近仍有不少燃煤取暖的小镇，煤燃烧后排出的气体造成严重的空气污染。

在整个监测时段（7：00～15：30）内，TSP 浓度以林带中最高，林带前与林带后两个位置处浓度相差不大；PM10 浓度以林带前浓度较高；PM1 与 PM2.5 的变化趋势一致，均是以林带中浓度最低。主要原因一方面是冬季气温较低，相对湿度较低，林内气温、相对湿度略高于林外，林内相较于林外更不利于污染物扩散，林外空气颗粒物不易扩散到林内；另一方面植被叶片已经枯萎掉落，树木进入休眠期，生理活动基本停止，但是枝干仍可以吸附沉降空气颗粒物，所以有林地较无林地的吸附沉降空气颗粒物的表面积大；此外，细颗粒物受风速的影响更大，微弱的风就可以促进细颗粒物的扩散。

3.1.4 典型天气下的带状人工林内空气颗粒物浓度的日变化特征

3.1.4.1 晴天天气下的空气颗粒物污染特征

以 2013 年 8 月 17 日为例，晴天天气下林带不同位置空气颗粒物浓度日变化规律如图 3-6 所示。

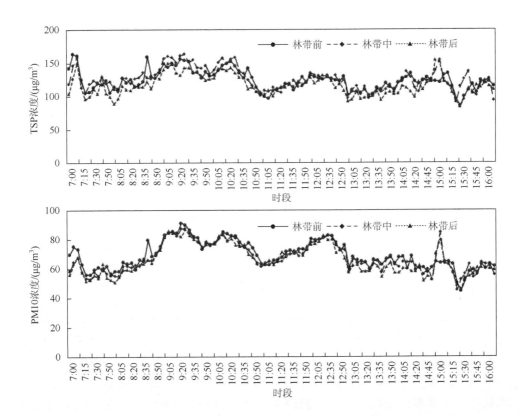

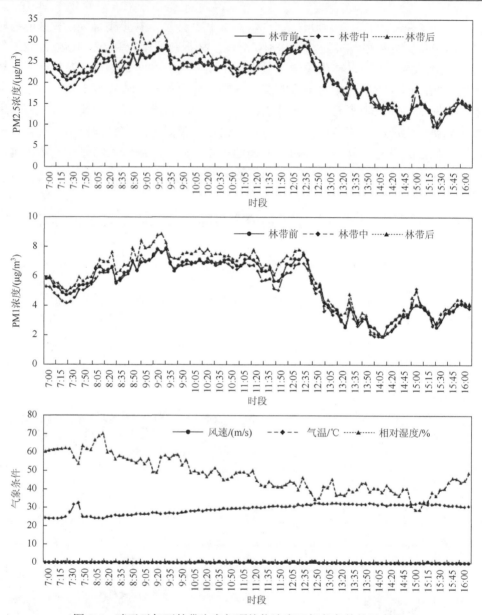

图 3-6 晴天天气下林带内空气颗粒物浓度及气象条件的日变化

由图 3-6 可知,观测时段内四种粒径空气颗粒物浓度呈现的变化趋势较为平稳,上午相对湿度较高,粗颗粒物浓度较大,细颗粒物浓度较低,说明微风天气有利于细颗粒物的扩散;中午相对湿度降低,气温升高,此时粗颗粒物浓度有所下降,细颗粒物浓度明显升高;14:30 时空气颗粒物浓度达到最低值,且此时气温较高,相对湿度较低;下午气温趋于平稳,相对湿度较低,四种粒径空气颗粒物浓度开始下降。15:00 之后,相对湿度略有升高,此时北五环车流量开始逐渐增加,空气颗粒物浓度开始有所上升,颗粒物的浓度变化受北五环汽车流量、气象条件的影响很大。

在整个监测时段内,上午 TSP 与 PM10 的林带前、林带中浓度大于林带后的浓度;对于细颗粒物浓度,林带三个位置处差距较小。这个结果说明林带对粗颗粒物的阻滞效果远大于对细颗粒物的阻滞效果。其原因可能是粗颗粒物在林内更容易沉降,扩散距离越远,粗颗粒物浓度越低;细颗粒物更容易附着在植被器官上,而植物的吸附能力是有限的,而且吸附在植物上的空气颗粒物容易再悬浮。

3.1.4.2 阴转晴天气下的空气颗粒物污染特征

以 2013 年 7 月 17 日阴转晴为例,阴转晴天气下林带不同位置空气颗粒物浓度的日变化规律如图 3-7 所示。

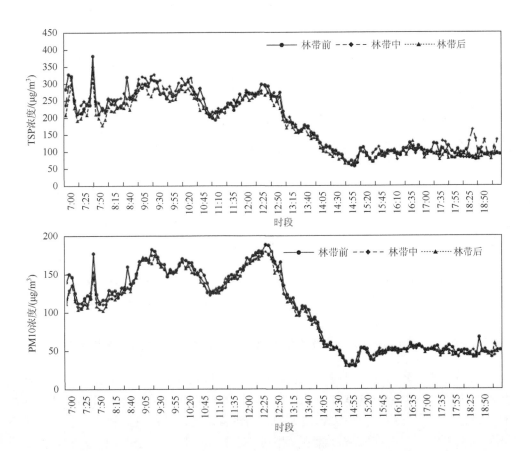

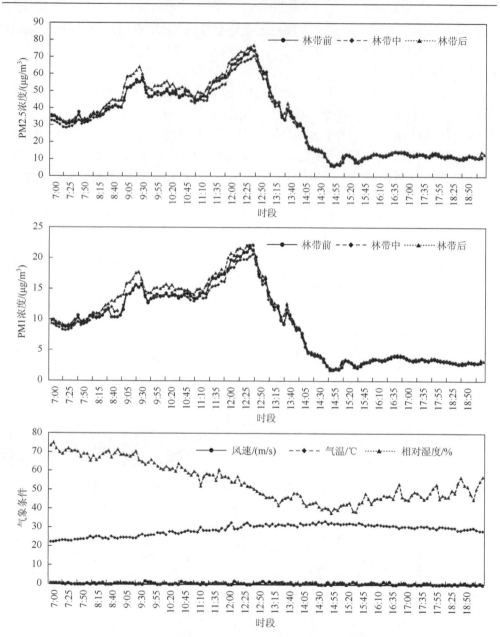

图 3-7 阴转晴天气下林带内空气颗粒物浓度及气象条件的日变化

由图 3-7 可知，观测时段内四种粒径空气颗粒物浓度呈现先升高后降低的趋势。上午空气颗粒物浓度呈现上升趋势，相对湿度较大，气温逐渐升高，全天伴有微风；中午空气颗粒物积累到最大值之后迅速降低，此时气温较高，相对湿度降低到最小值，下午空气颗粒物浓度相对较小。主要原因是上午阴天，相对湿度较大，气温较低，近地层空气稳定，空气颗粒物扩散速度低，同时紧邻北五环，汽车排放、道路扬尘是颗粒物的重要来源，上午正是交通高峰期，交通流量的增加导致颗粒物的浓度升高（刘旭辉等，2014）。中午之后天气从阴转变为晴天，气温升高，空气中水蒸气含量达到饱和，相对湿度降低，一部分空气颗粒物沉降至地表，同时空气颗粒物扩散速度增加。

3.1.4.3 阴天天气下的空气颗粒物污染特征

以 2013 年 11 月 20 日阴天为例，阴天天气下林带不同位置空气颗粒物浓度日变化规律如图 3-8 所示。由图 3-8 可知，观测时段内粗颗粒物浓度波动较大，细颗粒物浓度变化较小，整体呈现先下降后升高的趋势。由于是阴天，全天相对湿度较高，约为 60%，冬季气温较低，约为 8℃。北京市秋冬季气候干燥，平均风速小，早上和傍晚空气湿度较大，容易发生逆温现象，天气形势不易变动，冬季当气温和相对湿度都增大时，经常会伴有雾，不利于空气颗粒物垂直和水平方向上的扩散，最终结果是使早晚空气颗粒物浓度很大；太阳升起之后，逆温层被破坏，雾霾逐渐消散，空气颗粒物扩散速度加快。浓度降低。另外，11 月天气比较寒冷，北京已经进入采暖期，虽然大部分住宅是使用

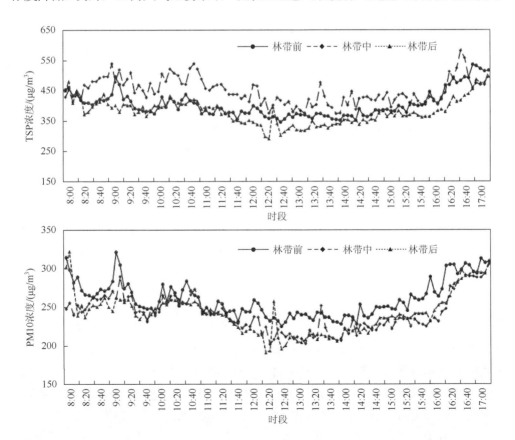

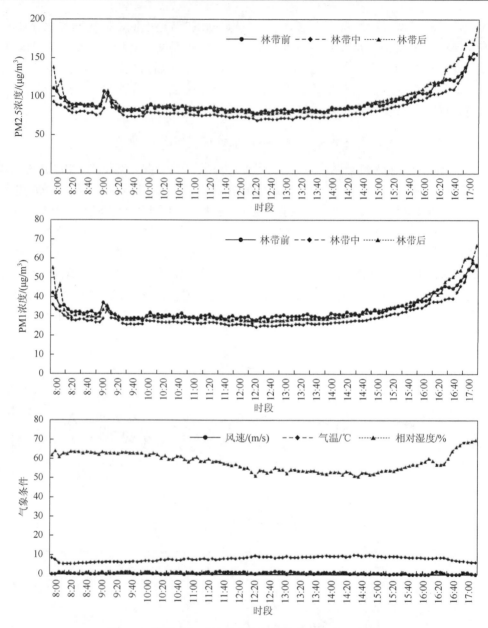

图 3-8 阴天天气下林带内空气颗粒物浓度的日变化

天然气供暖的,但在北五环附近仍有少量燃煤供暖的小镇,造成严重的空气污染。在冬季相对湿度增大、平均风速减小和逆温层加厚等不利气象条件下,空气颗粒物会逐渐积累,浓度就会逐渐升高,但粗颗粒物比细颗粒物更容易积累;相对湿度逐渐降低,风力逐渐加强,细颗粒物的输送、迁移和沉降的效率要高于粗颗粒物。

3.2 带状人工林对空气颗粒物的阻滞功能

3.2.1 带状人工林对空气颗粒物阻滞功能的年变化特征

3.2.1.1 带状人工林对空气颗粒物阻滞效率的年变化特征

带状人工林内空气颗粒物的阻滞效率年变化特征如图3-9所示。由图3-9可知，带状人工林对TSP、PM10的阻滞效果最好，全年阻滞效率均为正值，以5月~8月带状人工林对粗颗粒物的阻滞效果最好，阻滞效率均达到了0.06以上，9月、10月、12月带状人工林对粗颗粒物的阻滞效果最差，阻滞效率均在0.04以下；带状人工林对PM2.5的阻滞效率月份间变化较大，其中以4月、6月、8月、9月份带状人工林阻滞效率较好，均为正值，5月、7月、10月、11月、12月阻滞效率较差，均为负值；带状人工林对PM1的阻滞效果最差，除了9月阻滞效率较好，为正值外，其余月份带状人工林对PM1的阻滞效率均为负值。带状人工林对粗颗粒物阻滞效果好、对细颗粒物的阻滞效果差的主要原因可能是：一方面在相对稳定的森林内部环境中，粗颗粒物比细颗粒物更容易沉降；另一方面森林植被也会

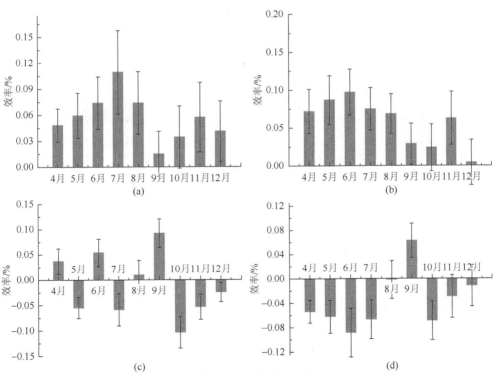

图3-9 带状人工林对空气颗粒物阻滞效率的年变化
(a) TSP; (b) PM10; (c) PM2.5; (d) PM1

产生大量的挥发性有机物,易于发生多次化学反应生成细颗粒物。最后,季节变化也是影响森林植被阻滞效果的重要因素,夏季森林植被茂密,生长旺盛,对空气颗粒物的阻滞效果最为明显,但是同时也是植被挥发的有机物最多的时候,因此夏季森林植被对细颗粒物的阻滞效果较差。

3.2.1.2 带状人工林对空气颗粒物阻滞量的年变化特征

带状人工林内空气颗粒物阻滞量的年变化特征如图 3-10 所示。由图 3-10 可知,带状人工林对 TSP、PM10 的阻滞效果最好,全年阻滞量均为正值,除 9 月、10 月外,其他月份对 TSP 的阻滞量均在 20μg/m³ 左右,除 9 月、10 月、12 月外,其他月份对 PM10 的阻滞量均在 10μg/m³ 左右;带状人工林对 PM2.5 的阻滞量月份间变化较大,其中以 4 月、6 月、8 月、9 月带状人工林阻滞量均为正值,约在 0~4μg/m³,5 月、7 月、10 月、11 月、12 月阻滞效率较差,阻滞量均为负值,约在 -10~-3μg/m³;带状人工林对 PM1 的阻滞效果最差,除了 9 月阻滞量为正值外,其余月份带状人工林对 PM1 的阻滞量均为负值,约在 -3~0μg/m³。带状人工林对粗颗粒物阻滞效果好、对细颗粒物的阻滞效果差的主要原因可能是:一方面在相对稳定的森林内部环境中,粗颗粒物比细颗粒物更容易沉降;另一方面森林

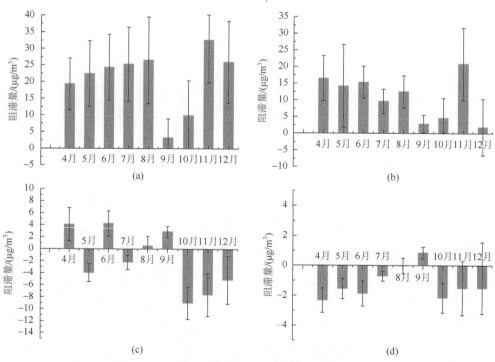

图 3-10 带状人工林对空气颗粒物阻滞量的年变化
(a) TSP; (b) PM10; (c) PM2.5; (d) PM1

植被也会产生大量的挥发性有机物,易于发生多次化学反应生成细颗粒物。最后,季节变化也是影响森林植被阻滞效果的重要因素,夏季森林植被茂密,生长旺盛,对空气颗粒物的阻滞效果最为明显,但是也是同时植被挥发的有机物最多的时候,因此夏季森林植被对细颗粒物的阻滞效果较差。

3.2.2 带状人工林对空气颗粒物阻滞功能的季节变化特征

3.2.2.1 带状人工林对空气颗粒物阻滞效率的季节变化特征

林带对空气颗粒物的阻滞效果,不仅受到气象因素、林带结构等的影响,林带宽度也是影响林带阻滞效果的重要因素,林带不同位置对空气颗粒物的阻滞效果也有很大差异,典型季节下林带不同位置处对空气颗粒物的浓度阻滞效率如表3-5所示。经过林带后,四个季节TSP、PM10的阻滞效率均为正;除春季林带对PM2.5的阻滞效率为正,其余季节林带对细颗粒物(PM2.5、PM1)的阻滞效率均为负值。

表 3-5 典型季节下林带不同位置处对空气颗粒物的阻滞效率(%)

颗粒物	位置	春季		夏季		秋季		冬季	
		均值	标准差	均值	标准差	均值	标准差	均值	标准差
TSP	5m	−0.2	4.0	−0.7	4.6	2.5	3.5	−2.5	3.1
	20m	6.6	3.0	1.0	3.9	4.5	4.4	−3.9	4.6
	35m	1.2	4.6	5.9	5.2	5.6	4.0	−4.5	4.0
	50m	6.0	3.7	1.8	4.1	7.5	4.3	2.2	3.0
	65m	11.7	4.9	10.9	4.8	6.5	3.5	1.3	3.7
PM10	5m	−0.9	2.1	7.0	5.0	−2.5	2.2	1.7	3.4
	20m	3.8	3.4	−9.2	4.2	−2.6	2.2	4.3	3.8
	35m	0.0	3.2	−0.3	3.9	−3.2	2.7	1.8	3.5
	50m	2.0	4.0	−3.5	3.7	6.1	3.9	3.0	2.6
	65m	7.2	3.5	4.9	3.8	5.8	4.1	3.6	3.2
PM2.5	5m	−1.4	3.2	−0.6	3.1	0.1	3.3	1.1	2.7
	20m	0.9	2.8	−1.6	3.8	−1.7	2.8	6.8	3.2
	35m	−0.1	2.9	−7.2	4.2	−0.4	2.9	−1.4	2.9
	50m	−0.5	2.7	−6.3	5.0	−2.6	2.7	−7.9	4.3
	65m	2.1	4.0	−5.5	4.3	−1.9	4.0	−5.3	3.3
PM1	5m	−1.4	3.6	−0.4	4.6	−4.6	4.8	1.6	2.9
	20m	0.0	3.1	−1.9	3.8	2.3	2.9	7.8	4.2
	35m	−3.0	2.9	−8.6	5.3	−1.5	3.8	−1.2	3.1
	50m	−3.8	4.2	−6.0	4.9	0.0	3.7	−6.8	3.6
	65m	−0.8	3.8	−5.6	4.1	−4.2	4.5	−2.9	3.8

由表 3-5 可知，春夏秋冬四个季节林带 50m、65m 处对 TSP 的阻滞效率均为正值，其中以春季最高（11.7%），夏季次之（10.9%），冬季最差（1.3%）。春、夏季林带对 TSP 的阻滞效率均呈现双峰型变化，即在 20m、35m 处出现一个小高峰；秋、冬季林带对 TSP 的阻滞效率呈现逐渐升高的趋势；林带 23～50m 的最高阻滞率即最佳宽度，随着春夏秋冬依次变远。林带不同位置处对 PM10 的阻滞效率与 TSP 并不一致，但相同的是经过林带后 PM10 的浓度降低了，即春夏秋冬四个季节林带 65m 处的阻滞效率均为正值，依次为 7.2%、4.9%、5.8%、3.6%。四个季节林带对 PM10 的阻滞效率分布均呈现波形变化，主要原因是春夏季林带前的金银忍冬灌木带对 1.6m 高度处的 TSP 浓度有不容忽视的阻滞作用，而秋冬季金银忍冬落叶较早。春季树木处于生长期，叶片生长迅速，新叶对空气颗粒物的吸附能力较强；夏季树木枝繁叶茂，林带疏透度、郁闭度等都达到了最大值，但夏季炎热多雨，林内气温低于林外，而湿度大于林外，因此林带对颗粒物阻滞效率较高；秋季植物叶片开始枯萎掉落，叶片对空气颗粒物的吸附能力较差，林带结构稀疏；冬季树木进入休眠期，只剩下枝干。TSP 在扩散过程中，遇到林带扩散速度会下降，并发生堆积现象，导致林带前浓度升高，相应地林带后浓度降低。因此，针对 TSP 的林带最佳阻滞位置为 50m。

林带对细颗粒物（PM2.5、PM1）的阻滞效果，除春季 PM2.5 的阻滞效率为正，其余季节林带对细颗粒物（PM2.5、PM1）的阻滞效率均为负值。春季林带对细颗粒物的阻滞效率随宽度变化呈现波形变化，最低值出现在 35～50m 处，20m 处阻滞效率几乎为零，说明林带有效地阻滞了来自北五环的细颗粒物。另外，春季林下有大量的二月兰盛开，且树木已经有了新叶，在植物的生长过程中也会产生大量的挥发性有机物等。夏季林带对细颗粒物的阻滞效率呈直线下降的趋势，但 35m 之后林带的阻滞效率略有升高，主要原因一方面是夏季炎热多雨，林内湿度大、温度高，北五环交通道路排放的污染物易在林带内部发生二次反应生成空气颗粒物；另一方面，植被生长旺盛，挥发大量有机化合物，经过一系列复杂的化学反应生成空气颗粒物，最终导致林带内部细颗粒物浓度最大。秋冬季林带对 PM2.5 的最高阻滞效率在 5m 处，分别为 0.1%、1.1%；对 PM1 的阻滞效率最高值在 20m 处，分别为 2.3%、7.8%。其原因可能是秋冬季盛行西北风，而观测林带是东西走向，南侧为游憩路，北侧为北五环，游憩路上通常有很多锻炼身体的人，人类活动会扰动地表，造成局部扬尘和空气颗粒物再悬浮，西北方将游憩路产生的空气颗粒物吹向林带，而将五环的交通排放及道路扬尘吹离观测林带。

3.2.2.2 带状人工林对空气颗粒物阻滞量的季节变化特征

林带宽度也是影响林带对空气颗粒物阻滞作用的重要因素，林带不同位置对空气颗粒物的阻滞量也有很大差异，典型季节下林带不同位置处对空气颗粒物的阻滞量如表 3-6 所示。经过林带后，四个季节 TSP、PM10 的阻滞量均为正；除春季林带对 PM2.5 的阻滞量为正值外，其余季节林带对细颗粒物（PM2.5、PM1）的阻滞量基本上均为负值。

表 3-6　典型季节下林带不同位置处对空气颗粒物的阻滞效率（μg/m³）

颗粒物	位置	春季		夏季		秋季		冬季	
		均值	标准差	均值	标准差	均值	标准差	均值	标准差
TSP	5m	−0.70	12.65	−2.10	14.51	10.00	14.45	−14.50	18.53
	20m	20.90	9.47	3.10	12.52	18.30	18.04	−23.30	27.36
	35m	3.80	14.69	18.80	16.55	22.90	16.20	−26.70	23.55
	50m	19.20	11.76	5.70	13.08	30.70	17.39	13.20	17.63
	65m	37.20	15.67	34.70	15.39	26.50	14.41	7.70	21.89
PM10	5m	−1.80	4.28	14.20	10.07	−5.00	4.55	6.20	12.01
	20m	7.70	6.93	−18.60	8.53	−5.30	4.47	15.30	13.65
	35m	−0.10	6.52	−0.60	7.94	−6.60	5.59	6.30	12.48
	50m	4.10	8.11	−7.10	7.52	12.40	7.85	10.70	9.16
	65m	14.60	7.14	10.00	7.72	11.80	8.36	12.90	11.37
PM2.5	5m	−1.29	2.88	−0.50	2.73	0.10	3.72	1.60	3.86
	20m	0.83	2.52	−1.40	3.31	−1.90	3.11	9.70	4.54
	35m	−0.06	2.62	−6.30	3.70	−0.40	3.26	−2.00	4.16
	50m	−0.47	2.43	−5.50	4.38	−2.90	3.02	−11.30	6.14
	65m	1.88	3.56	−4.80	3.76	−2.10	4.43	−7.60	4.65
PM1	5m	−0.40	1.04	−0.10	1.23	−2.20	2.30	0.80	1.51
	20m	0.00	0.91	−0.50	1.01	1.10	1.36	4.00	2.16
	35m	−0.86	0.85	−2.30	1.42	−0.70	1.80	−0.60	1.60
	50m	−1.11	1.22	−1.60	1.32	0.00	1.76	−3.50	1.83
	65m	−0.22	1.12	−1.50	1.09	−2.00	2.14	−1.50	1.98

春夏秋冬四个季节林带 50m、65m 处对 TSP 的阻滞量较大，其中以春季最高（37.20μg/m³），夏季次之（34.70μg/m³），冬季最差（7.70μg/m³）。春夏季林带对 TSP 的阻滞量均呈现双峰型变化，即在 20m、35m 处出现一个小高峰；秋冬季林带对 TSP 的阻滞量呈现逐渐升高的趋势；林带 35～50m 的最高阻滞率即最佳宽度，随春夏秋冬依次变远。林带不同位置处对 PM10 的阻滞量与 TSP 并不一致，但相同的是经过林带后 PM10 的浓度降低了，即春夏秋冬四个季节林带 65m 处的阻滞量均为正值，依次为 14.60μg/m³、10.00μg/m³、11.80μg/m³、12.90μg/m³。四个季节林带对 PM10 的阻滞量分布均呈现波形变化，主要原因是春夏季林带前的金银忍冬灌木带对 1.6m

高度处的 TSP 浓度有不容忽视的阻滞作用，而秋冬季金银忍冬落叶较早。春季树木处于生长期，叶片生长迅速，新叶对空气颗粒物的吸附能力较强；夏季树木枝繁叶茂，林带疏透度、郁闭度等都达到了最大值，但夏季炎热多雨，林内气温低于林外，而湿度大于林外，因此林带阻滞颗粒物效率较高；秋季植物叶片开始枯萎掉落，叶片对空气颗粒物的吸附能力较差，林带结构稀疏；冬季树木进入休眠期，只剩下枝干。TSP 在扩散过程中，遇到林带扩散速度会下降，并发生堆积现象，导致林带前浓度升高，相应地林带后浓度降低。因此，针对 TSP 的林带最佳阻滞位置为 50m。

林带对细颗粒物（PM2.5、PM1）在四季的阻滞量有正值和负值，这说明林带对不同粒径颗粒物的阻滞效率是随着林带距离而变化的。春季林带对细颗粒物的阻滞量随宽度变化呈现波形变化，最低值出现在 38～50m 处，20m 处阻滞量几乎为零，说明林带有效地阻滞了来自北五环的细颗粒物，另外春季林下有大量的二月兰盛开，且树木已经有了新叶，在植物的生长过程中也会产生大量的挥发性有机物等。夏季林带对细颗粒物的阻滞量呈直线下降的趋势，但 35m 之后林带的阻滞量略有升高，主要是因为一方面夏季炎热多雨，林内湿度大，温度高，北五环交通道路排放的污染物易在林带内部发生二次反应生成空气颗粒物；另一方面，植被生长旺盛，挥发大量有机化合物，经过一系列复杂的化学反应生成空气颗粒物，最终导致林带内部细颗粒物浓度最大。秋冬季林带对 PM2.5 的最高阻滞量在 5m 处，对 PM1 的阻滞量最高在 20m 处。其原因可能是秋冬季盛行西北风，而观测林带是东西走向，南侧为游憩路，北侧为北五环，游憩路上通常有很多锻炼身体的人，人类活动会扰动地表，造成局部扬尘和空气颗粒物再悬浮，西北方将游憩路产生的空气颗粒物吹向林带，而将五环的交通排放及道路扬尘吹离观测林带。

3.2.3　带状人工林对空气颗粒物阻滞效率的日变化特征

3.2.3.1　春季带状人工林对空气颗粒物阻滞效率的日变化特征

春季带状人工林对空气颗粒物阻滞效率的日变化特征如图 3-11 所示。

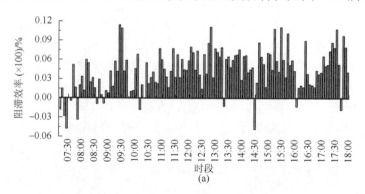
(a)

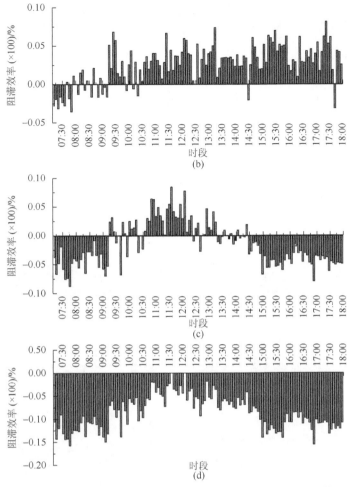

图 3-11　春季带状人工林对空气颗粒物阻滞效率的日间变化
（a）TSP；（b）PM10；（c）PM2.5；（d）PM1

由图 3-11 可知，春季带状人工林对 TSP 的阻滞效果较好，自 7：00 开始，TSP 阻滞效率逐渐升高，到 13：00 左右达到最大值，之后略有下降，16：00 达到一个低值，之后又开始升高。带状人工林对 PM10 的阻滞效果也不错，日渐变化规律也与 TSP 阻滞效率相似。春季带状人工林对 PM2.5 的阻滞效果较差，早上带状人工林对 PM2.5 的阻滞效率为负值，之后逐渐升高，9：30 之后转为正值，此时带状森林的对 PM2.5 的阻滞效率较好，直到 13：30 之后，阻滞效率由正值转为负值，并且不断降低；春季带状人工林对 PM1 的阻滞效果很差，变化规律与 PM2.5 基本一致，但不同的是，阻滞效率一直为负值。春季气温和相对湿度相对较低，平均风速较其他月份较大。冷暖气流的交锋导致北京春季没有定向风，西北的冷空气就容易长驱直入，带来大量沙尘，这也是北京春季粗颗粒物浓度较高的主要原因。

3.2.3.2 夏季带状人工林对空气颗粒物阻滞效率的日变化特征

夏季带状人工林对空气颗粒物阻滞效率的日变化特征如图 3-12 所示。由图 3-12 可知，夏季带状人工林对 TSP 的阻滞效果较好，自 7∶00 开始，TSP 阻滞效率逐渐降低，到 10∶00 和 13∶30 左右达到低值，之后略有升高，中午 12∶00～13∶00 之间带状人工林对 TSP 的阻滞效果较好，最高达到了 0.28。带状人工林对 PM10 的阻滞效果也不错，日渐变化规律也与 TSP 的阻滞效率相似。夏季带状人工林对 PM2.5 的阻滞效果较差，早上带状人工林对 PM2.5 的阻滞效率波动较大，之后逐渐降低，9∶30 之后达到一个低值，之后略有升高，但始终为负值，13∶30 之后，阻滞效率逐渐变得更差，并且不断降低；夏季带状人工林对 PM1 的阻滞效果更差，变化规律与 PM2.5 基本一致。

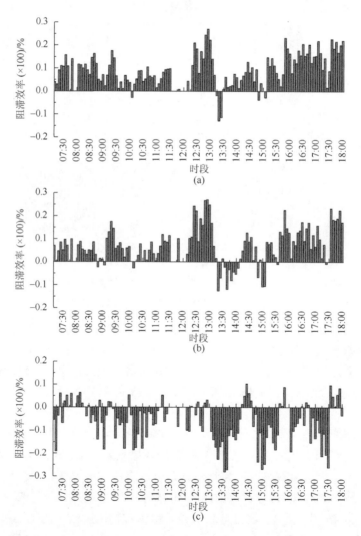

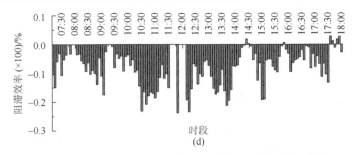

图 3-12 夏季带状人工林对空气颗粒物阻滞效率的日变化

（a）TSP；（b）PM10；（c）PM2.5；（d）PM1

3.2.3.3 秋季带状人工林对空气颗粒物阻滞效率的日变化特征

秋季带状人工林对空气颗粒物阻滞效率的日变化特征如图 3-13 所示。

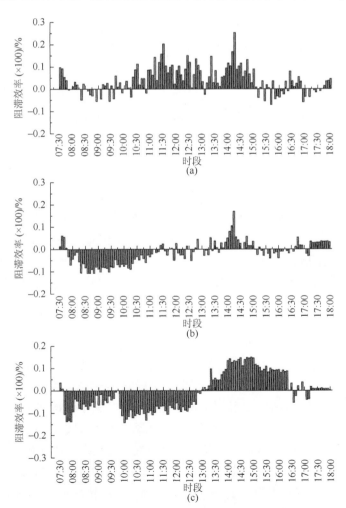

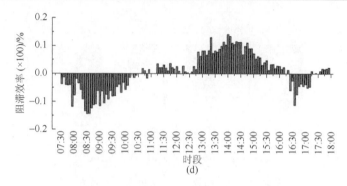

图 3-13 秋季带状人工林对空气颗粒物阻滞效率的日变化
(a) TSP; (b) PM10; (c) PM2.5; (d) PM1

秋季带状人工林对 TSP 的阻滞效果较好,自早上到晚上,TSP 阻滞效率呈现波形变化,7:00 开始,TSP 阻滞效率先下降,9:30 之后开始升高,直到 15:00 之后,TSP 阻滞效率变为负值并逐渐下降。带状人工林对 PM10 的阻滞效果较差,但变化规律与 TSP 比较相似,均呈现波形变化。秋季带状人工林对 PM2.5 的阻滞效果较差,7:00~13:00 带状人工林对 PM2.5 的阻滞效率均为负值,13:30~16:30 带状人工林对 PM2.5 的阻滞效果较好,均为正值。7:30~10:30 带状人工林对 PM1 的阻滞效率均为负值,10:30~12:30 带状人工林对 PM1 的阻滞效率均为正值但都较小,13:30~16:30 带状人工林对 PM2.5 的阻滞效果较好,均为正值,之后转变为负值,阻滞效果变差。秋季,日照时间减少,昼夜温差逐渐增大,加之北京秋天风力较弱,但是由于观测地区的特殊位置,空气颗粒物容易在平坦的地区堆积,白天气温较高,并时常有风,空气颗粒物可以迅速扩散,但一到夜间,近地层大气稳定,空气颗粒物在地势低的地方开始堆积,导致浓度升高。另外,在晴朗无风的夜晚,夜间植物的散热速度慢、地温特别低,水汽聚集到植物表面时就会凝结形成霜,霜的形成也对空气颗粒物有湿沉降的作用。

3.2.3.4 冬季带状人工林对空气颗粒物阻滞效率的日变化特征

冬季带状人工林对空气颗粒物阻滞效率的日变化特征如图 3-14 所示。由图 3-14 可知,冬季带状人工林对 TSP 的阻滞效果较好,自 7:00 开始,TSP 阻滞效率逐渐降低,到 10:00 和 11:30 左右达到低值,之后略有升高,12:00~17:30 带状人工林对 TSP 的阻滞效果较好,最高达到了 0.28。带状人工林对 PM10 的阻滞效果也不错,日变化规律与 TSP 阻滞效率相似。冬季带状人工林对 PM2.5 的阻滞效果较差,呈现波形变化。8:30~9:00 和 12:00~14:30,带状人工林对 PM2.5 的阻滞效果较好,均为正值,其余时间带状人工林对 PM2.5 的阻滞效率均为负值。7:30~15:00 带状人工林对 PM1 的阻滞效率均为正值,之后转变为负值,阻滞效果变差。

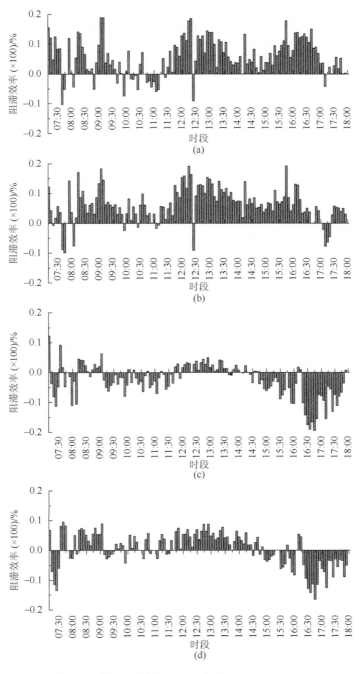

图 3-14 冬季带状人工林对空气颗粒物阻滞效率的日变化
（a）TSP；（b）PM10；（c）PM2.5；（d）PM1

与春季、夏季、秋季相比，冬季空气颗粒物多了燃煤供暖的污染排放来源，冬季处于采暖期，奥林匹克森林公园附近有村庄，而村庄以燃煤供暖为主，白天燃煤较多，产生大量空气颗粒物及可以反应生成空气颗粒物的气体，夜间人们休息，燃煤供暖的行为减少或停止，因此粗颗粒物在白天和夜间的浓度值相差不大，细颗粒物浓度白天高于夜间。冬季白天日照辐射较强，近地层空气处于不稳定状态，湍流交换作用强，垂直扩散能力强；夜间静风、湿度大、逆温频率高等因素不利于颗粒物扩散，致使空气颗粒物容易发生累积而达到较高值（王淑英和张小玲，2002；Song et al.，2006）。

3.3　片状人工林内空气颗粒物浓度的变化特征

3.3.1　片状人工林内空气颗粒物浓度的年变化特征

根据 2014 年 5 月～2015 年 12 月期间片状人工林内空气颗粒物浓度的监测结果，对房山石楼镇多功能森林科技示范区的人工林内空气颗粒物浓度的年内变化进行初步分析。

如图 3-15 所示，片状人工林内 6 月～9 月空气颗粒物浓度最低，3 月、4 月、5 月、10 月空气颗粒物浓度次之，11 月、12 月空气颗粒物浓度值达到最高值。夏季颗粒物浓度最低，春秋次之，冬季颗粒物浓度最高。北京冬季漫长，燃煤取暖产生大量颗粒物，且冬季雾天和出现逆温层天气较多，不利于颗粒物的扩散，使颗粒物浓度增大。三个月北京易受风沙天气影响，空气干燥，大气中粗颗粒物浓度上升较大（盛立芳等，2002）。夏季植被生长茂盛，植被净化空气颗粒物的能力达到最佳；此外，夏季炎热多雨，气温高有助于空气颗粒物的扩散，多雨会促进空气颗粒物的湿沉降。片林观测地点位于北京市房山区石楼镇，北京地处华北平原西北边缘，西部与北部为山地丘陵，中部与东部为平原，地势自西北向东南倾斜。

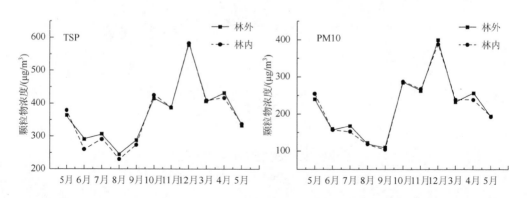

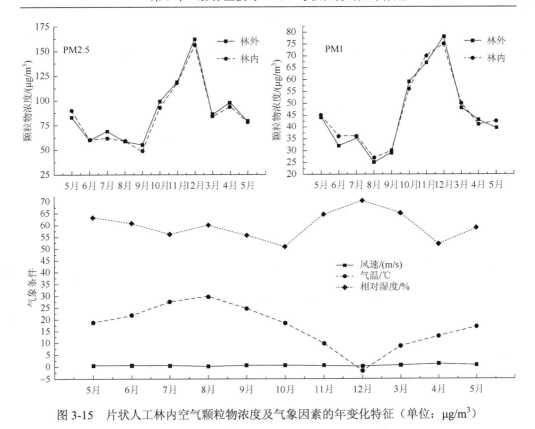

图 3-15 片状人工林内空气颗粒物浓度及气象因素的年变化特征（单位：μg/m³）

山地丘陵自西、北和东北三面环抱北京城所在的小平原。"北京湾"的特殊地形使得北京地区山谷风明显，特别是山丘区地势起伏明显，沿山间河谷等地区容易形成较周围地区平均风速明显偏大的风口，使得颗粒物能够快速疏散，有助于降低空气颗粒物的平均浓度，而在进入平原地区后，平均风速降低，空气颗粒物扩散速度降低，导致平原地区空气颗粒物浓度升高。

北京春季盛行东南风，而北京西北部地势高，不利于空气颗粒物的扩散，因此导致北京平原地区春季空气颗粒物浓度较高。夏季日照时间增长，日出早而日落晚，气温高且相对湿度大，另外植被生长旺盛，枝繁叶茂；7：00 太阳早已照耀多时，气温迅速爬高，空气颗粒物扩散速度增加，浓度开始下降，空气颗粒物在扩散过程中遇到林分阻滞，扩散速度降低而堆积在林内，同时由于林内植被的生理活动旺盛，产生大量的挥发性有机物，加之林内相对湿度大于林外，容易发生二次反应，生成空气颗粒物，最终导致林内空气颗粒物浓度高于林外。秋季日照时间减少，昼夜温差逐渐加大，加之北京秋天风力较弱，但是由于观测地区的特殊位置，空气颗粒物容易在平坦的地区堆积，白天气温较高，并时常有风，空气颗粒物可以迅速扩散，但一到夜间，近地层大气稳定，空气颗粒物在地势低的地方开始堆积，导致浓度升高。另外，在晴朗无风的夜晚，夜间植物的散热速度慢，地温特别低，水汽聚集到植物表面时就会凝结形成霜，霜的形成也对空气颗粒物有湿沉降的作用。秋季植物开始枯萎，叶片开始掉落，森林底下往往积累着大量的落叶，对霜的形成有很大影响。与春、夏、秋季相比，冬季空气颗粒物多了燃煤供暖的污染排放来源，冬季处于采暖期，房山石楼镇平原造林示范区附近有村庄，而村庄以燃煤供暖为主，白天燃煤较多，产生大量空气颗粒物及可以反应生成空气颗粒物的气体，夜间人们休息，燃煤供暖的行为减少或停止，因此粗颗粒物在白天和夜间的浓度值相差不大，细颗粒物浓度白天高于夜间。冬季白天日照辐射较强，近地层空气处于不稳定状态，湍流交换作用强，垂直扩散能力强；夜间静风、湿度大、逆温频率高等因素不利于颗粒物扩散，致使空气颗粒物容易发生累积而达到较高值（王淑英和张小玲，2002；Song et al., 2006）。

3.3.2 片状人工林内空气颗粒物浓度的季节特征

3.3.2.1 春季片状人工林空气颗粒物浓度

春季片状人工林空气颗粒物浓度如表 3-7 所示。四种粒径颗粒物浓度夜间均高于白天，大部分树种白天林内空气颗粒物浓度高于无林地，而夜间情况相反。

表 3-7 春季片状人工林空气颗粒物浓度（$\mu g/m^3$）

人工林		白天	夜间	总计	人工林		白天	夜间	总计
无林地		549.00± 194.00aa	409.90± 164.00aa	195.30± 92.70a	无林地		66.22± 33.11aa	121.96± 40.65a	94.09± 37.64a
海棠		540.50± 191.20aa	406.80± 162.70aa	196.00± 93.00a	海棠		70.88± 35.44aa	122.81± 40.94a	96.85± 38.74a
樱桃		505.90± 179.60bb	402.10± 160.80ab	198.70± 94.40b	樱桃		75.52± 37.76ab	111.21± 37.07b	93.37± 37.35b
碧桃		523.10± 185.40ab	463.10± 185.20ab	211.00± 100.50b	碧桃		73.79± 36.9ab	115.52± 38.51b	94.66± 37.86b
臭椿		533.10± 188.70aa	408.10± 163.20aa	189.50± 89.80a	臭椿		68.63± 34.32aa	123.42± 41.14a	96.03± 38.41a
国槐	TSP	517.50± 183.50bb	448.40± 179.40ab	183.60± 86.80b	国槐	PM2.5	72.83± 36.42ab	117.93± 39.31b	95.38± 38.15b
楸树		538.70± 190.60aa	407.20± 162.90aa	190.00± 90.00a	楸树		71.98± 35.99aa	117.56± 39.19a	94.77± 37.91a
白蜡		575.60± 202.90aa	450.00± 180.00aa	200.40± 95.20a	白蜡		73.31± 36.66aa	116.73± 38.91a	95.02± 38.01a
刺槐		513.90± 182.30ab	426.20± 170.50ab	225.90± 108.00b	刺槐		77.48± 38.74ab	108.79± 36.26b	93.14± 37.26b
栾树		509.20± 180.70ab	419.80± 167.90ab	216.60± 103.30b	栾树		76.23± 38.12ab	109.42± 36.47b	92.83± 37.13b
银杏		557.20± 196.70aa	447.50± 179.00aa	213.60± 101.80a	银杏		70.99± 35.50aa	122.53± 40.84a	96.76± 38.70a

续表

人工林		白天	夜间	总计	人工林		白天	夜间	总计
无林地		343.00±103.30a	269.20±107.70a	549.00±194.00a	无林地		32.52±16.26a	73.56±24.52a	53.04±21.22a
海棠		347.00±104.70a	271.50±108.60a	540.50±191.20a	海棠		31.80±15.90a	74.00±24.67a	52.90±21.16a
樱桃		341.00±102.70b	269.90±108.00b	505.90±179.60b	樱桃		35.65±17.83b	64.62±21.54b	50.13±20.05b
碧桃		340.00±102.30b	275.50±110.20b	523.10±185.40b	碧桃		35.00±17.50b	63.00±21.00b	49.00±19.60b
臭椿		359.70±108.90a	274.60±109.80a	533.10±188.70a	臭椿		32.21±16.11a	70.78±23.59a	51.49±20.60a
国槐	PM10	356.20±107.70b	269.90±108.00b	517.50±183.50b	国槐	PM1	33.74±16.87b	69.73±23.24b	51.74±20.70b
楸树		350.00±105.70a	270.00±108.00a	538.70±190.60a	楸树		30.50±15.25a	68.00±22.67a	49.25±19.70a
白蜡		339.50±102.20b	270.00±108.00b	575.60±202.90b	白蜡		38.89±19.45a	65.13±21.71a	52.01±20.80a
刺槐		350.20±105.70b	288.10±115.20b	513.90±182.30b	刺槐		37.26±18.63b	64.78±21.59b	51.02±20.41b
栾树		347.00±104.70b	281.80±112.70b	509.20±180.70b	栾树		36.46±18.23b	70.00±23.33b	53.23±21.29b
银杏		362.50±109.80a	288.10±115.20a	557.20±196.70a	银杏		33.33±16.67a	74.58±24.86a	53.95±21.58a

由表 3-7 可知，白天以白蜡林内 TSP 浓度最高为 575.6μg/m³，殷桃林地最低为 32.52μg/m³；夜间以碧桃林内 TSP 浓度最高为 463.10μg/m³，樱桃林内最低为 198.70μg/m³；就一天 24h 来说，以樱桃林内最低为 402.1μg/m³，刺槐林内最高为 225.90μg/m³。PM10 约占 TSP 的 65%左右。PM10 浓度白天以银杏林最高为 362.5μg/m³，白蜡林最低为 339.50μg/m³；夜间以银杏林内 PM10 浓度最高为 288.10μg/m³，樱桃林内最低为 269.90μg/m³；就一天 24h 来说，以樱桃林地最低为 505.90μg/m³，银杏林内最高为 557.20μg/m³。PM2.5 约占 TSP 的 26%左右。PM2.5 浓度白天以栾树林最高为 76.23μg/m³，无林地最低为 66.22μg/m³；夜间以海棠林内 PM2.5 浓度最高为 122.81μg/m³，刺槐林内最低为 108.79μg/m³；就一天 24h 来说，以栾树林内最低为 92.83μg/m³，海棠最高为 96.85μg/m³。PM1 的浓度值是 TSP 的 13%左右，是 PM10 的 25%左右，是 PM2.5 的 52%左右。PM1 与 PM2.5 的浓度分布基本一致，白天以白蜡林最高，夜间以碧桃林最低。由上述可知，樱桃、碧桃、白蜡、刺槐、栾树五种纯林与无林地的空气颗粒物浓度差异较为显著，而海棠、臭椿、国槐、楸树、银杏五种纯林与无林地差异较大的空气颗粒物浓度差异较小。这些与无林地差异较大的树种生长速度较快，枝叶茂盛，郁闭度相对较高，这是引起有林地与无林地差异较大的主要原因。

片林观测地点位于北京市房山区石楼镇，北京地处华北平原西北边缘，西部与北部为山地丘陵,中部与东部为平原,地势自西北向东南倾斜。山地丘陵自西、北和东北三面环抱北京城所在的小平原。"北京湾"的特殊地形使得北京地区山谷风明显,特别是山丘区地势起伏明显,沿山间河谷等地区容易形成较周围地区平均风速明显偏大的风口,使得颗粒物能够快速疏散,有助于降低空气颗粒物的平均浓度,而在进入平原地区后,平均风速降低,空气颗粒物扩散速度降低,导致平原地区空气颗粒物浓度升高。北京春季盛行东南风,而北京西北部地势高,不利于空气颗粒物的扩散,因此导致北京平原地区春季空气颗粒物浓度较高。观测地点为一片平地,空气颗粒物在扩散过程中,遇到林地,扩散速度降低,并在林内发生积累,导致空气颗粒物浓度升高,而且林分越是茂密,其阻滞能力越大,这也就导致越是稀疏的林子,林内的空气颗粒物浓度越接近无林地。

3.3.2.2 夏季片状人工林空气颗粒物浓度

夏季日夜空气颗粒物分布特征与春季一致,均为白天低夜间高,但夏季四种粒径颗粒物的浓度均低于春季。各树种内的空气颗粒物浓度如表 3-8 所示。白天空气颗粒物浓度低于夜间,主要是因为白天气温高,并时常伴有微风,这种气象条件有利于空气颗粒物的扩散和沉积;此外,夏季清晨近地面的水汽遇冷凝华成小冰晶,然后再熔化形成物体上的露水,在露水的形成过程中会沉降大量的空气颗粒物;而在入夜之时,空气温度下降速度高于地面下降速度,因此在近地表形成逆温层,容易导致空气颗粒物的再悬浮,同时近地层稳定,不利于污染物的扩散,同时促进各种化学反应生成空气颗粒物(Pathak et al.,2009;Rasheed et al.,2015)。

表 3-8 夏季片状人工林空气颗粒物浓度($\mu g/m^3$)

人工林		白天	夜晚	总计	人工林		白天	夜晚	总计
无林地		190.3±85.2a	358.0±130.3a	274.2±109.7a	刺槐		213.4±96.7b	308.5±113.8b	261.0±104.4a
海棠		194.6±87.3a	340.2±124.4a	267.4±107a	栾树	TSP	201.0±90.5a	313.0±115.3b	257.0±102.8b
樱桃		208.8±94.4a	357.4±130.1a	283.1±113.2a	银杏		180.9±80.5a	365.0±132.7a	273.0±109.2a
碧桃		223.3±101.7b	352.6±128.5a	288.0±115.2b	无林地		107.0±48.5a	240.0±69.0a	173.5±69.4a
臭椿	TSP	188.6±84.3a	388.0±147.0b	298.3±119.3b	海棠		102.7±46.4a	232.1±66.4a	167.4±67.0a
国槐		197.9±89.0a	329.9±121.0a	263.9±105.6a	樱桃	PM10	125.9±58.0a	208.1±58.4a	167±66.8a
楸树		193.9±87.0a	338.2±123.7a	266.0±106.4a	碧桃		133.1±61.6b	213.4±60.1b	173.3±69.3b
白蜡		196.6±88.3a	375.3±136.1a	286.0±114.4a	臭椿		111.1±50.6a	216.5±61.2a	163.8±65.5a

人工林		白天	夜晚	总计	人工林		白天	夜晚	总计
国槐	PM10	114.6±52.3a	189.7±52.2a	152.2±60.9a	刺槐	PM2.5	54.8±27.4b	65.4±21.8b	60.1±24.0b
楸树		118.9±54.5a	204.4±57.1a	161.7±64.7a	栾树		50.7±25.3a	69.0±23.0b	59.8±23.9a
白蜡		126.3±58.2a	206.8±57.9a	166.6±66.6a	银杏		44.7±22.4a	90.5±30.2a	67.6±27.0a
刺槐		142.0±66.0b	172.8±46.6b	157.4±63.0b	无林地	PM1	17.0±8.5a	28.8±9.6a	35.2±14.1a
栾树		130.9±60.5b	176.2±47.7b	153.6±61.4b	海棠		15.7±7.8a	29.3±9.8a	38.0±15.2a
银杏		109.1±49.6a	239.9±69a	174.5±69.8a	樱桃		15.4±7.7a	26.7±8.9a	36.0±14.4a
无林地	PM2.5	45.9±22.9a	88.7±30.9a	69.3±27.7a	碧桃		23.0±11.5b	26.4±8.8b	36.7±14.7b
海棠		46.4±23.2a	91.0±30.3a	68.7±27.5a	臭椿		16.2±8.1a	29.5±9.8a	35.8±14.3a
樱桃		46.0±23.0a	82.5±27.5a	64.2±25.7a	国槐		22.6±11.3b	28.5±9.5a	41.1±16.5a
碧桃		52.0±26.0b	79.8±26.6b	65.9±26.4b	楸树		14.5±7.3a	26.8±8.9a	31.3±12.5a
臭椿		44.5±22.3a	89.6±29.9a	67.1±26.8a	白蜡		16.8±8.4a	26.1±8.7a	42.9±17.2a
国槐		49.7±24.9a	74.0±24.7a	61.9±24.7a	刺槐		19.5±9.7b	26.4±8.8b	35.9±14.3b
楸树		44.7±22.3a	84.5±28.2a	64.6±25.8a	栾树		20.2±10.1a	24.4±7.8a	38.5±15.4a
白蜡		49.7±24.9a	84.6±28.2a	67.2±26.9a	银杏		16.6±8.3	29.2±9.7	36.7±14.7

注：表中均是与 0m 处空气颗粒物浓度比较，字母代表 5%的显著性差异。

由表 3-8 可知，白天以碧桃林内 TSP 浓度最高为 223.3μg/m³，银杏林地最低为 180.9μg/m³；夜间以臭椿林内 TSP 浓度最高为 388.0μg/m³，刺槐林内最低为 308.5μg/m³；就一天 24h 来说，以栾树林内最低为 257.0μg/m³，臭椿林内最高为 298.3μg/m³。PM10 约占 TSP 的 64%。PM10 浓度白天以刺槐林内最高为 142.0μg/m³，海棠林内最低为 102.7μg/m³；夜间以无林地内 PM10 浓度最高为 240.0μg/m³，刺槐林内最低为 174.5μg/m³；就一天 24h 来说，以国槐林最低为 152μg/m³，无林地和银杏林内最高为 288.1μg/m³。PM2.5 约占 TSP 的 25%。PM2.5 浓度白天以刺槐林内最高为 54.8μg/m³，银杏林内最低为 44.7μg/m³；夜间以无林地内 PM2.5 浓度最高为 91.0μg/m³，刺槐林内最低为 65.4μg/m³。PM1 的浓度值是 TSP 的 13%左右，是 PM10 的 25%左右，是 PM2.5 的 52%左右。PM1 与 PM2.5 的浓度分布基本一致，白天以国槐和刺槐林最高，夜间以栾树林最低。由上述可知，樱桃、碧桃、白蜡、刺槐、国槐、栾树六种纯林与无林地的空气颗粒物浓度差异较为显著，而海棠、臭椿、楸树、银杏四种纯林与无林地的空气颗粒物浓度差异较小。从森林结构方面来看，平原造林的树种均是截干栽植的，于 2012 年至观测时期，树木已经生长了 3～4 年，但由于各树种的生长速度差异较大，例如，夏季刺槐郁闭度已经能达到 83%，叶面积指数达到 4.12，而银杏植被结构稀疏，郁闭度仅为 16%，叶面积指数为 0.97。生长速度决定了不同树种间的结构差异，同时叶片也会产生大量挥发性有机物（VOCs），经过一系列复杂的化学反应生成空气颗粒物。从气象条件来看，夏季炎热多雨，相对湿度较大，更有利于工厂排放、交通污染等产生的有机物质反应生成空气颗粒物。空气颗粒物在扩散过程中，遇到植被结构紧密的林地，扩散速度降低得越多，越容易在林内发生积累，导致空气颗粒物浓度升高。

3.3.2.3 秋季片状人工林空气颗粒物浓度

秋季片状人工林空气颗粒物浓度如表 3-9 所示，秋季 TSP、PM10 浓度（388.0μg/m³、266.5μg/m³）高于夏季（274.2μg/m³、173.5μg/m³），秋季 PM2.5、PM1 浓度（109.8μg/m³、70.1μg/m³）高于春季（94.09μg/m³、53.04μg/m³）和夏季（69.3μg/m³、35.2μg/m³）。由此可以看出，一方面秋季更利于粗颗粒物的扩散，而不利于细颗粒物的扩散；另一方面各种落叶植物的叶片开始枯萎掉落，植被阻滞吸附空气颗粒物的能力降低。

表 3-9 秋季片状人工林空气颗粒物浓度（μg/m³）

人工林		白天	夜晚	总计	人工林		白天	夜晚	总计
无林地		256.0±118.0a	520.0±184.3a	388.0±155.2a	栾树	TSP	246.7±113.4a	544.4±192.5a	395.6±158.2a
海棠		251.9±116.0a	517.0±183.3a	384.4±153.8a	银杏		260.5±120.3a	530.1±187.7a	395.3±158.1a
樱桃		242.3±111.2a	537.6±190.2a	389.9±156.0a	无林地		175.0±82.5a	358.0±108.3a	266.5±106.6a
碧桃		235.1±107.6b	572.7±201.9b	403.9±161.6b	海棠		178.0±84.0a	351.7±106.2a	264.9±106.0a
臭椿	TSP	266.6±123.3a	530.6±187.9a	398.6±159.4a	樱桃		193.9±92.0b	361.9±109.6a	277.9±111.2b
国槐		255.4±117.7a	511.1±181.4a	383.3±153.3a	碧桃	PM10	185.4±87.7a	368.8±111.9a	277.1±110.8a
楸树		244.5±112.3a	549.1±194.0a	396.8±158.7a	臭椿		174.2±82.1a	332.5±99.8a	253.4±101.4a
白蜡		249.3±114.7a	540.3±191.1a	394.8±157.9a	国槐		194.1±92.1b	359.0±108.7a	276.6±110.6a
刺槐		248.9±114.5a	552.7±195.2a	400.8±160.3a	楸树		186.2±88.1a	342.3±103.1b	264.2±105.7a

人工林		白天	夜晚	总计	人工林		白天	夜晚	总计
白蜡	PM10	186.2±88.1a	318.0±95.0a	252.1±100.8a	栾树	PM2.5	73.1±29.2a	169.5±56.5a	121.3±48.5a
刺槐		214.0±102.0b	363.1±110.0a	288.6±115.4b	银杏		66.0±26.4a	159.7±53.2a	112.9±45.1a
栾树		192.2±91.1b	354.1±107.0a	273.1±109.2a	无林地	PM1	36.8±18.4a	103.5±34.5a	70.1±28.1a
银杏		174.4±82.2a	327.3±98.1a	250.9±100.4a	海棠		38.9±19.4a	107.0±35.7a	72.9±29.2a
无林地	PM2.5	64.2±25.7a	155.4±51.8a	109.8±43.9a	樱桃		38.4±15.2a	109.7±39.9a	79.1±30.0a
海棠		64.3±25.7a	155.6±51.9a	110.0±44.0a	碧桃		36.4±18.2a	114.9±38.3a	75.6±30.2b
樱桃		74.1±29.7a	170.7±56.9a	122.4±49.0a	臭椿		37.8±18.9a	101.5±33.8a	69.6±27.9a
碧桃		73.2±29.3b	169.6±56.5b	121.4±48.6b	国槐		36.8±18.4a	112.4±37.5a	74.6±29.8a
臭椿		68.6±27.4a	162.6±54.2a	115.6±46.2a	楸树		40.4±20.2a	116.8±38.9a	78.6±31.4a
国槐		63.6±25.4a	154.6±51.5a	109.1±43.6a	白蜡		38.5±18.2a	100.7±33.6a	69.6±25.4a
楸树		64.7±25.9a	156.7±52.2a	110.7±44.3a	刺槐		40.3±20.1a	104.7±31.6a	72.5±27.0a
白蜡		76.2±30.5b	171.9±57.3a	124.0±49.6b	栾树		45.2±22.6a	109.9±33.3a	77.5±29.0a
刺槐		70.7±28.3a	166.4±55.5b	118.6±47.4b	银杏		42.6±21.3	101.6±33.9	72.1±28.8

由表 3-7～表 3-9 可知，秋季各树种间的浓度差异远小于春季和秋季。白天 TSP 浓度以银杏林内最高为 260.5μg/m³，碧桃林地最低为 235.1μg/m³；夜间以碧桃林内 TSP 浓度最高为 572.7μg/m³，国槐林内最低为 511.1μg/m³；PM10 与 TSP 浓度分布状况基本一致，约占 TSP 的 68%，白天以刺槐林内最高为 214.0μg/m³，夜间白蜡林内最低为 318.0μg/m³。对于一天 24h 来说，粗颗粒物浓度以植被结构稀疏的林分内浓度较低。PM2.5 约占 TSP 的 30%左右。白天 PM2.5 浓度以白蜡林内最高为 76.2μg/m³，国槐林内最低为 63.6μg/m³；夜间以白蜡林内 PM2.5 浓度最高为 171.9μg/m³，国槐林内最低为 154.6μg/m³。PM1 的浓度值是 TSP 的 18%左右，是 PM10 的 26%左右，是 PM2.5 的 59%左右。与春季、夏季相比，PM1 所占比例均有所提升，PM1 与 PM2.5 的浓度分布基本一致，白天以栾树林最高，晚上以白蜡林最低。

秋季四种粒径颗粒物浓度分布状况与春季、夏季截然相反。秋季日照时间减少，昼夜温差逐渐加大，加之北京秋天风力较弱，但是由于观测地区的特殊位置，空气颗粒物容易在平坦的地区堆积，白天气温较高，并时常有风，空气颗粒物可以迅速扩散,但一到夜间,近地层大气稳定,空气颗粒物在地势低的地方开始堆积,导致浓度升高。另外,在晴朗无风的夜晚,夜间植物的散热速度慢,地温特别低,水汽聚集到植物表面时就会凝结形成霜,霜的形成也对空气颗粒物有湿沉降的作用。

3.3.2.4 冬季片状人工林空气颗粒物浓度

冬季片状人工林空气颗粒物浓度如表3-10所示。冬季四种粒径空气颗粒物浓度明显升高,四种粒径空气颗粒物浓度约为夏季的2倍,与春秋相比浓度的增幅也在20%以上。冬季白天PM2.5、PM1的浓度高于夜间浓度,主要原因是冬季处于采暖期,房山石楼镇平原造林示范区附近有村庄,而村庄以燃煤供暖为主,白天燃煤较多,产生大量空气颗粒物及可以反应生成空气颗粒物的气体,夜间人们休息,燃煤供暖的行为减少或停止,因此白天与夜间粗颗粒物浓度相差不大,细颗粒物浓度白天高于夜间。冬季白天日照辐射较强,近地层空气处于不稳定状态,湍流交换作用强,垂直扩散能力强;夜间静风、湿度大、逆温频率高等因素不利于颗粒物扩散,致使空气颗粒物容易发生累积而达到较高值(王淑英和张小玲,2002;Song et al.,2006)。

表3-10 冬季片状人工林空气颗粒物浓度($\mu g/m^3$)

人工林		白天	夜间	总计	人工林		白天	夜间	总计
无林地		532.5±256.3a	622.5±218.5a	577.5±231.0a	无林地		380.9±185.5a	416.5±127.8a	398.7±159.5a
海棠		527.0±253.5a	616.8±216.6a	571.9±228.8a	海棠		379.3±184.7a	415.3±127.4a	397.3±158.9a
樱桃		530.9±255.5a	613.5±215.5a	572.2±228.9a	樱桃		388.3±189.2a	420.8±129.3a	404.6±161.8a
碧桃		521.1±250.6a	654.3±229.1b	587.7±235.1a	碧桃		383.2±186.6a	410.3±125.8a	396.8±158.7a
臭椿		536.2±258.1a	622.0±218.3a	579.1±231.6a	臭椿		390.2±190.1a	418.5±128.5a	404.4±161.8a
国槐	TSP	525.9±253.0a	640.2±224.4a	583.0±233.2a	国槐	PM10	384.4±187.2a	428.7±131.9a	406.6±162.6a
楸树		536.5±258.3a	636.8±223.3a	586.7±234.7a	楸树		389.9±190.0a	435.4±134.1a	412.7±165.1a
白蜡		528.7±254.4a	643.5±225.5a	586.1±234.4a	白蜡		379.2±184.6a	421.3±129.4a	400.3±160.1a
刺槐		529.0±254.5a	637.2±223.4a	583.1±233.2a	刺槐		362.8±176.4a	413.5±126.8a	388.1±155.2a
栾树		534.4±257.2a	631.3±221.4a	582.8±233.1a	栾树		375.6±182.8a	409.3±125.4a	392.5±157.0a
银杏		529.5±254.8a	644.3±225.8a	586.9±234.8a	银杏		388.6±189.3a	425.5±130.8a	407.1±162.8a

续表

人工林		白天	夜间	总计	人工林		白天	夜间	总计
无林地		170.5±68.2a	149.6±49.9a	160.0±64.0a	无林地		86.2±44.1a	65.7±22.6a	78.0±31.2a
海棠		171.4±68.6a	145.2±48.4a	158.3±63.3a	海棠		89.4±44.7a	66.3±22.1a	77.8±31.1a
樱桃		173.9±69.6a	147.3±49.1a	160.6±64.2a	樱桃		90.8±45.4a	68.7±22.9a	79.7±31.9a
碧桃		175.2±70.1a	149.3±49.8a	162.3±64.9a	碧桃		91.3±45.7a	68.5±22.8a	79.9±32.0a
臭椿		170.6±68.2a	141.2±47.1a	155.9±62.4a	臭椿		87.7±43.9a	67.7±21.9a	77.7±30.7a
国槐	PM2.5	179.7±71.9a	148.5±49.5a	164.1±65.6a	国槐	PM1	92.1±46.0a	68.4±22.8a	80.2±32.1a
楸树		176.1±70.4a	149.4±49.8a	162.7±65.1a	楸树		90.6±45.3a	68.0±22.7a	79.3±31.7a
白蜡		178.8±71.5a	146.9±49.0a	162.8±65.1a	白蜡		86.0±43.0a	68.3±21.4a	77.2±30.1a
刺槐		176±70.4a	149.2±49.7a	162.6±65.0a	刺槐		88.3±42.7a	69.6±21.9a	76.5±30.2a
栾树		175.4±70.1a	151.0±50.3a	163.2±65.3a	栾树		88.7±44.3a	66.2±22.1a	77.4±31.0a
银杏		179.0±71.6a	150.1±50.0a	164.6±65.8a	银杏		87.6±43.8a	67.3±22.4a	77.5±31.0a

3.3.3 片状人工林内外空气颗粒物浓度的日变化特征

综上所述，刺槐林、碧桃林等与无林地差异最大，因此使用这几种林分内的空气颗粒物多日平均值作为林内空气颗粒物浓度，无林地为林外空气颗粒物浓度。

3.3.3.1 春季片状人工林内外空气颗粒物浓度的日变化特征

春季片状人工林内外空气颗粒物浓度的日变化特征如图3-16所示，可以看出，

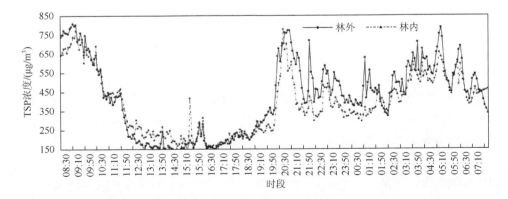

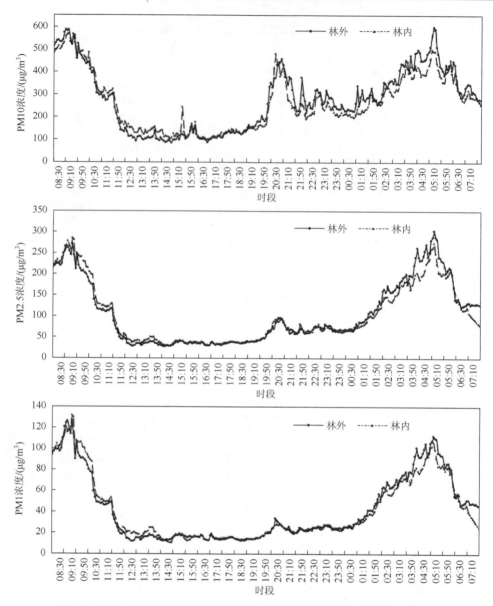

图 3-16　春季片状人工林内外空气颗粒物浓度的日变化

一天当中有两个空气颗粒物浓度高峰,分别出现在 4:30～10:30 和 20:00～23:30;11:00～18:00 空气颗粒物浓度最低。空气颗粒物浓度的日变化主要受气象条件影响,林内外的差异主要是由森林的阻滞功能引起的。

由图 3-16 可知,TSP 与 PM10 的日变化规律基本一致,从 8:30 到第二天 7:00,粗颗粒物浓度先下降,到 11:30 之后基本平稳,在 19:00 之后粗颗粒物浓度急剧升高，并在 20：30~21：00 达到最大值，之后开始下降，凌晨之后粗颗粒物浓度开始缓慢上升，并在 5：30 左右达到最大值，之后开始下降。细颗粒物（PM2.5、PM1）浓度与粗颗粒物浓度相比，没有 20：40 左右的高峰，整体呈现先下降后趋于平稳的趋势，进入夜间之后开始缓慢上升，凌晨之后上升速度增加，并在 5：30 左右达到最大值，之后开始下降。对于林内外空气颗粒物浓度差异，粗颗粒物与细颗粒物的变化规律基本一致，早上林内外空气颗粒物浓度差异不大，10：00 之后林内空气颗粒物浓度下降速度小于林外，林内外浓度差异增大，且林内大于林外；15：50 之后，林内外差异缩小直到几乎没有差异，进入夜间之后，林内外粗颗粒物首先出现差异，且林内粗颗粒物浓度低于林外，而细颗粒物直到凌晨之后才出现差异。

主要原因可能是早上日出之后，气温开始上升，湿度开始降低，空气颗粒物扩散速度加快，浓度开始下降；空气的流通会引起原本吸附在植被器官上的颗粒物再次悬浮到空气中，植被开始进行光合作用，气孔开始活动也会导致吸附在植被器官上的颗粒物再次悬浮。空气颗粒物在扩散过程中遇到林分，受到植被的阻拦，导致林内空气颗粒物扩散速度低于林外，所以林外空气颗粒物浓度下降速度高于林内，导致林内空气颗粒物浓度高于林外。日落之后，气温开始下降，而地表温度下降速度小于大气温度，在地表形成逆温层，气流稳定，不利于空气颗粒物的扩散，而此时人类活动频繁，扰动地表，不仅不断制造空气颗粒物，还会造成空气颗粒物的二次悬浮。此时林内相较于林外更加稳定，植物的呼吸作用，使大量空气颗粒物被吸附在植物器官上，因此林内空气颗粒物浓度低于林外。5：00 之后，地表温度持续下降，空气的含水能力达到饱和，近地层的水汽就会附着在地表的植被上凝成细小的水珠，在此过程中会沉降一部分空气颗粒物，同时相对湿度的降低也会导致空气颗粒物浓度的下降。

3.3.3.2 夏季片状人工林内外空气颗粒物浓度的日变化特征

夏季片状人工林内外空气颗粒物浓度的日变化特征如图3-17所示,可以看出,

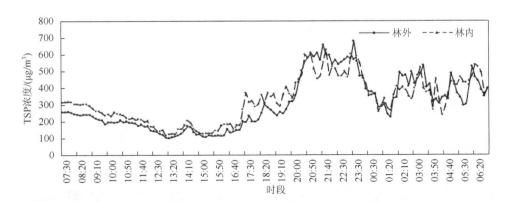

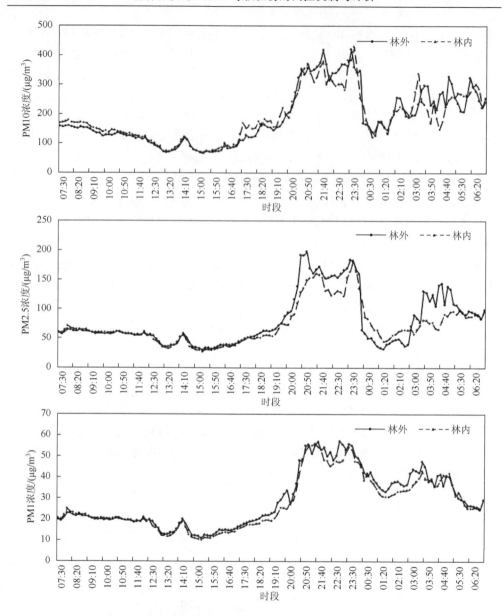

图 3-17　夏季片状人工林内外空气颗粒物浓度的日变化

空气颗粒物浓度在 24h 当中有两个高峰，分别出现在 20：00～24：00 和 2：00～7：00；12：00～14：00 空气颗粒物浓度最低。与春季相比，四种粒径空气颗粒物浓度明显降低，两个浓度高峰均接近凌晨。

由图 3-17 可知，TSP 与 PM10 的日变化规律基本一致，从 7：30 到第二天 7：00，粗颗粒物浓度先缓慢下降，到 13：20 左右 TSP 和 PM10 达到最小值，分别约为 125μg/m³ 和 75μg/m³，再 14：30 时出现一个小波峰，15：50 之后粗颗粒物浓度开始逐渐上升，并在 20：50~24：00 达到最大值，之后开始下降，1：30 之后粗颗粒物浓度开始缓慢上升，并在 2：30 之后达到最大值，之后波动较大。细颗粒物（PM2.5、PM1）浓度与粗颗粒物浓度变化很相似，但在夜间低谷并不明显，整体呈现先缓慢下降之后缓慢上升的趋势，20：00 之后急剧增加，然后呈现波动变化，凌晨之后开始逐渐波动下降。对于林内外空气颗粒物浓度差异，粗颗粒物与细颗粒物的变化规律基本一致，上午林内与林外粗颗粒物浓度有明显差异且以林内较高，但细颗粒物浓度差异并不明显。中午之后林内粗颗粒物浓度高于林外，而细颗粒物浓度则是林外高于林内。进入夜间之后，均是林外高于林内，主要原因一方面是夏季日照时间增长，日出早而日落晚，夏季气温高，相对湿度大，另一方面植被生长旺盛，枝繁叶茂；7：00 太阳早已照耀多时，气温迅速爬高，空气颗粒物扩散速度增加，浓度开始下降，空气颗粒物在扩散过程中遇到林分阻滞，扩散速度降低而堆积在林内，同时林内由于植被的生理活动旺盛，产生大量的挥发性有机物，加之林内相对湿度大于林外，容易发生二次反应，生成空气颗粒物，最终导致林内空气颗粒物浓度高于林外。中午空气颗粒物浓度出现一个小波峰，主要是因为此时太阳照射强烈，植被基本停止光合作用，气孔关闭，植被器官吸附能力降低，导致空气颗粒物的再悬浮；同时气温高，空气颗粒物扩散速度很快，林内外差异就小。15：00 之后，植被恢复光合作用，吸附能力增强，首先降低的是林内的空气颗粒物浓度。入夜之后，地表温度高于近地层温度，不仅不利于空气颗粒物的沉降，还容易引起地表空气颗粒物再悬浮，此时人类活动频繁，不断扰动空气颗粒物，导致浓度升高。凌晨之后，地表温度与近地层温度差异很小，气象条件变得有利于空气颗粒物的沉降，因此浓度开始下降。

3.3.3.3 秋季片状人工林内外空气颗粒物浓度的日变化特征

秋季片状人工林内外空气颗粒物浓度的日变化特征如图 3-18 所示。

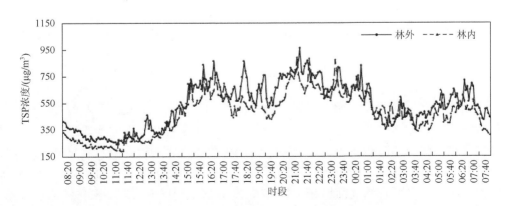

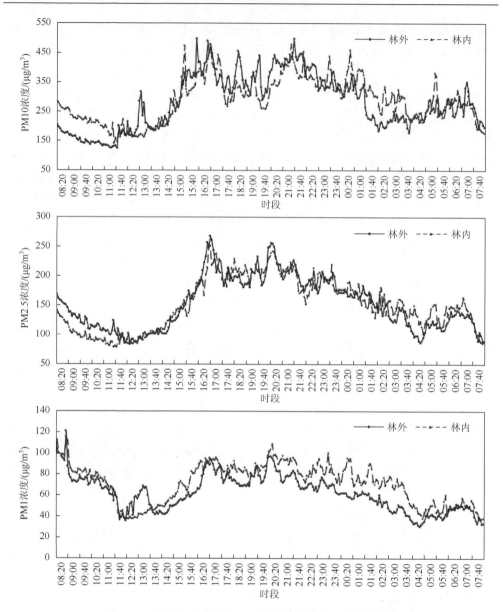

图 3-18　秋季片状人工林内外空气颗粒物浓度的日变化

由图 3-18 可知，空气颗粒物浓度在 24h 当中波动较大，有两个高峰期，分别出现在 15：30～24：00 和 5：00～7：00；11：30 左右空气颗粒物浓度最低。四种粒径空气颗粒物高于夏季而小于春季。四种粒径空气颗粒物的日变化规律基本一致，从 8：20 到第二天 7：40，空气颗粒物浓度先急剧下降，到 11：30～14：30 达到最小值，之后开始逐渐增加，到 17：00 之后达到峰值，之后变化波动较大，

1：00之后出现下降趋势，4：30之后略有起伏，并在6：00~7：30之间出现一个小高峰。对于林内外空气颗粒物浓度差异，TSP浓度似乎总是林内低于林外；PM10浓度早上林外高与林内，之后差异变化较大，但总体上看差异不大；PM2.5的林内外差异与PM10基本相似；PM1的浓度则是以林内浓度高于林外浓度的时候多一些。主要是因为秋季日照时间减少，昼夜温差逐渐增大，加之北京秋天风力较弱，但是由于观测地区的特殊位置，空气颗粒物容易在平坦的地区堆积，白天气温较高，并时常有风，空气颗粒物可以迅速扩散，但一到夜间，近地层大气稳定，空气颗粒物在地势低的地方开始堆积，导致浓度升高。另外，在晴朗无风的夜晚，夜间植物的散热速度慢，地温特别低，水汽聚集到植物表面时就会凝结形成霜，霜的形成也对空气颗粒物有湿沉降的作用。秋季植物开始枯萎，叶片开始掉落，森林底下往往积累着大量的落叶，对霜的形成有很大影响。

3.3.3.4 冬季片状人工林内外空气颗粒物浓度的日变化特征

冬季片状人工林内外空气颗粒物浓度的日变化特征如图3-19所示，可以看出，空气颗粒物浓度在24h当中有两个高峰期，分别出现在21：30~2：00和5：50~7：00；11：30~15：00空气颗粒物浓度最低。四种粒径空气颗粒物明显高于其他三个季节。

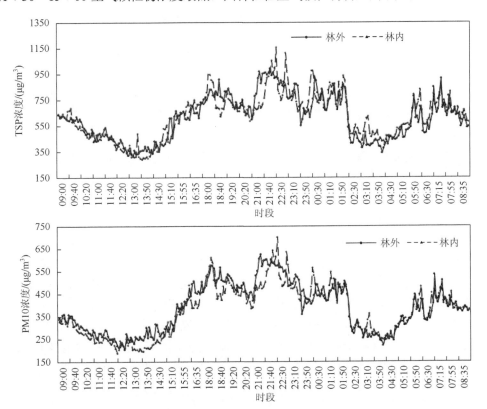

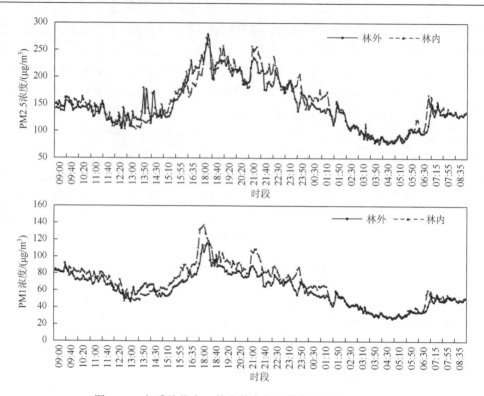

图 3-19 冬季片状人工林内外空气颗粒物浓度的日变化

由图 3-19 可知，TSP 与 PM10 的日变化规律基本一致，从 9：00 到第二天 8：30，粗颗粒物浓度先下降，到 11：30～15：00 空气颗粒物浓度最低，15：10 之后粗颗粒物浓度开始逐渐上升，并在 18：00～23：00 达到最大值，之后开始下降，5：00 之后粗颗粒物浓度开始上升。细颗粒物浓度与粗颗粒物浓度变化很相似，但在夜间低谷并不明显，整体呈现先缓慢下降后缓慢上升，然后呈现波动变化，凌晨开始逐渐波动下降之后略有起伏。冬季林内外粗颗粒物浓度的差异并不显著，林内粗颗粒物浓度变化滞后于林外粗颗粒物浓度变化；PM1 浓度林内高于林外。与春季、夏季、秋季相比，冬季空气颗粒物多了燃煤供暖的污染排放来源，冬季处于采暖期，房山石楼镇平原造林示范区附近有村庄，而村庄以燃煤供暖为主，白天燃煤较多，产生大量空气颗粒物及可以反应生成空气颗粒物的气体，夜间人们休息，燃煤供暖的行为减少或停止，因此白天与夜间粗颗粒物浓度相差不大，细颗粒物浓度白天高于夜间。供暖是影响空气颗粒物浓度变化的主要原因，下午 15：00 之后气温下降较快，人们开始大量燃煤取暖，导致空气颗粒物浓度上升，这一取暖时段直到夜间 22：00 左右，21：00 之后取暖减少，浓度开始下降，冬季近地层比较稳定。

3.3.4 典型天气下的片状人工林内空气颗粒物的日变化特征

3.3.4.1 晴天天气下空气颗粒物的污染特征

以 2014 年 5 月 17 日为例,晴天天气下林带不同位置空气颗粒物浓度的日变化规律如图 3-20 所示。

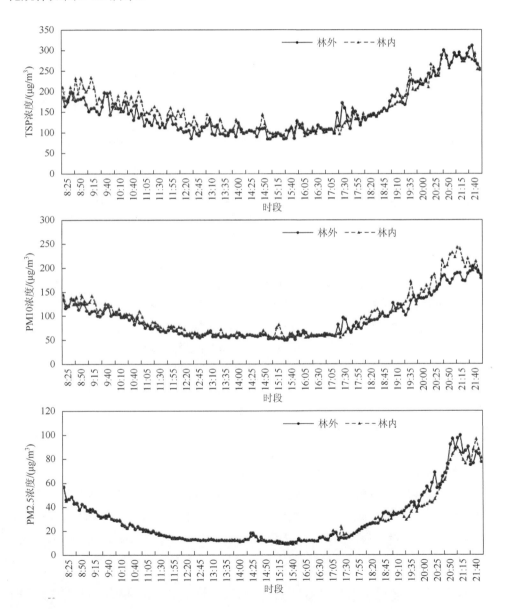

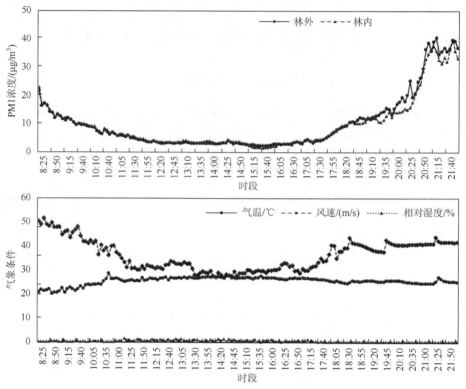

图 3-20　晴天天气下林带内空气颗粒物浓度及气象条件的日变化

由图 3-20 可知，观测时段内四种粒径空气颗粒物浓度呈现先降低后升高的趋势，气温、平均风速呈现先升高后降低的趋势，相对湿度与空气颗粒物浓度变化规律一致。说明相对湿度与空气颗粒物浓度呈正相关关系，气温、平均风速与颗粒物浓度呈负相关关系。在晴天天气，入夜之后，空气颗粒物浓度迅速升高。林内与林外的 TSP 浓度差异显著，且林内高于林外；林内与林外的 PM10、PM2.5、PM1 浓度几乎没有差异。主要原因可能是早上日出之后，气温开始上升，湿度开始降低，空气颗粒物扩散速度加快，浓度开始下降；空气的流通会引起原本吸附在植被器官上的颗粒物再次悬浮到空气中，植被开始进行光合作用，气孔开始活动也会导致吸附在植被器官上的颗粒物再次悬浮。空气颗粒物在扩散过程中遇到林分，受到植被的阻挡，导致林内空气颗粒物扩散速度低于林外，所以林外空气颗粒物浓度下降速度高于林内，导致林内空气颗粒物浓度高于林外。日落之后，气温开始下降，而地表温度下降速度小于大气温度，在地表形成逆温层，气流稳定，不利于空气颗粒物的扩散，而此时人类活动频繁，扰动地表，不仅不断制造空气颗粒物，还会造成空气颗粒物的二次悬浮。

3.3.4.2　晴转阴天气下空气颗粒物的污染特征

以 2014 年 8 月 11 日为例，晴转阴天气下林带不同位置空气颗粒物浓度的日变化规律如图 3-21 所示。由图 3-21 可知，观测时段内四种粒径空气颗粒物浓度呈现白天低晚上高的现象，平均风速较小，可以看作基本无风或微风，相对湿度呈现先降低后升高的趋势，晚上相对湿度很高约为 85%。说明相对湿度与空气颗粒物浓度呈正相关关系，气温、平均风速与颗粒物浓度呈负相关关系。在晴朗的白天林外空气颗粒物浓度略高于林内空气颗粒物浓度，下午天气转阴以后，粗颗粒物浓度转变为林内略高于林外，细颗粒物浓度仍以林外较高。晴朗的白天气温迅速爬高，空气颗粒物扩散速度增加，浓度开始下降，空气颗粒物在扩散过程中遇到林分阻滞，扩散速度降低而堆积在林内，同时由于林内植被的生理活动旺盛，产生大量的挥发性有机物，加之林内相对湿度大于林外，容易发生二次反应，生成空气颗粒物，空气颗粒物扩散速度很快，最终导致林内外空气颗粒物浓度差异不大。入夜之后，天气由晴朗转阴，相对湿度迅速升高，气温下降，地表温度高于近地层温度，不仅不利于空气颗粒物的沉降，还容易引起地表空气颗粒物再悬浮，而林外无植被覆盖，空气颗粒物更容易悬浮，所以夜间林外空气颗粒物浓度高于林内。

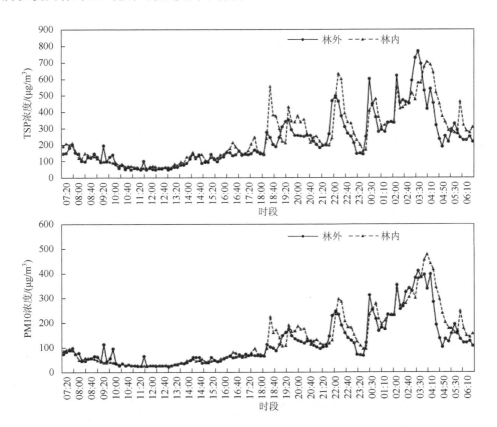

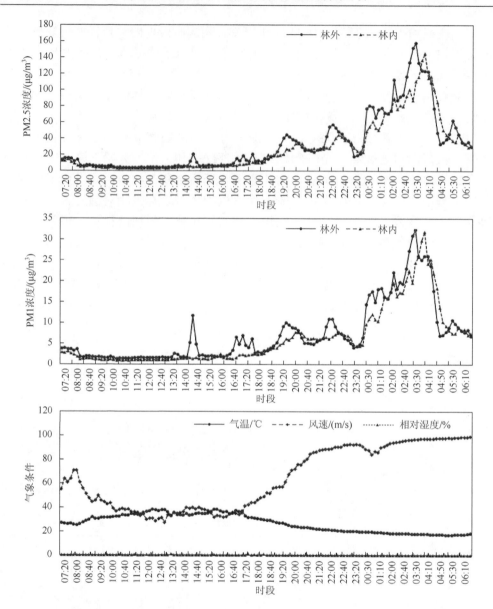

图 3-21 晴转阴天气下林带内空气颗粒物浓度及气象条件的日变化

3.3.4.3 阴天天气下空气颗粒物的污染特征

以 2014 年 11 月 25 日阴天为例,阴天天气下林带不同位置空气颗粒物浓度的日变化规律如图 3-22 所示。

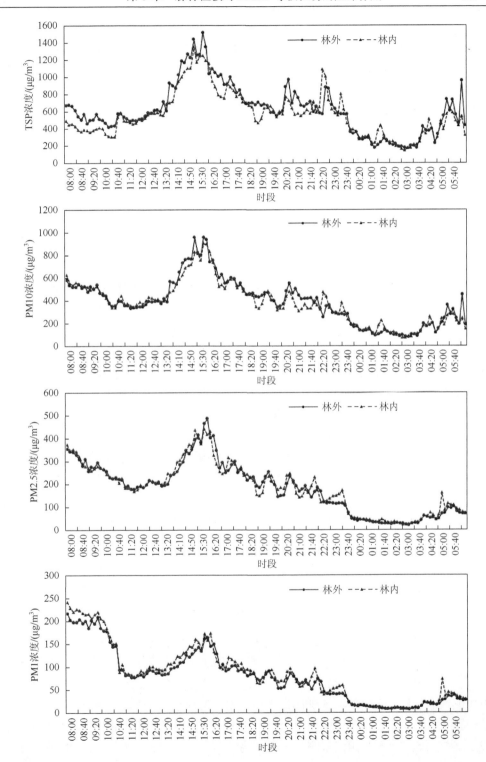

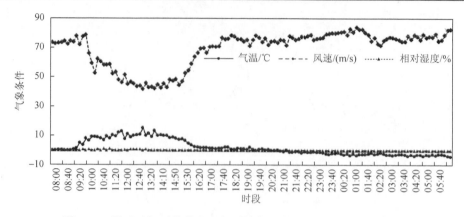

图 3-22　阴天天气下林带内空气颗粒物浓度及气象条件的日变化

由图 3-22 可知，观测时段内空气颗粒物浓度波动较大，整体呈现先升高后降低的趋势。由于是阴天，全天相对湿度较高约为 70%，冬季平均气温较低约为 0℃。北京市秋冬季气候干燥，平均风速较小，早上和傍晚空气湿度较大，容易发生逆温现象，天气形势不易变动，冬季当气温和相对湿度都增大时，经常会伴有雾，不利于空气颗粒物垂直和水平方向上的扩散，最终结果是使早晚空气颗粒物浓度增大；太阳升起之后，逆温层被破坏，雾霾逐渐消散，空气颗粒物扩散速度加快，浓度降低，另外，11 月比较寒冷，北京已经进入采暖期，虽然大部分住宅是使用天然气供暖的，但在北五环附近仍有少量燃煤供暖的小镇，造成严重的空气污染。在冬季相对湿度增大、平均风速减小和逆温层加厚等不利气象条件下，粗颗粒和细颗粒都会发生持续累积，质量浓度升高，但粗颗粒比细颗粒更容易积累，其质量浓度对相对湿度的响应比细颗粒要强，增加趋势要显著高于细颗粒。

3.4　片状人工林对空气颗粒物的阻滞功能

3.4.1　片状人工林对空气颗粒物阻滞功能的年变化特征

3.4.1.1　片状人工林对空气颗粒物阻滞效率的年变化特征

由图 3-23 可知，片状人工林对 TSP、PM10 的阻滞效果最好，全年阻滞效率均为正值，以 6 月~9 月片状人工林对粗颗粒物的阻滞效果最好，阻滞效率均达到了 0.05 以上，10 月、11 月、12 月片状人工林对粗颗粒物的阻滞效果最差，阻滞效率均为负值；片状人工林对 PM2.5 的阻滞效率月份间变化较大，阻滞效率均在 0.05 左右，其中以 4 月、7 月、9 月、10 月片状人工林阻滞效率较好，均为正值，3 月、11 月、12 月次之；5 月、8 月阻滞效率最差，均为负值；片状人工林对 PM1 的阻滞效率最差，除了 4 月、10 月、12 月阻滞效率较好为正值外，其余月份阻滞效率均为负值。

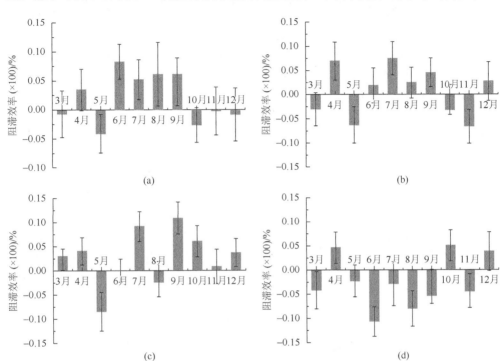

图 3-23 带状人工林对空气颗粒物阻滞效率的年变化
（a）TSP；（b）PM10；（c）PM2.5；（d）PM1

片状人工林对粗颗粒物阻滞效果好，对细颗粒物的阻滞效果差的主要原因可能是：一方面，在相对稳定的森林内部环境中，粗颗粒物比细颗粒物更容易沉降；另一方面，森林植被会产生大量的挥发性有机物，易于发生多次化学反应生成细颗粒物。最后，季节变化也是影响森林植被阻滞效果的重要因素，夏季森林植被茂密，生长旺盛，对空气颗粒物的阻滞效果最为明显，但是同时也是植被挥发有机物最多的时候，因此夏季森林植被对细颗粒物的阻滞效果并不是很理想。

3.4.1.2 片状人工林对空气颗粒物阻滞量的年变化特征

片状人工林内空气颗粒物阻滞量的年变化特征如图 3-24 所示。由图 3-24 可知，片状人工林对 TSP、PM10 的阻滞效果最好，以 6 月~9 月片状人工林对粗颗粒物的阻滞效果最好，阻滞量均达到了 $10\mu g/m^3$ 以上，3 月、5 月、10 月、11 月、12 月片状人工林对粗颗粒物的阻滞效果较差，阻滞量在 $-15\sim-3\mu g/m^3$；片状人工林对 PM2.5 的阻滞量月份间变化较大，阻滞量在 $-6\sim6\mu g/m^3$，其中以 4 月、7 月、9 月、10 月、12 月片状人工林阻滞效果较好，3 月、11 月次之；5 月、8 月阻滞效果较差，阻滞量均为负值；片状人工林对 PM1 的阻滞效果最差，除了 4 月、10 月、12 月阻滞量为正值外，其余月份阻滞量均为负值。片状人工林对粗颗粒物的阻滞效果好、对细颗粒物的阻滞效果差的主要原因可能是：一方面，在相对稳定的森林内部环境中，粗颗粒物比细颗粒物更容易沉降；另一方面，森林植被会产生大量的挥发性有机物，易于发生多次化学反应生成细颗粒物。最后，季节变化也是影响森林植被阻滞效果的重要因素，夏季森林植被茂密，生长旺盛，对空气颗粒物的阻滞效果最为明显，但是同时也是植被挥发有机物最多的时候，因此夏季森林植被对细颗粒物的阻滞效果并不是很理想。

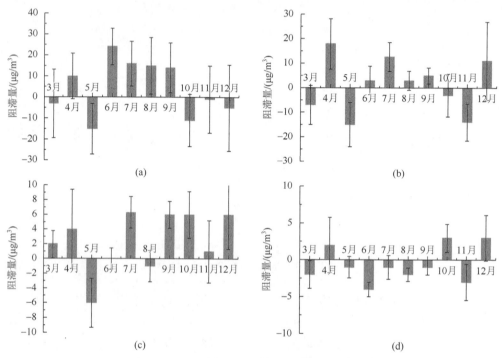

图 3-24 片状人工林对空气颗粒物阻滞量的年变化
（a）TSP；（b）PM10；（c）PM2.5；（d）PM1

3.4.2 片状人工林对空气颗粒物阻滞功能的季节变化特征

3.4.2.1 片状人工林对空气颗粒物阻滞效率的季节变化特征

春夏秋冬四个季节典型树种对空气颗粒物的阻滞效率如表 3-11 和表 3-12 所示。表中正值表示森林空气颗粒物浓度低于无林地；负值表示森林空气颗粒物浓度高于无林地。四个季节的白天大多数树种的阻滞效率为负值，夜间多为正值，说明片林林内空气颗粒物浓度白天高于无林地，夜间低于无林地。阻滞效率与 0 之间的差值越大，说明片林内空气颗粒物浓度与无林地的空气颗粒物浓度差异越大。各树种的四种粒径阻滞效率绝对值大小排序基本一致：海棠、楸树、臭椿、银杏＜樱花、国槐、白蜡＜碧桃、刺槐、栾树，海棠、楸树、臭椿、银杏阻滞效率最低，林内空气颗粒物浓度与无林地空气颗粒物浓度最接近。冬季各树种的阻滞效率绝对值最小，说明冬季片林内空气颗粒物浓度与无林地空气颗粒物浓度差异最小。

表 3-11　片状人工林对 TSP、PM10 的阻滞效率（%）

片状人工林		春季			夏季			秋季			冬季		
		白天	夜间	总计	白天	夜间	总计	白天	夜间	总计	白天	夜间	总计
TSP	海棠	−0.009	0.015	0.007	−0.023	0.050	0.025	0.016	0.006	0.009	0.010	0.009	0.010
	樱花	−0.102	0.079	0.019	−0.097	0.002	−0.032	0.054	−0.034	−0.005	0.003	0.014	0.009
	碧桃	−0.194	0.047	−0.032	−0.173	0.015	−0.050	0.082	−0.101	−0.041	0.021	−0.051	−0.018
	臭椿	−0.046	0.029	0.004	0.009	−0.140	−0.088	−0.041	−0.020	−0.027	−0.007	0.001	−0.003
	国槐	−0.031	0.057	0.028	0.065	0.078	0.074	0.002	0.017	0.012	0.012	−0.028	−0.010
	楸树	−0.018	0.019	0.006	−0.019	0.055	0.030	0.045	−0.094	−0.048	−0.008	−0.023	−0.016
	白蜡	−0.198	0.006	−0.061	−0.033	−0.049	−0.043	0.026	−0.077	−0.043	0.007	−0.034	−0.015
	刺槐	−0.251	0.064	−0.040	−0.121	0.138	0.048	−0.089	−0.159	−0.136	0.007	−0.024	−0.010
	栾树	−0.221	0.072	−0.024	0.122	0.126	0.125	−0.042	−0.124	−0.097	−0.004	−0.014	−0.009
	银杏	−0.063	−0.015	−0.031	0.049	−0.020	0.004	−0.018	−0.019	−0.019	0.006	−0.035	−0.016
PM10	海棠	−0.004	−0.012	−0.009	0.040	0.033	0.035	−0.017	0.018	0.006	0.004	0.003	0.004
	樱花	−0.017	0.006	−0.002	−0.177	0.133	0.037	−0.108	−0.011	−0.043	−0.019	−0.010	−0.015
	碧桃	−0.080	0.009	−0.023	−0.244	0.111	0.001	−0.059	−0.086	−0.077	−0.006	0.015	0.005
	臭椿	0.030	−0.049	−0.020	−0.038	0.098	0.056	0.005	0.071	0.049	−0.024	−0.005	−0.014
	国槐	0.060	−0.038	−0.003	−0.071	0.210	0.123	−0.109	−0.003	−0.038	−0.009	−0.029	−0.020
	楸树	0.027	−0.020	−0.003	−0.111	0.148	0.068	−0.064	0.044	0.009	−0.024	−0.045	−0.035
	白蜡	−0.026	0.010	−0.003	−0.180	0.138	0.040	−0.064	0.112	0.054	0.004	−0.012	−0.004
	刺槐	−0.157	−0.021	−0.070	−0.327	0.280	0.093	−0.223	−0.070	−0.120	0.048	0.007	0.027
	栾树	−0.109	−0.012	−0.047	−0.223	0.266	0.115	−0.098	0.011	−0.025	0.014	0.017	0.016
	银杏	−0.094	−0.057	−0.070	−0.020	0.000	−0.006	0.003	0.086	0.059	−0.020	−0.022	−0.021

表 3-12　片状人工林对 PM2.5、PM1 的阻滞效率（%）

片状人工林		春季			夏季			秋季			冬季		
		白天	夜间	总计	白天	夜间	总计	白天	夜间	总计	白天	夜间	总计
PM2.5	海棠	−0.070	−0.007	−0.029	−0.011	0.018	0.009	−0.001	−0.001	−0.001	−0.005	0.029	0.011
	樱花	−0.140	0.088	0.008	−0.003	0.110	0.073	−0.155	−0.098	−0.115	−0.020	0.016	−0.003

续表

片状人工林		春季			夏季			秋季			冬季		
		白天	夜间	总计	白天	夜间	总计	白天	夜间	总计	白天	夜间	总计
PM2.5	碧桃	−0.114	0.053	−0.006	−0.134	0.139	0.049	−0.141	−0.091	−0.106	−0.028	0.002	−0.014
	臭椿	−0.036	−0.012	−0.021	0.030	0.033	0.032	−0.068	−0.046	−0.053	0.000	0.056	0.026
	国槐	−0.100	0.033	−0.014	−0.084	0.202	0.107	0.010	0.005	0.007	−0.054	0.007	−0.025
	楸树	−0.087	0.036	−0.007	0.027	0.089	0.068	−0.008	−0.008	−0.008	−0.033	0.002	−0.017
	白蜡	−0.107	0.043	−0.010	−0.084	0.087	0.031	−0.186	−0.106	−0.129	−0.049	0.018	−0.017
	刺槐	−0.170	0.108	0.010	−0.194	0.294	0.132	−0.102	−0.071	−0.080	−0.032	0.003	−0.016
	栾树	−0.151	0.103	0.013	−0.104	0.256	0.137	−0.138	−0.090	−0.104	−0.028	−0.010	−0.020
	银杏	−0.072	−0.005	−0.028	0.025	0.024	0.024	−0.029	−0.027	−0.028	−0.050	−0.003	−0.028
PM1	海棠	0.022	−0.006	0.003	0.078	−0.020	−0.081	−0.058	−0.034	−0.040	−0.037	0.021	0.001
	樱花	−0.096	0.122	0.055	0.096	0.071	−0.025	−0.045	−0.060	−0.070	−0.053	−0.015	−0.023
	碧桃	−0.076	0.144	0.076	−0.355	0.082	−0.043	0.011	−0.110	−0.078	−0.059	−0.012	−0.025
	臭椿	0.010	0.038	0.029	0.045	−0.027	−0.017	0.027	0.019	0.007	−0.017	0.030	0.016
	国槐	−0.038	0.052	0.025	−0.330	0.008	−0.169	0.001	−0.086	−0.063	−0.068	−0.011	−0.029
	楸树	0.062	0.076	0.071	0.147	0.066	0.109	−0.099	−0.128	−0.120	−0.051	−0.004	−0.017
	白蜡	−0.196	0.115	0.019	0.012	0.093	−0.220	−0.047	0.027	0.093	0.002	−0.009	0.036
	刺槐	−0.146	0.119	0.038	−0.146	0.082	−0.020	−0.095	−0.011	0.038	−0.025	−0.027	0.032
	栾树	−0.121	0.048	−0.004	−0.482	0.188	−0.096	−0.229	−0.061	−0.034	−0.028	0.023	0.007
	银杏	−0.025	−0.014	−0.017	0.025	−0.014	−0.044	−0.159	0.018	−0.028	−0.016	0.006	0.006

森林通过吸收吸附空气颗粒物，阻滞空气颗粒物扩散并促进其沉降下来，使空气颗粒物浓度降低。总叶面积越大的森林往往对空气颗粒物的吸收吸附作用越强，冠层结构的气流运动也会促进植物的吸收吸附作用（Fowler et al., 1989; Chang et al., 2014）。虽然不同类型森林的挥发性有机物（BVOCs）的排放量仍不明确，但是叶面积指数高的森林往往具有较高的 BVOCs 排放量（Bennett et al., 2012; Curtis et al., 2014）。白天空气颗粒物被阻滞在林内，同时植物挥发大量的有机物，在高温高湿的条件下更容易生成空气颗粒物。而到了夜晚，近地层大气比较稳定，不利于污染物扩散，森林相较于无林地，一方面，植被的呼吸作用引起微弱的气流交换，促进空气颗粒物的吸附和沉降；另一方面森林与无林地相比，吸附面积大大增加。此外，森林内的相对湿度较大，更容易产生水汽凝结，有利于颗粒的湿沉降。这些结果表明，在白天森林主要影响空气颗粒物的扩散速度，以阻滞作用为主；在夜间，尤其在静稳天气条件下，森林主要发挥吸附和沉降空气颗粒物的作用。

3.4.2.2 片状人工林对空气颗粒物阻滞量的季节变化特征

春夏秋冬四个季节典型树种对空气颗粒物的阻滞量如表 3-13 和表 3-14 所示。表中正值表示森林空气颗粒物浓度低于无林地；负值表示森林空气颗粒物浓度高于无林地。四个季节的白天大多数树种的阻滞量为负值，夜间多为正值，说明片林林内空气颗粒物浓度白天高于无林地，夜间低于无林地。阻滞量与 0 之间的差值越大，说明片林内空气颗粒物浓度与无林地的空气颗粒物浓度差异越大。各树种的四种粒径阻滞量绝对值大小排序基本一致：海棠、楸树、臭椿、银杏＜樱花、国槐、白蜡＜碧桃、刺槐、栾树，海棠、楸树、臭椿、银杏阻滞量最低，林内空气颗粒物浓度与无林地空气颗粒物浓度最接近。冬季各树种的阻滞量绝对值最小，说明冬季片林内空气颗粒物浓度与无林地空气颗粒物浓度差异最小。

表 3-13　片状人工林对 TSP、PM10 的阻滞量（$\mu g/m^3$）

片状人工林		春季			夏季			秋季			冬季		
		白天	夜间	总计	白天	夜间	总计	白天	夜间	总计	白天	夜间	总计
TSP	海棠	-2.40	8.50	3.05	-4.30	17.80	6.80	4.10	3.00	3.60	5.50	5.70	5.60
	樱花	-27.60	43.10	7.75	-18.50	0.60	-8.90	13.70	-17.60	-1.90	1.60	9.00	5.30
	碧桃	-52.40	25.90	-13.25	-33.00	5.40	-13.80	20.90	-52.70	-15.90	11.40	-31.80	-10.20
	臭椿	-12.40	15.90	1.75	1.70	-50.00	-24.10	-10.60	-10.60	-10.60	-3.70	0.50	-1.60
	国槐	-8.50	31.50	11.50	-7.60	28.10	10.30	0.60	8.90	4.75	6.60	-17.70	-5.50
	楸树	-5.00	10.30	2.65	-3.60	19.80	8.20	11.50	-29.10	-8.80	-4.00	-14.30	-9.20
	白蜡	-53.70	3.40	-25.15	-6.30	-17.40	-11.80	6.70	-20.30	-6.80	3.80	-21.00	-8.60
	刺槐	-67.90	35.10	-16.40	-23.10	49.50	13.20	7.10	-32.70	-12.80	3.50	-14.70	-5.60
	栾树	-59.80	39.80	-10.00	-10.70	45.00	17.20	9.30	-24.40	-7.55	-1.90	-8.80	-5.30
	银杏	-17.10	-8.20	-12.65	9.40	-7.00	1.20	-4.50	-10.10	-7.30	3.00	-21.80	-9.40
PM10	海棠	-0.70	-4.00	-2.30	4.30	7.90	6.10	-3.00	6.30	1.60	1.60	1.20	1.40
	樱花	-3.40	2.00	-0.65	-18.90	31.90	6.50	-18.90	-3.90	-11.40	-7.40	-4.30	-5.90
	碧桃	-15.70	3.00	-6.30	-26.10	26.60	0.25	-10.40	-10.80	-10.60	-2.30	6.20	1.90
	臭椿	5.80	-16.70	-5.40	-4.10	23.50	9.70	0.80	25.50	13.10	-9.30	-2.00	-5.70
	国槐	11.70	-13.20	-0.70	-7.60	50.30	21.35	-19.20	-1.00	-10.10	-3.50	-12.20	-7.90
	楸树	5.30	-7.00	-0.80	-11.90	35.60	11.85	-11.20	15.70	2.30	-9.00	-18.90	-14.00
	白蜡	-5.10	3.50	-0.75	-19.30	33.20	6.95	-11.20	40.00	14.40	1.70	-4.80	-1.60
	刺槐	-30.60	-7.20	-18.85	-35.00	67.20	16.10	-39.00	-5.10	-22.10	18.10	3.00	10.60
	栾树	-21.30	-4.00	-12.60	-23.90	63.80	19.95	-17.20	3.90	-6.60	5.30	7.20	6.20
	银杏	-18.30	-19.50	-18.85	-2.10	0.10	-1.00	0.60	30.70	15.80	-7.70	-9.00	-8.40

表 3-14　片状人工林对 PM2.5、PM1 的阻滞效量（μg/m³）

片状人工林		春季			夏季			秋季			冬季		
		白天	夜间	总计	白天	夜间	总计	白天	夜间	总计	白天	夜间	总计
PM2.5	海棠	−4.66	−0.85	−2.76	−0.49	1.71	0.61	−0.09	−0.21	−0.15	−0.92	4.41	1.75
	樱花	−9.30	10.75	0.72	−0.14	10.21	5.04	−9.95	−15.30	−12.63	−3.40	2.33	−0.53
	碧桃	−7.57	6.44	−0.57	−6.13	12.90	3.39	−9.02	−14.17	−11.60	−4.71	0.24	−2.23
	臭椿	−2.41	−1.46	−1.94	1.36	3.04	2.20	−4.37	−7.17	−5.77	−0.07	8.34	4.14
	国槐	−6.61	4.03	−1.29	−3.87	18.69	7.41	0.62	0.82	0.72	−9.21	1.08	−4.07
	楸树	−5.76	4.40	−0.68	1.22	8.22	4.72	−0.53	−1.30	−0.91	−5.59	0.23	−2.68
	白蜡	−7.09	5.23	−0.93	−3.85	8.09	2.12	−11.97	−16.46	−14.22	−8.28	2.72	−2.78
	刺槐	−11.26	13.17	0.95	−8.89	27.22	9.17	−6.52	−10.96	−8.74	−5.47	0.41	−2.53
	栾树	−10.01	12.54	1.26	−4.78	23.73	9.48	−8.86	−14.02	−11.44	−4.85	−1.44	−3.14
	银杏	−4.77	−0.57	−2.67	1.13	2.23	1.68	−1.84	−4.24	−3.04	−8.52	−0.52	−4.52
PM1	海棠	0.72	−0.44	0.14	1.32	−0.57	−2.84	−2.12	−3.49	−2.81	−3.19	1.42	0.11
	樱花	−3.13	8.94	2.91	1.63	2.04	−0.87	−1.64	−6.19	−4.92	−4.55	−1.00	−1.78
	碧桃	−2.48	10.56	4.04	−6.04	2.36	−1.51	0.42	−11.37	−5.48	−5.11	−0.80	−1.96
	臭椿	0.31	2.78	1.55	0.76	−0.77	−0.60	−1.00	1.99	0.49	−1.49	2.01	1.26
	国槐	−1.22	3.83	1.30	−5.61	0.23	−5.96	0.02	−8.89	−4.44	−5.85	−0.72	−2.29
	楸树	2.02	5.56	3.79	2.50	1.91	3.83	−3.64	−13.25	−8.45	−4.36	−0.26	−1.31
	白蜡	−6.37	8.43	1.03	0.20	2.66	−7.72	−1.72	2.79	6.53	0.19	−0.59	2.80
	刺槐	−4.74	8.78	2.02	−2.48	2.36	−0.70	−3.48	−1.18	2.67	−2.12	−1.86	2.50
	栾树	−3.94	3.56	−0.19	−3.19	5.40	−3.37	−8.43	−6.35	−2.39	−2.44	1.53	0.54
	银杏	−0.81	−1.02	−0.91	0.43	−0.41	−1.56	−5.83	1.90	−1.97	−1.40	0.40	0.50

森林对空气颗粒物浓度的影响主要取决于气孔吸收、植物器官吸附，降低扩散速率及 BVOCs 的排放量。将森林看作一个整体，吸收和吸附空气颗粒物主要受植被的叶片结构、叶面积、叶面积指数等因素及随时间变化的气象影响。就植物个体来说，吸收吸附空气颗粒物的能力主要受气孔大小、叶片表面结构的影响（Litschke and Kuttler，2008）。森林的复杂结构如叶面积指数、郁闭度、疏透度、冠层密度等对森林阻滞空气颗粒物的功能有很大影响，TSP 净化百分数与植物的疏透度呈明显的负相关关系，而与植物群落的郁闭度之间存在明显的正相关关系，郁闭度越大，其对 TSP 的去除作用越显著。通过观察可以发现，随着植物郁闭度的增大，净化百分数的增量不是一成不变的，而是逐渐减缓的。

3.4.3 片状人工林对空气颗粒物阻滞效率的日变化特征

3.4.3.1 春季片状人工林对空气颗粒物阻滞效率的日变化特征

春季片状人工林对空气颗粒物阻滞效率的日变化特征如图 3-25 所示。

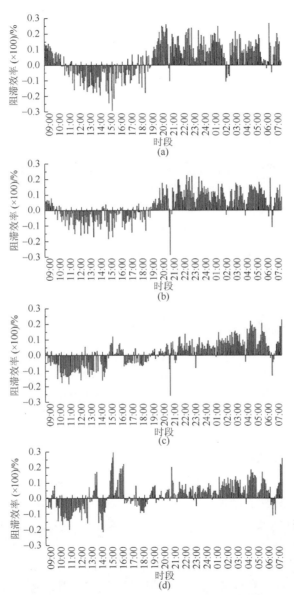

图 3-25 春季片状人工林对空气颗粒物阻滞效率的日变化
(a) TSP；(b) PM10；(c) PM2.5；(d) PM1

由图 3-25 可知，春季片状人工林对空气颗粒物浓度的阻滞效率呈现白天低晚上高的变化趋势，早上开始，片状状人工林对 TSP、PM10 的阻滞效率先逐渐降低，在 15：00 左右达到最低值，分别约为-28%、-21%；18：00 之后林内空气颗粒物浓度降低速度高于林外，阻滞效率为正，并在 21：00~24：00 出现最高值，之后开始缓慢降低；片状人工林对 TSP、PM10 阻滞效率的变化规律与 TSP 基本相同，不同的是，在 15：00~16：00，片状人工林对 PM2.5、PM1 的阻滞效率为正值，原因可能是植被光合作用吸收吸附了大量空气颗粒物。

早上日出之后，气温开始上升，湿度开始降低，空气颗粒物扩散速度加快，浓度开始下降；空气的流通会引起原本吸附在植被器官上的颗粒物再次悬浮到空气中，植被开始进行光合作用，气孔开始活动也会导致吸附在植被器官上的颗粒物再次悬浮。空气颗粒物在扩散过程中遇到林分，受到植被的阻拦，导致林内空气颗粒物扩散速度低于林外。日落之后，气温开始下降，而地表温度下降速度小于大气温度，在地表形成逆温层，气流稳定，不利于空气颗粒物的扩散，而此时人类活动频繁，扰动地表，不仅不断制造空气颗粒物，还会造成空气颗粒物的二次悬浮。此时林内相较于林外更加稳定，植物的呼吸作用，使大量空气颗粒物被吸附在植物器官上，因此林内空气颗粒物浓度低于林外。5：00 之后，地面热量散失很快，气温继续下降，空气容纳水汽的能力减小，大气低层的水汽就附着在草上、树叶上等，并凝成细小的水珠，即露水，在此过程中会沉降一部分空气颗粒物，同时相对湿度的降低也会导致空气颗粒物浓度的下降。

3.4.3.2 夏季片状人工林对空气颗粒物阻滞效率的日变化特征

夏季片状人工林对空气颗粒物阻滞效率的日变化特征如图 3-26 所示。夏季片状人工林对空气颗粒物浓度的阻滞效率呈现逐渐升高的趋势，早上开始，片状人工林对 TSP 的阻滞效率为负值，之后逐渐升高，直到 13：00~24：00，阻滞效率均在 0 附近徘徊，但在 20：00 之后阻滞效率均为正值，直到次日 5：00，阻滞效率转变为负值；片状人工林对 PM10、PM2.5、PM1 的阻滞效率变化规律基本一致，早上先逐渐升高，16：00 之后略微降低，有所波动，21：00 之后逐渐升高，直到次日 5：00，阻滞效率迅速降低。一方面夏季日照时间增长，日出早而日落晚，气温高、相对湿度大；另一方面植被生长旺盛，枝繁叶茂；植被的生理活动旺盛，产生大量的挥发性有机物，加之林内相对湿度大于林外，容易发生二次反应，生成空气颗粒物；同时气温高，空气颗粒物扩散速度很快，林内外差异就小。15：00 之后，植被恢复光合作用，吸附能力增强，首先降低的是林内的空气颗粒物。入夜之后，地表温度高于近地层温度，不仅不利于空气颗粒物的沉降，还容易引起地表空气颗粒物再悬浮，此时人类活动频繁，不断制造空气颗粒物，导致浓度升高。凌晨之后，地表温度与近地层温度差异很小，气象条件变得有利于空气颗粒物的沉降，因此浓度开始下降。

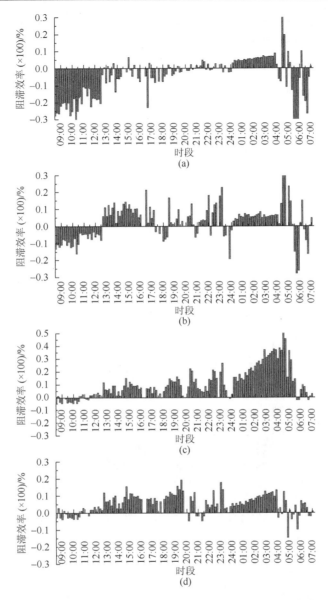

图 3-26 夏季片状人工林对空气颗粒物阻滞效率的日变化
(a) TSP；(b) PM10；(c) PM2.5；(d) PM1

3.4.3.3 秋季片状人工林对空气颗粒物阻滞效率的日变化特征

秋季片状人工林对空气颗粒物阻滞效率的日变化特征如图 3-27 所示。由图 3-27 可知，秋季片状人工林对空气颗粒物浓度的阻滞效率呈现逐渐升高的趋势，早上开始，片状人工林对 TSP 的阻滞效率为负值，之后逐渐升高，直到 13：00～

24∶00，阻滞效率均在 0 附近徘徊，但在 20∶00 之后阻滞效率均为正值，直到次日 5∶00，阻滞效率转变为负值；片状人工林对 PM10、PM2.5、PM1 的阻滞效率变化规律基本一致，早上先逐渐升高，16∶00 之后略微降低，有所波动，21∶00 之后逐渐升高，直到次日 5∶00，阻滞效率迅速降低。

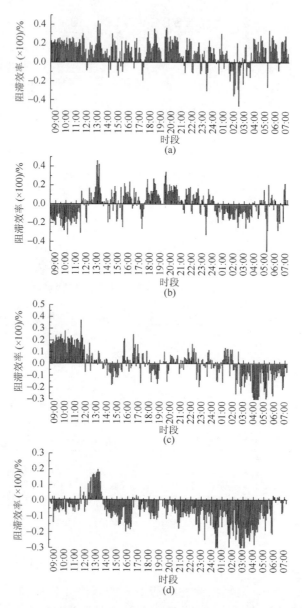

图 3-27　秋季片状人工林对空气颗粒物阻滞效率的日变化
（a）TSP；（b）PM10；（c）PM2.5；（d）PM1

秋季夜间渐长，地面散热增多，温差逐渐加大，土壤在多雨的夏季后较为湿润，加上北京秋天风力较弱，因而渐冷和干燥的空气就给人们带来了凉爽而又晴朗的秋日，但是由于观测地区的特殊位置，自西北方向而来的空气颗粒物，白天气温较高，并时常有风，空气颗粒物可以迅速扩散，但一到夜间，近地层大气稳定，空气颗粒物在地势低的地方开始堆积，导致空气颗粒物浓度升高。另外，在寒冷季节里晴朗、微风或无风的夜晚，夜间植物散热较慢，地表的温度又特别低，水汽散发慢，聚集在植物表面时就结冻了，因此形成霜，霜的形成也是一种对空气颗粒物的湿沉降。秋季植物开始枯萎，叶片开始掉落，森林底下往往积累着大量的落叶，这些落叶对霜的形成有很大影响。

3.4.3.4 冬季片状人工林对空气颗粒物阻滞效率的日变化特征

冬季片状人工林对空气颗粒物阻滞效率的日变化特征如图 3-28 所示。

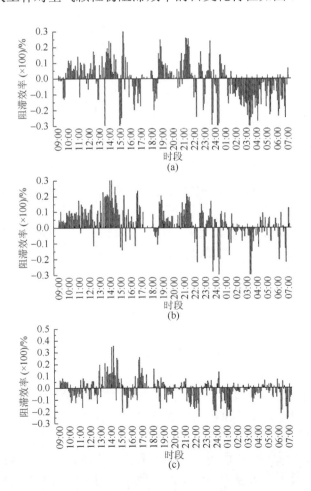

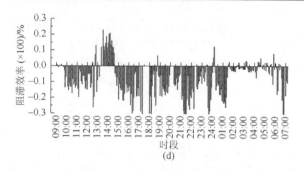

图 3-28　冬季片状人工林对空气颗粒物阻滞效率的日变化

由图 3-28 可知，冬季片状人工林对空气颗粒物浓度的阻滞效率呈现逐渐升高的趋势，早上开始，片状人工林对 TSP 的阻滞效率为负值，之后逐渐升高，直到 13：00～24：00，阻滞效率均在 0 附近徘徊，但在 20：00 之后阻滞效率均为正值，直到次日 5：00，阻滞效率转变为负值；片状人工林对 PM10、PM2.5、PM1 的阻滞效率变化规律基本一致，早上先逐渐升高，16：00 之后略微降低，有所波动，21：00 之后逐渐升高，直到次日 5：00，阻滞效率迅速降低。

与春季、夏季、秋季相比，冬季空气颗粒物多了燃煤供暖的污染排放来源，冬季处于采暖期，房山石楼镇平原造林示范区附近有村庄，而村庄以燃煤供暖为主，白天燃煤较多，产生大量空气颗粒物及可以反应生成空气颗粒物的气体，夜间人们休息，燃煤供暖的行为减少或停止，因此白天与夜晚粗颗粒物浓度相差不大，细颗粒物浓度白天高于夜间。

供暖时段是影响空气颗粒物浓度变化的主要原因，下午 15：00 之后气温下降较快，人们开始大量燃煤取暖，导致空气颗粒物浓度上升，这一取暖时段直到夜间 22：00 左右，21：00 之后取暖减少，浓度开始下降，冬季近地层比较稳定，此外北京市夜间 21：00 以后允许以柴油为燃料的大货车过境，从而排放大量的颗粒物。冬季白天日照辐射较强，近地层空气处于不稳定状态，湍流交换作用强，垂直扩散能力强；夜间静风、湿度大、逆温频率高等因素不利于颗粒物扩散，致使空气颗粒物容易发生累积而达到较高值（王淑英和张小玲，2002；Song et al.，2006）。

3.5　人工林结构与阻滞功能模型

人工林整体的结构和功能不同于其单元的结构和功能，也不是各单元结构的堆积与功能的相加。人工林植被的各组成单元仅仅作为整体的一个特定部分而存在，当把它从整体中割离出来时，不可能完全保持其原来的特性、性质和意义。各单元特定状态的最佳组合秩序构成了植被整体的最优化，在这种整体最优化状态下，植被才会表现出最佳的功能状态。但是，通常情况下的植被功能状态，往往往会受到一个或几个关键因子的制约,它们质和量的特征会对植被起到限制作用(Odum,1983;于贵瑞等,2002)。所以,植被的调控和管理只能通过影响系统组成、结构和生态学过程而发挥作用。本章主要通过研究人工林结构和功能的关系,探寻人工林系统结构与功能耦合模型。

3.5.1 带状人工林结构与阻滞功能模型

3.5.1.1 疏透度-阻滞功能模型

带状人工林的疏透度是影响林带阻滞功能的重要结构之一,疏透度越低,即人工林植被生长越茂密,空气颗粒物在进入林带后扩散速度降低得越大,相应的人工林阻滞功能就越强。

3.5.1.2 疏透度-TSP 阻滞功能模型

本研究建立了最简单的模型:

$$y_i \approx N(\alpha+\beta x_i) \qquad i=1,\cdots,n \qquad (3\text{-}1)$$

式中,y_i 为 TSP 阻滞效率的对数;x_i 为不同季节不同树种的疏透度;i 为样本数目。根据该模型似然估计和前验分布,可以得到该模型中每个参数的后验概率分布,如图 3-29 所示。

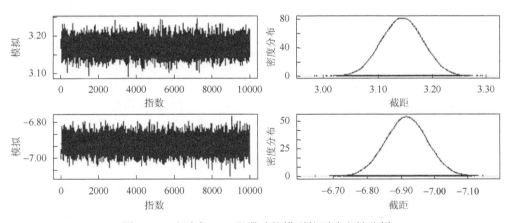

图 3-29 疏透度-TSP 阻滞功能模型的不确定性分析

通过数据模拟(图 3-29),得到该模型的各参数估计,该模型的各参数都在其 95% 和 50% 的置信区间内,故该模型成立。还原该模型:

$$y=3.15e^{-6.92x} \qquad (3\text{-}2)$$

由该模型可以得出,带状人工林对 TSP 的阻滞效率与疏透度呈负相关关系,疏透度越大,林带对 TSP 的阻滞效率越差。当疏透度每变化一个单位时,林带对 TSP

的阻滞效率就会减少 $e^{-6.92}$,当疏透度为 0.58 时,模型预测带状人工林对 TSP 的阻滞效率为 5.7%,而使实测数据疏透度为 0.58 时,带状人工林对 TSP 的阻滞效率为 6.2%±2.1%,因此该模型可以较好地解释疏透度与阻滞效率之间的生态学特性。

3.5.1.3 疏透度-PM10 阻滞功能模型

本研究建立了最简单的模型:

$$y_i \approx N(\alpha+\beta x_i) \quad i=1,\cdots,n \quad (3\text{-}3)$$

式中,y_i 为 PM10 阻滞效率的对数;x_i 为不同季节不同树种的疏透度;i 为样本数目。根据该模型似然估计和前验分布,可以得到该模型中每个参数的后验概率分布如图 3-30 所示。

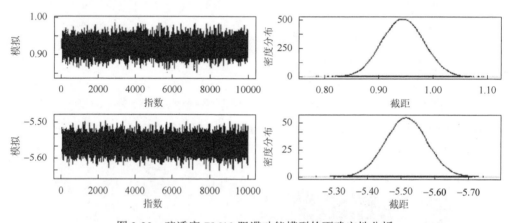

图 3-30 疏透度-PM10 阻滞功能模型的不确定性分析

通过数据模拟(图 3-30),得到该模型的各参数估计,该模型的各参数都在其 95%和 50%的置信区间内,故该模型成立。还原该模型:

$$y=0.946e^{-5.56x} \quad (3\text{-}4)$$

从该模型可以得出,带状人工林对 PM10 的阻滞效率与疏透度呈负相关关系,疏透度越大,林带对 PM10 的阻滞效率越差。当疏透度每变化一个单位时,林带对 PM10 的阻滞效率就会减少 $e^{-5.56}$,当疏透度为 0.58 时,模型预测带状人工林对 PM10 的阻滞效率为 3.8%,而使实测数据疏透度为 0.58 时,带状人工林对 PM10 的阻滞效率为 4.4%±1.8%,因此该模型可以较好地解释疏透度与阻滞效率之间的生态学特性。

3.5.1.4 疏透度-PM2.5 阻滞功能模型

本研究建立了最简单的模型:

$$y_i \approx N(\alpha+\beta x_i) \quad i=1,\cdots,n \quad (3\text{-}5)$$

式中,y_i 为 PM2.5 阻滞效率的对数;x_i 为不同季节不同树种的疏透度;i 为样本数目。

根据该模型似然估计和前验分布,可以得到该模型中每个参数的后验概率分布如下。

通过数据模拟(图 3-31),得到该模型的各个参数估计,该模型的各个参数都在其 95%和 50%的置信区间内,故该模型成立。还原该模型:

$$y=2.03e^{-10.34x}-0.058 \qquad (3-6)$$

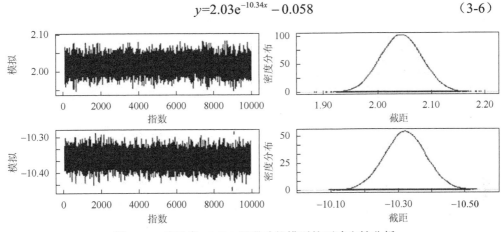

图 3-31 疏透度-PM2.5 阻滞功能模型的不确定性分析

从该模型可以得出,带状人工林对 PM2.5 的阻滞效率与疏透度呈负相关关系,疏透度越大,林带对 PM2.5 的阻滞效率越差。当疏透度每变化一个单位时,林带对 PM2.5 的阻滞效率就会减少 $e^{-10.34}$,当疏透度为 0.58 时,模型预测带状人工林对 PM2.5 的阻滞效率为-5.3%,而使实测数据疏透度为 0.58 时,带状人工林对 PM2.5 的阻滞效率为-5.4%±2.4%,因此该模型可以较好地解释疏透度与阻滞效率之间的生态学特性。

3.5.1.5 疏透度-PM1 阻滞功能模型

本研究建立了最简单的模型:

$$y_i \approx N(\alpha+\beta x_i) \qquad i=1,\cdots,n \qquad (3-7)$$

式中,$y_i=\ln(\rho_1-\rho_{min})$ 为 PM1 阻滞效率的对数,其中 $\rho_{min}=-0.078$);x_i 为不同季节不同树种的疏透度;i 为样本数目。根据该模型似然估计和前验分布,可以得到该模型中每个参数的后验概率分布如下。

通过数据模拟(图 3-32),得到该模型的各参数估计,该模型的各参数都在其 95%和 50%的置信区间内,故该模型成立。还原该模型:

$$y=6.03e^{-8.07}-0.078 \qquad (3-8)$$

从该模型可以得出,带状人工林对 PM1 的阻滞效率与疏透度呈负相关关系,疏透度越大,林带对 PM1 的阻滞效率越差。当疏透度每变化一个单位时,林带对 PM1 的阻滞效率就会减少 $e^{-8.07}$,当疏透度为 0.58 时,模型预测带状人工林对 PM1 的阻滞效率为-2.2%±3.5%,而使实测数据疏透度为 0.58 时,带状人工林对 PM1 的阻滞效率为-6.9%。

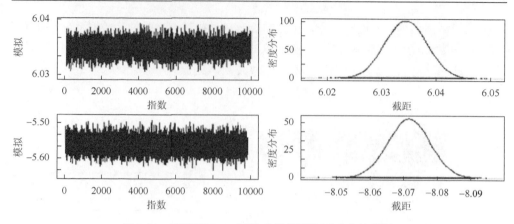

图 3-32　疏透度-PM1 阻滞功能模型的不确定性分析

3.5.1.6　郁闭度-TSP 阻滞功能模型

本研究建立了最简单的模型：

$$y_i \approx N(\alpha+\beta x_i) \qquad i=1,\cdots,n \tag{3-9}$$

式中，$y_i = \ln\rho_T$ 为 TSP 阻滞效率的对数；x_i 为不同季节不同树种的郁闭度；i 为样本数目。根据该模型似然估计和前验分布，可以得到该模型中每个参数的后验概率分布如下。

通过数据模拟（图 3-33），得到该模型的各参数估计，该模型的各参数都在其 95%和 50%的置信区间内，故该模型成立。还原该模型：

$$y=0.0051e^{5.38x} \tag{3-10}$$

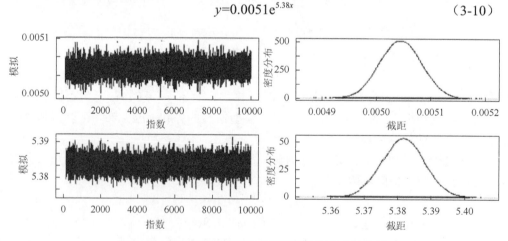

图 3-33　郁闭度-TSP 阻滞功能模型的不确定性分析

从该模型可以得出，带状人工林对 TSP 的阻滞效率与郁闭度呈正相关关系，郁闭度越大，林带对 TSP 的阻滞效率越好。当郁闭度每增加一个单位时，林带对 TSP

的阻滞效率就会增加 $e^{5.38}$，当郁闭度为 0.47 时，模型预测带状人工林对 TSP 的阻滞效率为 6.4%，而使实测数据郁闭度为 0.47 时，带状人工林对 TSP 的阻滞效率为 6.6%±2.1%，因此该模型可以较好地解释郁闭度与阻滞效率之间的生态学特性。

3.5.1.7 郁闭度-PM10 阻滞功能模型

本研究建立了最简单的模型：

$$y_i \approx N(\alpha+\beta x_i) \quad i=1,\cdots,n \tag{3-11}$$

式中，$y_i = \ln\rho_{10}$ 为 PM10 阻滞效率的对数；x_i 为不同季节不同树种的郁闭度；i 为样本数目。根据该模型似然估计和前验分布，可以得到该模型中每个参数的后验概率分布如下。

通过数据模拟（图 3-34），得到该模型的各参数估计，该模型的各参数都在其 95%和 50%的置信区间内，故该模型成立。还原该模型：

$$y=0.005e^{4.47x} \tag{3-12}$$

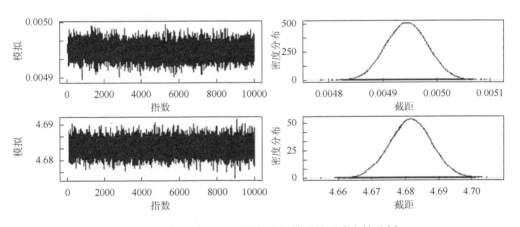

图 3-34　郁闭度-PM10 阻滞功能模型的不确定性分析

从该模型可以得出，带状人工林对 PM10 的阻滞效率与郁闭度呈正相关关系，郁闭度越大，林带对 PM10 的阻滞效率越好。当郁闭度每增加一个单位时，林带对 PM10 的阻滞效率就会增加 $e^{4.47}$，当郁闭度为 0.47 时，模型预测带状人工林对 PM10 的阻滞效率为 4.1%，而使实测数据郁闭度为 0.47 时，带状人工林对 PM10 的阻滞效率为 4.4%±1.8%，因此该模型可以较好地解释郁闭度与阻滞效率之间的生态学特性。

3.5.1.8 郁闭度-PM2.5 阻滞功能模型

本研究建立了最简单的模型：

$$y_i \approx N(\alpha+\beta x_i) \qquad i=1,\cdots,n \qquad (3\text{-}13)$$

式中，$y_i=\ln(\rho_{2.5}-\rho_{\min})$ 为 PM2.5 阻滞效率的对数，其中 $\rho_{\min}=-0.058$；x_i 为不同季节不同树种的郁闭度；i 为样本数目。根据该模型似然估计和前验分布，可以得到该模型中每个参数的后验概率分布如下。

通过数据模拟（图 3-35），得到该模型的各参数估计，该模型的各参数都在其 95%和 50%的置信区间内，故该模型成立。还原该模型：

$$y=0.0086e^{6.03x}-0.078 \qquad (3\text{-}14)$$

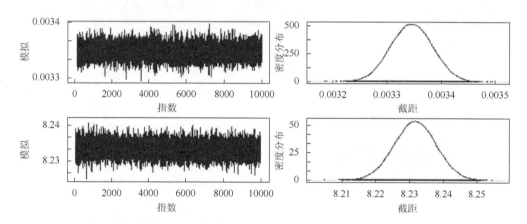

图 3-35　郁闭度-PM2.5 阻滞功能模型的不确定性分析

从该模型可以得出，带状人工林对 PM2.5 的阻滞效率与郁闭度呈正相关关系，郁闭度越大，林带对 PM2.5 的阻滞效率越好。当郁闭度每增加一个单位时，林带对 PM2.5 的阻滞效率就会增加 $e^{6.03}$，当郁闭度为 0.47 时，模型预测带状人工林对 PM2.5 的阻滞效率为 9.5%，而使实测数据郁闭度为 0.47 时，带状人工林对 PM2.5 的阻滞效率为 5.4%±2.4%，因此该模型可以较好地解释郁闭度与阻滞效率之间的生态学特性。

3.5.1.9　郁闭度-PM1 阻滞功能模型

本研究建立了最简单的模型：

$$y_i \approx N(\alpha+\beta x_i) \qquad i=1,\cdots,n \qquad (3\text{-}15)$$

式中，$y_i=\ln(\rho_1-\rho_{\min})$ 为 PM1 阻滞效率的对数，其中 $\rho_{\min}=-0.078$；x_i 为不同季节不同树种的郁闭度；i 为样本数目。根据该模型似然估计和前验分布，可以得到该模型中每个参数的后验概率分布如图 3-36 所示。

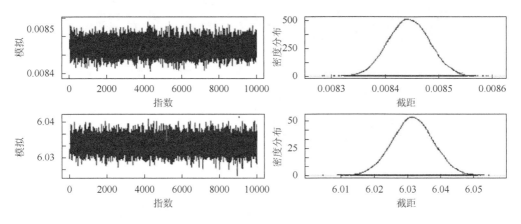

图 3-36 郁闭度-PM1 阻滞功能模型的不确定性分析

通过数据模拟（图 3-36），得到该模型的各参数估计，该模型的各参数都在其 95%和 50%的置信区间内，故该模型成立。还原该模型：

$$y=0.0086e^{6.03x}-0.078 \quad (3-16)$$

从该模型可以得出，带状人工林对 PM1 的阻滞效率与郁闭度呈正相关关系，郁闭度越大，林带对 PM1 的阻滞效率越好。当郁闭度每增加一个单位时，林带对 PM1 的阻滞效率就会增加 $e^{6.03}$，当郁闭度为 0.47 时，模型预测带状人工林对 PM1 的阻滞效率为 6.8%，而使实测数据郁闭度为 0.47 时，带状人工林对 PM1 的阻滞效率为 6.9%±3.5%，因此该模型可以较好地解释郁闭度与阻滞效率之间的生态学特性。

3.5.1.10 叶面积指数-TSP 阻滞功能模型

本研究建立了最简单的模型：

$$y_i \approx N(\alpha+\beta x_i) \quad i=1,\cdots,n \quad (3-17)$$

式中，y_i 为 TSP 阻滞效率的对数；x_i 为不同季节不同树种的叶面积指数；i 为样本数目。根据该模型似然估计和前验分布，可以得到该模型中每个参数的后验概率分布如图 3-37 所示。

通过数据模拟（图 3-37），得到该模型的各参数估计，该模型的各参数都在其 95%和 50%的置信区间内，故该模型成立。还原该模型：

$$y=0.004e^{1.53x} \quad (3-18)$$

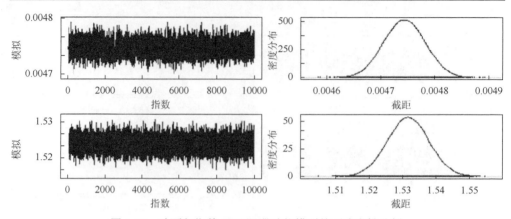

图 3-37 叶面积指数-TSP 阻滞功能模型的不确定性分析

从该模型可以得出,带状人工林对 TSP 的阻滞效率与叶面积指数呈正相关关系,叶面积指数越大,林带对 TSP 的阻滞效率越好。当叶面积指数每增加一个单位时,林带对 TSP 的阻滞效率就会增加 $e^{1.53}$,当叶面积指数为 1.83 时,模型预测带状人工林对 TSP 的阻滞效率为 6.5%,而使实测数据叶面积指数为 1.83 时,带状人工林对 TSP 的阻滞效率为 6.6%±2.1%,因此该模型可以较好地解释叶面积指数与阻滞效率之间的生态学特性。

3.5.1.11 叶面积指数-PM10 阻滞功能模型

本研究建立了最简单的模型:

$$y_i \approx N(\alpha + \beta x_i) \qquad i = 1, \cdots, n \qquad (3-19)$$

式中,$y_i = \ln \rho_{10}$ 为 PM10 阻滞效率的对数;x_i 为不同季节不同树种的叶面积指数;i 为样本数目。根据该模型似然估计和前验分布,可以得到该模型中每个参数的后验概率分布如图 3-38 所示。

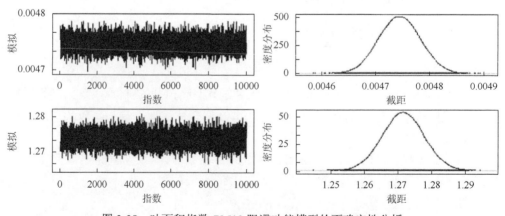

图 3-38 叶面积指数-PM10 阻滞功能模型的不确定性分析

通过数据模拟（图 3-38），得到该模型的各参数估计，该模型的各参数都在其 95%和 50%的置信区间内，故该模型成立。还原该模型：

$$y=0.004e^{1.27x} \quad (3-20)$$

从该模型可以得出，带状人工林对 PM10 的阻滞效率与叶面积指数呈正相关关系，叶面积指数越大，林带对 PM10 的阻滞效率越好。当叶面积指数每增加一个单位时，林带对 PM10 的阻滞效率就会增加 $e^{1.27}$，当叶面积指数为 1.83 时，模型预测带状人工林对 PM10 的阻滞效率为 4.1%，而使实测数据叶面积指数为 1.83 时，带状人工林对 PM10 的阻滞效率为 4.4%±1.8%，因此该模型可以较好地解释叶面积指数与阻滞效率之间的生态学特性。

3.5.1.12 叶面积指数-PM2.5 阻滞功能模型

本研究建立了最简单的模型：

$$y_i \approx N(\alpha+\beta x_i) \quad i=1,\cdots,n \quad (3-21)$$

式中，y_i 为 PM2.5 阻滞效率的对数；x_i 为不同季节不同树种的叶面积指数；i 为样本数目。根据该模型似然估计和前验分布，可以得到该模型中每个参数的后验概率分布如下。

通过数据模拟（图 3-39），得到该模型的各参数估计，该模型的各参数都在其 95%和 50%的置信区间内，故该模型成立。还原该模型：

$$y=0.0034e^{2.12x}-0.058 \quad (3-22)$$

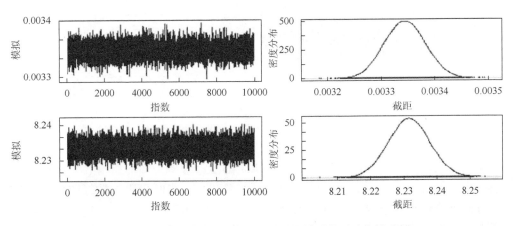

图 3-39 叶面积指数-PM2.5 阻滞功能模型的不确定性分析

从该模型可以得出，带状人工林对 PM2.5 的阻滞效率与叶面积指数呈正相关关系，叶面积指数越大，林带对 PM2.5 的阻滞效率越好。当叶面积指数每增加一个单位时，林带对 PM2.5 的阻滞效率就会增加 $e^{2.12}$，当叶面积指数为 1.83 时，模型预测带状人工林对 PM2.5 的阻滞效率为 10.7%，而使实测数据叶面积指数为 1.83 时，带状人工林对 PM2.5 的阻滞效率为−5.4%±2.4%，因此该模型可以较好地解释叶面积指数与阻滞效率之间的生态学特性。

3.5.1.13 叶面积指数-PM1 阻滞功能模型

本研究建立了最简单的模型：

$$y_i \approx N(\alpha+\beta x_i) \qquad i=1,\cdots,n \qquad (3\text{-}23)$$

式中，$y_i=\ln(\rho_1-\rho_{\min})$ 为 PM1 阻滞效率的对数，其中 $\rho_{\min}=-0.078$；x_i 为不同季节不同树种的叶面积指数；i 为样本数目。根据该模型似然估计和前验分布，可以得到该模型中每个参数的后验概率分布如下。

通过数据模拟（图 3-40），得到该模型的各参数估计，该模型的各参数都在其 95%和 50%的置信区间内，故该模型成立。还原该模型：

$$y=0.0044e^{1.79x}-0.078 \qquad (3\text{-}24)$$

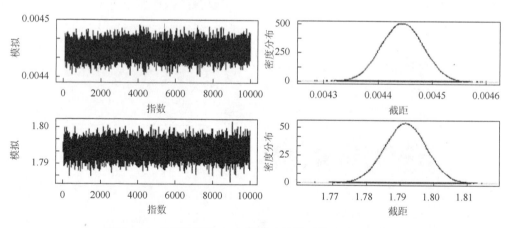

图 3-40 叶面积指数-PM1 阻滞功能模型的不确定性分析

从该模型可以得出，带状人工林对 PM1 的阻滞效率与叶面积指数呈正相关关系，叶面积指数越大，林带对 PM1 的阻滞效率越好。当叶面积指数每增加一个单位时，林带对 PM1 的阻滞效率就会增加 $e^{1.79}$，当叶面积指数为 1.83 时，模型预测带状人工林对 PM1 的阻滞效率为−3.8%，而使实测数据叶面积指数为 1.83 时，带状人工林对 PM1 的阻滞效率为−6.9%±3.5%，因此该模型可以较好地解释叶面积指数与阻滞效率之间的生态学特性。

3.5.2 带状人工林结构与阻滞功能耦合模型

人工林作为一个独立的整体存在于环境之中,系统内的各要素构成了一个生态学的有机整体。植被的各个组成单元仅仅是作为整体的一个特定部分而存在,当把它从整体中割离出来时,将损失其原来的特性、性质和意义。也就是说将人工林功能独立出来所建立的单项结构-阻滞功能模型在一定程度上并不能完全反映其生态学特性。因此,有必要建立人工林结构和阻滞功能耦合的整体模型。

1. TSP

建立 TSP 阻滞效率与森林结构的多元线性模型:

$$y=0.124x_1+0.004x_2-0.217x_3+0.225 \quad (3-25)$$

式中,y 为片状人工林对 TSP 的阻滞效率;x_1 为郁闭度;x_2 为叶面积指数;x_3 为疏透度。

2. PM10

建立 PM10 阻滞效率与森林结构的多元线性模型:

$$y=0.123x_1+0.066x_2-0.425x_3-0.519 \quad (3-26)$$

式中,y 为森林阻滞 PM10 的阻滞效率;x_1 为郁闭度;x_2 为叶面积指数;x_3 为疏透度。

3. PM2.5

建立 PM2.5 阻滞效率与森林结构的多元线性模型:

$$y=0.455x_1+0.251x_2-0.676x_3+0.574 \quad (3-27)$$

式中,y 为森林阻滞 PM2.5 的阻滞效率;x_1 为郁闭度;x_2 为叶面积指数;x_3 为疏透度。

4. PM1

建立 PM1 阻滞效率与森林结构的多元线性模型:

$$y=0.665x_1+0.067x_2-0.492x_3-0.517 \quad (3-28)$$

式中,y 为森林阻滞 PM1 的阻滞效率;x_1 为郁闭度;x_2 为叶面积指数;x_3 为疏透度。

3.5.3 片状人工林结构与阻滞功能模型

片状人工林对空气颗粒物的阻滞作用主要体现在阻滞空气颗粒物扩散,促进空气颗粒物沉降及吸附空气颗粒物,因此本书用片状人工林内的空气颗粒物浓度与草地或裸地上的空气颗粒物浓度之间的差异来表示片状人工林对空气颗粒物的阻滞效率。因此在建立结构-功能模型之前,首先将阻滞效率全部转化为绝对值。

3.5.3.1 疏透度-阻滞功能模型

带状人工林的疏透度是影响林带阻滞效率的重要结构之一，疏透度越低，即森林植被生长越茂密，空气颗粒物在进入林带后扩散速度降低得越大，相应的森林阻滞效率就越强。

3.5.3.2 疏透度-TSP 阻滞功能模型

本研究建立了最简单的模型：

$$y_i \approx N(\alpha+\beta x_i) \qquad i=1,\cdots,n \qquad (3\text{-}29)$$

式中，$y_i=\ln\rho_T$ 为 TSP 阻滞效率的对数；x_i 为不同季节不同树种的疏透度；i 为样本数目。根据该模型似然估计和前验分布，可以得到该模型中每个参数的后验概率分布如下。

通过数据模拟（图 3-41），得到该模型的各参数估计，该模型的各参数都在其 95%和 50%的置信区间内，故该模型成立。还原该模型：

$$y=0.194e^{-3.07x} \qquad (3\text{-}30)$$

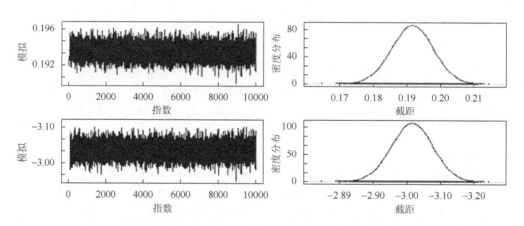

图 3-41　疏透度-TSP 阻滞效率模型的不确定性分析

从该模型可以得出，片状人工林对 TSP 的阻滞效率与疏透度呈负相关关系，疏透度越大，片林对 TSP 浓度的阻滞效果越差。当疏透度每变化一个单位时，林带对 TSP 的阻滞效率就会减少 $e^{-3.07}$，当疏透度为 0.28 时，模型预测带状人工林对 TSP 的阻滞效率为 9.0%，而使实测数据疏透度为 0.28 时，带状人工林对 TSP 的阻滞效率为 10.6%，因此该模型可以较好地解释疏透度与阻滞效率之间的生态学特性。

3.5.3.3 疏透度-PM10 阻滞功能模型

本研究建立了最简单的模型：

$$y_i \approx N(\alpha+\beta x_i) \qquad i=1,\cdots,n \qquad (3\text{-}31)$$

式中，$y_i=\ln\rho_{10}$ 为 PM10 阻滞效率的对数；x_i 为不同季节不同树种的疏透度；i 为样本数目。根据该模型似然估计和前验分布，可以得到该模型中每个参数的后验概率分布如下。

通过数据模拟（图 3-42），得到该模型的各参数估计，该模型的各参数都在其 95%和 50%的置信区间内，故该模型成立。还原该模型：

$$y=0.192\mathrm{e}^{-2.93x} \qquad (3\text{-}32)$$

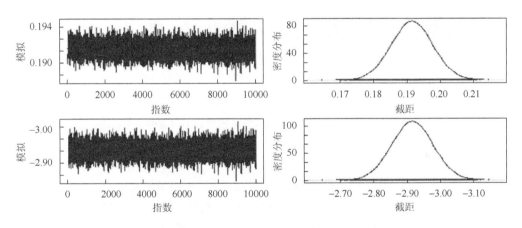

图 3-42　疏透度-PM10 阻滞效率模型的不确定性分析

从该模型可以得出，片状人工林对 PM10 的阻滞效率与疏透度呈负相关关系，疏透度越大，片林对 PM10 浓度的阻滞效果越差。当疏透度每变化一个单位时，林带对 PM10 的阻滞效率就会减少 $\mathrm{e}^{-2.93}$，当疏透度为 0.28 时，模型预测带状人工林对 PM10 的阻滞效率为 9.2%，而使实测数据疏透度为 0.28 时，带状人工林对 PM10 的阻滞效率为 9.8%，因此该模型可以较好地解释疏透度与阻滞效率之间的生态学特性。

3.5.3.4 疏透度-PM2.5 阻滞功能模型

本研究建立了最简单的模型：

$$y_i \approx N(\alpha+\beta x_i) \qquad i=1,\cdots,n \qquad (3\text{-}33)$$

式中，y_i 为 PM2.5 阻滞效率的对数；x_i 为不同季节不同树种的疏透度；i 为样本数目。根据该模型似然估计和前验分布,可以得到该模型中每个参数的后验概率分布如下。

通过数据模拟(图 3-43),得到该模型的各参数估计,该模型的各参数都在其 95% 和 50% 的置信区间内,故该模型成立。还原该模型:

$$y = 0.314 e^{-3.68x} \quad (3-34)$$

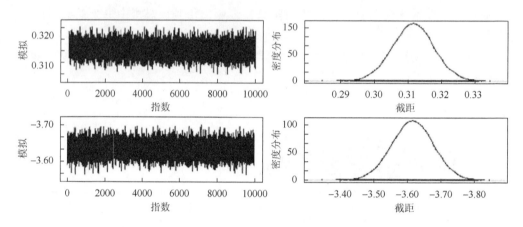

图 3-43 疏透度-PM2.5 阻滞效率模型的不确定性分析

从该模型可以得出,片状人工林对 PM2.5 的阻滞效率与疏透度呈负相关关系,疏透度越大,片林对 PM2.5 浓度的阻滞效果越差。当疏透度每变化一个单位时,林带对 PM2.5 的阻滞效率就会减少 $e^{-3.68}$,当疏透度为 0.28 时,模型预测带状人工林对 PM2.5 的阻滞效率为 12.5%,而使实测数据疏透度为 0.28 时,带状人工林对 PM2.5 的阻滞效率为 10.3%,因此该模型可以较好地解释疏透度与阻滞效率之间的生态学特性。

3.5.3.5 疏透度-PM1 阻滞功能模型

本研究建立了最简单的模型:

$$y_i \approx N(\alpha + \beta x_i) \qquad i = 1, \cdots, n \quad (3-35)$$

式中,y_i 为 PM1 阻滞效率的对数;x_i 为不同季节不同树种的疏透度;i 为样本数目。根据该模型似然估计和前验分布,可以得到该模型中每个参数的后验概率分布如下。

通过数据模拟(图 3-44),得到该模型的各参数估计,该模型的各参数都在其 95% 和 50% 的置信区间内,故该模型成立。还原该模型:

$$y = 0.233 e^{-2.76x} \quad (3-36)$$

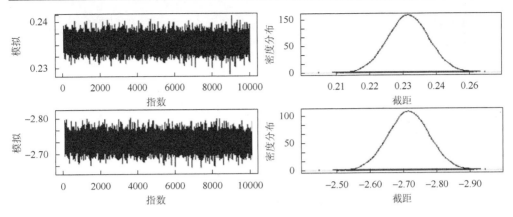

图 3-44 疏透度-PM1 阻滞效率模型的不确定性分析

从该模型可以得出，片状人工林对 PM1 的阻滞效率与疏透度呈负相关关系，疏透度越大，片林对 PM1 浓度的阻滞效果越差。当疏透度每变化一个单位时，林带对 PM1 的阻滞效率就会减少 $e^{-2.76}$，当疏透度为 0.28 时，模型预测带状人工林对 PM1 的阻滞效率为 11.7%，而使实测数据疏透度为 0.28 时，带状人工林对 PM1 的阻滞效率为 9.8%，因此该模型可以较好地解释疏透度与阻滞效率之间的生态学特性。

3.5.3.6 郁闭度-TSP 阻滞功能模型

本研究建立了最简单的模型：
$$y_i \approx N(\alpha+\beta x_i) \qquad i=1,\cdots,n \qquad (3-37)$$
式中，$y_i = \ln \rho_T$ 为 TSP 阻滞效率的对数；x_i 为不同季节不同树种的郁闭度；i 为样本数目。根据该模型似然估计和前验分布，可以得到该模型中每个参数的后验概率分布如图 3-45 所示。

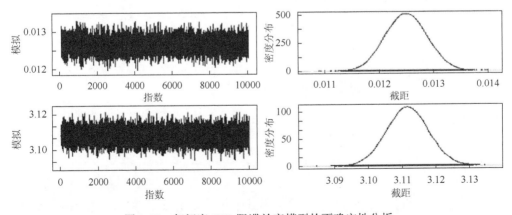

图 3-45 郁闭度-TSP 阻滞效率模型的不确定性分析

通过数据模拟（图 3-45），得到该模型的各参数估计，该模型的各参数都在其 95% 和 50% 的置信区间内，故该模型成立。还原该模型：

$$y=0.0128e^{3.16x} \quad (3-38)$$

从该模型可以得出，片状人工林对 TSP 的阻滞效率与郁闭度呈正相关关系，郁闭度越大，片林对 TSP 的阻滞效果越好。当郁闭度每增加一个单位时，林带对 TSP 的阻滞效率就会增加 $e^{3.16}$，当郁闭度为 0.6 时，模型预测带状人工林对 TSP 的阻滞效率为 8.5%，而使实测数据郁闭度为 0.6 时，带状人工林对 TSP 的阻滞效率为 10.6%，因此该模型可以较好地解释郁闭度与阻滞效率之间的生态学特性。

3.5.3.7 郁闭度-PM10 阻滞功能模型

本研究建立了最简单的模型：

$$y_i \approx N(\alpha+\beta x_i) \quad i=1,\cdots,n \quad (3-39)$$

式中，y_i 为 PM10 阻滞效率的对数；x_i 为不同季节不同树种的郁闭度；i 为样本数目。根据该模型似然估计和前验分布，可以得到该模型中每个参数的后验概率分布如下。

通过数据模拟（图 3-46），得到该模型的各参数估计，该模型的各参数都在其 95% 和 50% 的置信区间中，固该模型成立。还原该模型：

$$y=0.0123e^{3.53x} \quad (3-40)$$

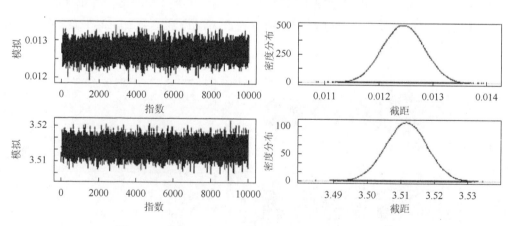

图 3-46　郁闭度-PM10 阻滞效率模型的不确定性分析

从该模型可以得出，片状人工林对 PM10 的阻滞效率与郁闭度呈正相关关系，郁闭度越大，片林对 PM10 的阻滞效果越好。当郁闭度每增加一个单位时，林带对 PM10 的阻滞效率就会增加 $e^{3.53}$，当郁闭度为 0.6 时，模型预测带状人工林对 PM10 的阻滞效率为 10.2%，而使实测数据郁闭度为 0.6 时，带状人工林对 PM10 的阻滞效率 9.8%，因此该模型可以较好地解释郁闭度与阻滞效率之间的生态学特性。

3.5.3.8 郁闭度-PM2.5 阻滞功能模型

本研究建立了最简单的模型：

$$y_i \approx N(\alpha+\beta x_i) \quad i=1,\cdots,n \tag{3-41}$$

式中，y_i 为 PM$_{2.5}$ 阻滞效率的对数；x_i 为不同季节不同树种的郁闭度；i 为样本数目。根据该模型似然估计和前验分布，可以得到该模型中每个参数的后验概率分布如下。

通过数据模拟（图 3-47），得到该模型的各参数估计，该模型的各参数都在其 95% 和 50% 的置信区间内，故该模型成立。还原该模型：

$$y = 0.0112 e^{3.98x} \tag{3-42}$$

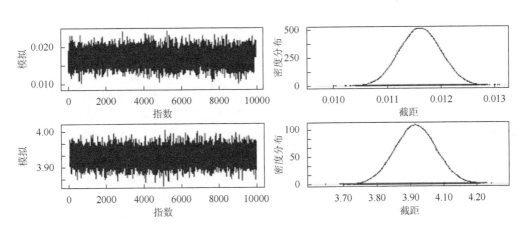

图 3-47 郁闭度-PM2.5 阻滞效率模型的不确定性分析

从该模型可以得出，片状人工林对 PM2.5 的阻滞效率与郁闭度呈正相关关系，郁闭度越大，片林对 PM2.5 的阻滞效果越好。当郁闭度每增加一个单位时，林带对 PM2.5 的阻滞效率就会增加 $e^{3.98}$，当郁闭度为 0.6 时，模型预测带状人工林对 PM2.5 的阻滞效率为 12.2%，而使实测数据郁闭度为 0.6 时，带状人工林对 PM2.5 的阻滞效率为 10.3%，因此该模型可以较好地解释郁闭度与阻滞效率之间的生态学特性。

3.5.3.9 郁闭度-PM1 阻滞功能模型

本研究建立了最简单的模型：

$$y_i \approx N(\alpha+\beta x_i) \qquad i=1,\cdots,n \qquad (3\text{-}43)$$

式中，$y_i = \ln \rho_1$ 为 PM1 阻滞效率的对数；x_i 为不同季节不同树种的郁闭度；i 为样本数目。根据该模型似然估计和前验分布，可以得到该模型中每个参数的后验概率分布如图 3-48 所示。

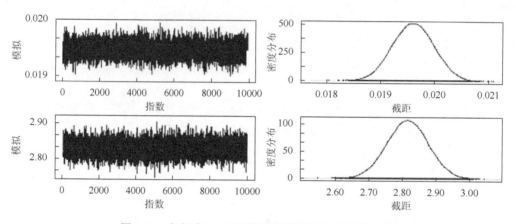

图 3-48　郁闭度-PM1 阻滞效率模型的不确定性分析

通过数据模拟（图 3-48），得到该模型的各参数估计，该模型的各参数都在其 95% 和 50% 的置信区间内，故该模型成立。还原该模型：

$$y=0.020e^{2.83x} \qquad (3\text{-}44)$$

从该模型可以得出，片状人工林对 PM1 的阻滞效率与郁闭度呈正相关关系，郁闭度越大，片林对 PM1 的阻滞效果越好。当郁闭度每增加一个单位时，林带对 PM1 的阻滞效率就会增加 $e^{2.83}$，当郁闭度为 0.6 时，模型预测带状人工林对 PM1 的阻滞效率为 10.9%，而使实测数据郁闭度为 0.6 时，带状人工林对 PM1 的阻滞效率为 9.8%，因此该模型可以较好地解释郁闭度与阻滞效率之间的生态学特性。

3.5.3.10 叶面积指数-TSP 阻滞功能模型

本研究建立了最简单的模型：

$$y_i \approx N(\alpha+\beta x_i) \qquad i=1,\cdots,n \qquad (3\text{-}45)$$

式中，y_i 为 TSP 阻滞效率的对数；x_i 为不同季节不同树种的叶面积指数；i 为样本数目。根据该模型似然估计和前验分布，可以得到该模型中每个参数的后验概率分布如图 3-49 所示。

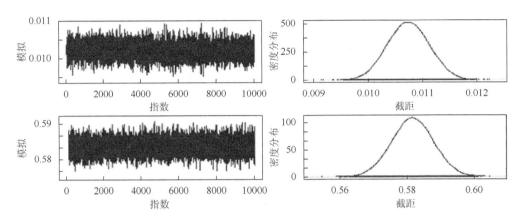

图 3-49　叶面积指数-TSP 阻滞效率模型的不确定性分析

通过数据模拟（图 3-49），得到该模型的各参数估计，该模型的各参数都在其 95% 和 50% 的置信区间内，故该模型成立。还原该模型：

$$y=0.011e^{0.583x} \quad (3\text{-}46)$$

从该模型可以得出，片状人工林对 TSP 的阻滞效率与叶面积指数呈正相关关系，叶面积指数越大，片林对 TSP 的阻滞效果越好。当叶面积指数每增加一个单位时，林带对 TSP 的阻滞效率就会增加 $e^{0.583}$，当叶面积指数为 3.32 时，模型预测带状人工林对 TSP 的阻滞效率为 7.6%，而使实测数据叶面积指数为 3.32 时，带状人工林对 TSP 的阻滞效率为 10.6%，因此该模型可以较好地解释叶面积指数与阻滞效率之间的生态学特性。

3.5.3.11　叶面积指数-PM10 阻滞功能模型

本研究建立了最简单的模型：

$$y_i \approx N(\alpha+\beta x_i) \quad i=1,\cdots,n \quad (3\text{-}47)$$

式中，$y_i = \ln \rho_{10}$ 为 PM10 阻滞效率的对数；x_i 为不同季节不同树种的叶面积指数；i 为样本数目。根据该模型似然估计和前验分布，可以得到该模型中每个参数的后验概率分布如下。

通过数据模拟（图3-50），得到该模型的各参数估计，该模型的各参数都在其95%和50%的置信区间内，故该模型成立。还原该模型：

$$y=0.010e^{0.69x} \quad (3\text{-}48)$$

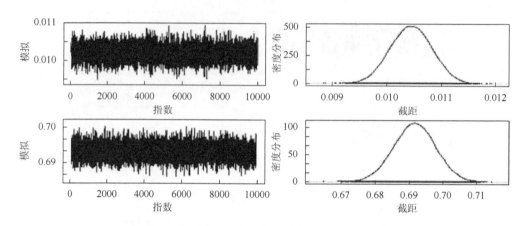

图3-50　叶面积指数-PM10阻滞效率模型的不确定性分析

从该模型可以得出，片状人工林对PM10的阻滞效率与叶面积指数呈正相关关系，叶面积指数越大，片林对PM10的阻滞效果越好。当叶面积指数每增加一个单位时，林带对PM10的阻滞效率就会增加$e^{0.69}$，当叶面积指数为3.32时，模型预测带状人工林对PM10的阻滞效率为9.9%，而使实测数据叶面积指数为3.32时，带状人工林对PM10的阻滞效率为9.8%，因此该模型可以较好地解释叶面积指数与阻滞效率之间的生态学特性。

3.5.3.12　叶面积指数-PM2.5阻滞功能模型

本研究建立了最简单的模型：

$$y_i \approx N(\alpha+\beta x_i) \qquad i=1,\cdots,n \quad (3\text{-}49)$$

式中，$y_i = \ln \rho_{2.5}$为PM2.5阻滞效率的对数；x_i为不同季节不同树种的叶面积指数；i为样本数目。根据该模型似然估计和前验分布，可以得到该模型中每个参数的后验概率分布如下。

通过数据模拟（图3-51），得到该模型的各参数估计，该模型的各参数都在其95%和50%的置信区间内，故该模型成立。还原该模型：

$$y=0.0093e^{0.76x} \quad (3\text{-}50)$$

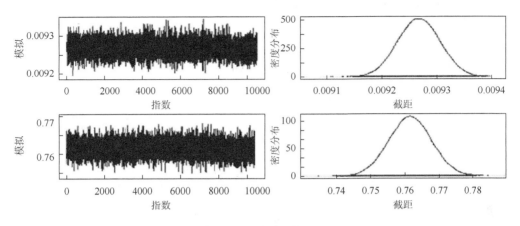

图 3-51 叶面积指数-PM2.5 阻滞效率模型的不确定性分析

从该模型可以得出,片状人工林对 PM2.5 的阻滞效率与叶面积指数呈正相关关系,叶面积指数越大,片林对 PM2.5 的阻滞效果越好。当叶面积指数每增加一个单位时,林带对 PM2.5 的阻滞效率就会增加 $e^{0.76}$,当叶面积指数为 3.32 时,模型预测带状人工林对 PM2.5 的阻滞效率为 11.6%,而使实测数据叶面积指数为 3.32 时,带状人工林对 PM2.5 的阻滞效率为 10.3%,因此该模型可以较好地解释叶面积指数与阻滞效率之间的生态学特性。

3.5.3.13 叶面积指数-PM1 阻滞功能模型

本研究建立了最简单的模型:

$$y_i \approx N(\alpha+\beta x_i) \qquad i=1,\cdots,n \tag{3-51}$$

式中,$y_i = \ln\rho_1$ 为 PM1 阻滞效率的对数;x_i 为不同季节不同树种的叶面积指数;i 为样本数目。根据该模型似然估计和前验分布,可以得到该模型中每个参数的后验概率分布如下。

通过数据模拟(图 3-52),得到该模型的各参数估计,该模型的各参数都在其 95% 和 50% 的置信区间内,故该模型成立。还原该模型:

$$y=0.017e^{0.58x} \tag{3-52}$$

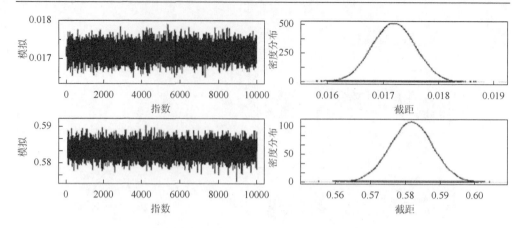

图 3-52　叶面积指数-PM1 阻滞效率模型的不确定性分析

从该模型可以得出,片状人工林对 PM1 的阻滞效率与叶面积指数呈正相关关系,叶面积指数越大,片林对 PM1 的阻滞效果越好。当叶面积指数每增加一个单位时,林带对 PM1 的阻滞效率就会增加 $e^{0.58}$,当叶面积指数为 3.32 时,模型预测带状人工林对 PM1 的阻滞效率为 11.7%,而使实测数据叶面积指数为 3.32 时,带状人工林对 PM1 的阻滞效率为 9.8%,因此该模型可以较好地解释叶面积指数与阻滞效率之间的生态学特性。

3.5.4　片状人工林结构与阻滞功能耦合模型

人工林作为一个独立的整体存在于环境之中,系统内的各要素构成了一个生态学的有机整体。植被的各个组成单元仅仅是为整体的一个特定部分而存在,当把它从整体中割离出来时,将损失其原来的特性、性质和意义。也就是说将人工林功能独立出来所建立的单项结构-阻滞功能模型在一定程度上并不能完全反映其生态学特性。因此,有必要建立人工林结构和阻滞功能耦合的整体模型。

1. TSP

建立 TSP 阻滞效率与森林结构的多元线性模型:

$$y=0.87x_1+0.007x_2-0.48x_3+0.049 \tag{3-53}$$

式中,y 为片状人工林对 TSP 的阻滞效率;x_1 为郁闭度;x_2 为叶面积指数;x_3 为疏透度。

2. PM10

建立 PM10 阻滞效率与森林结构的多元线性模型:

$$y=0.434x_1+0.028x_2+0.341x_3-0.309 \quad (3-54)$$

式中，y 为森林阻滞 PM10 的阻滞效率；x_1 为郁闭度；x_2 为叶面积指数；x_3 为疏透度。

3. PM2.5

建立 PM2.5 阻滞效率与森林结构的多元线性模型：

$$y=0.202x_1+0.021x_2+0.091x_3-0.081 \quad (3-55)$$

式中，y 为森林阻滞 PM2.5 的阻滞效率；x_1 为郁闭度；x_2 为叶面积指数；x_3 为疏透度。

4. PM1

建立 PM1 阻滞效率与森林结构的多元线性模型：

$$y=0.189x_1+0.032x_2+0.161x_3-0.121 \quad (3-56)$$

式中，y 为森林阻滞 PM1 的阻滞效率；x_1 为郁闭度；x_2 为叶面积指数；x_3 为疏透度。

3.6 以阻滞空气颗粒物为目的的适宜人工林结构

3.6.1 适宜的带状人工林结构

带状人工林对 TSP、PM10 的阻滞效率全年均为正值，说明林带结构变化，会影响带状人工林的阻滞效果，但是经过林带后粗颗粒物的浓度都会降低；带状人工林对 PM2.5 的阻滞效率月份间变化较大，其中以 4 月、6 月、8 月、9 月带状人工林阻滞效率较好，均为正值，5 月、7 月、10 月、11 月、12 月阻滞效率最差，均为负值；带状人工林对 PM1 的阻滞效率最差，除了 9 月阻滞效率较好为正值外，其余月份阻滞效率均为负值。带状人工林对不同粒径空气颗粒物的阻滞效果差异很大，不能用同一标准（阻滞效率大于零）去判定人工林的优劣，因此选择根据带状人工林对不同粒径空气颗粒物的平均阻滞效率作为约束条件，来构建线性规划方程，并求解适宜的带状人工林结构。根据研究的野外监测、调查结果，空气颗粒物浓度的平均值、最大值、最小值及结构因子（疏透度、郁闭度、叶面积指数）的值域范围如表 3-15 所示。

表 3-15 带状人工林结构及阻滞效率

结构因子	郁闭度	LAI	疏透度	TSP	PM10	PM2.5	PM1
平均值	0.535	1.924	0.519	0.056	0.059	−0.002	−0.044
标准差	0.187	0.688	0.17	0.021	0.028	0.033	0.027
最大值	0.866	3.012	0.82	0.11	0.097	0.054	0.007
最小值	0.25	0.85	0.208	0.03	0.004	−0.058	−0.078

3.6.1.1 以阻滞 TSP 为目的的适宜带状人工林结构

根据线性规划方法,以阻滞 TSP 为主要目的,根据带状人工林阻滞 TSP 的平均值为约束条件,将求解适宜带状人工林转化为线性规划问题:

$$\begin{cases} 0.124x_1 + 0.004x_2 - 0.217x_3 + 0.225 \geqslant \bar{y} \\ 3.15e^{-6.92x_3} \geqslant \bar{y} \\ 0.0051e^{5.38x_2} \geqslant \bar{y} \\ 0.004e^{1.53x_1} \geqslant \bar{y} \\ x_{\max} \geqslant x_1, x_2, x_3 \geqslant x_{\min} \end{cases} \quad (3-57)$$

式中,$\bar{y}$ 为全年带状人工林对 TSP 的平均阻滞效率,为 0.056;x_1 为郁闭度;x_2 为叶面积指数;x_3 为疏透度。

求解多元线性规划方程可得

$$\begin{cases} 0.82 \geqslant x_1 \geqslant 0.36 \\ 3.01 \geqslant x_2 \geqslant 1.62 \\ 0.65 \geqslant x_3 \geqslant 0.21 \end{cases} \quad (3-58)$$

植被密度过高不仅影响植物群落的生长,更不利于林内空气颗粒物的扩散,因此,以阻滞 TSP 为目的的适宜带状人工林郁闭度应在[0.36, 0.82],叶面积指数应在[1.62, 3.01],疏透度应在[0.21, 0.65]。

带状人工林对空气颗粒物的调控主要是通过影响空气颗粒物的扩散来实现的,在空气颗粒物的扩散过程中,经过林带时,扩散面减小,扩散速度就大大降低,空气对粒径较大的颗粒物搬运能力降低,促使颗粒物沉降速率加快,这种阻滞作用对粗颗粒物的影响较为显著;叶面积指数与 TSP 阻滞效率相关性较为显著,叶面积指数越大,说明植被越茂盛,对 TSP 的阻滞作用也就越明显;疏透度与 TSP 阻滞效率呈负相关关系,由道路扬尘、汽车排放所引起的空气颗粒物,在扩散过程中,受气流强度的影响较为严重,林带植被稀疏时,林带疏透度较大,道路及林带内的林下通畅,通常会有风,这些条件有利于 TSP 的扩散。

3.6.1.2 以阻滞 PM10 为目的的适宜带状人工林结构

根据线性规划方法,以阻滞 PM10 为主要目的,以带状人工林阻滞 PM10 的平均值为约束条件,将求解适宜带状人工林转化为线性规划问题:

$$\begin{cases} 0.123x_1 + 0.066x_2 - 0.425x_3 - 0.519 \geqslant \bar{y} \\ 0.946\mathrm{e}^{-5.56x_3} \geqslant \bar{y} \\ 0.005\mathrm{e}^{4.47x_2} \geqslant \bar{y} \\ 0.004\mathrm{e}^{1.27x_1} \geqslant \bar{y} \\ x_{\max} \geqslant x_1, x_2, x_3 \geqslant x_{\min} \end{cases} \quad (3\text{-}59)$$

式中，$\bar{y}$ 为带状人工林对 PM10 的阻滞效率，为 0.059；x_1 为郁闭度；x_2 为叶面积指数；x_3 为疏透度。

求解多元线性规划方程可得

$$\begin{cases} 0.82 \geqslant x_1 \geqslant 0.38 \\ 3.01 \geqslant x_2 \geqslant 1.75 \\ 0.61 \geqslant x_3 \geqslant 0.21 \end{cases} \quad (3\text{-}60)$$

植被密度过高不仅影响植物群落的生长，更不利于林内空气颗粒物的扩散，因此，以阻滞 PM10 为目的的适宜带状人工林郁闭度应在[0.38, 0.82]，叶面积指数应在[1.75, 3.01]，疏透度应在[0.21, 0.61]。

带状人工林对 PM10 的调控主要是通过影响空气颗粒物的扩散来实现的，一方面在 PM10 的扩散过程中，经过林带时，扩散速度大大降低，空气对粒径较大的颗粒物搬运能力降低，促使 PM10 沉降速率加快；另一方面，当两侧林带植被茂盛、林带郁闭度较高时，茂密的冠层会阻碍道路上的空气流通，林带不但会使道路扬尘、汽车排放所引起的空气颗粒物停滞在林带内，最终导致林带与道路内的空气颗粒物浓度居高不下。叶面积指数与 PM10 阻滞效率相关性较为显著，叶面积指数越大，说明植被越是茂盛，对 PM10 的阻滞作用也就更明显；疏透度与 PM10 阻滞效率呈负相关关系，由道路扬尘、汽车排放所引起的空气颗粒物，在扩散过程中，受气流强度的影响较为严重，林带植被稀疏时，林带疏透度较大，道路及林带内的林下通畅，通常会有风，这些条件有利于 PM10 的扩散。

3.6.1.3 以阻滞 PM2.5 为目的的适宜带状人工林结构

根据线性规划方法，以阻滞 PM2.5 为主要目的，以带状人工林阻滞 PM2.5 的平均值为约束条件，将求解适宜带状人工林转化为线性规划问题：

$$\begin{cases} 0.455x_1 + 0.251x_2 - 0.676x_3 + 0.547 \geqslant \bar{y} \\ 2.03\mathrm{e}^{-10.34x_3} - 0.058 \geqslant \bar{y} \\ 0.0032\mathrm{e}^{8.23x_2} - 0.058 \geqslant \bar{y} \\ 0.0034\mathrm{e}^{2.12x_1} - 0.058 \geqslant \bar{y} \\ x_{\max} \geqslant x_1, x_2, x_3 \geqslant x_{\min} \end{cases} \quad (3\text{-}61)$$

式中，$\bar{y}$ 为带状人工林对 PM2.5 的阻滞效率，为 -0.002；x_1 为郁闭度；x_2 为叶面积指数；x_3 为疏透度。

求解多元线性规划方程可得

$$\begin{cases} 0.82 \geqslant x_1 \geqslant 0.28 \\ 3.01 \geqslant x_2 \geqslant 1.82 \\ 0.71 \geqslant x_3 \geqslant 0.21 \end{cases} \quad (3\text{-}62)$$

植被密度过高不仅影响植物群落的生长，更不利于林内空气颗粒物的扩散，因此，以阻滞 PM2.5 为目的的适宜带状人工林郁闭度应在[0.28, 0.82]，叶面积指数应在[1.82, 3.01]，疏透度应在[0.21, 0.71]。

带状人工林对 PM2.5 的调控主要是通过影响 PM2.5 的扩散速度及吸附 PM2.5 来实现的，在 PM2.5 的扩散过程中，经过林带时，扩散速度大大降低，就会在林带前不断堆积，致使林带前 PM2.5 浓度升高，较高的 PM2.5 浓度会使林木枝干、叶片吸附大量的 PM2.5；当林带植被茂盛、林带郁闭度较高时，茂密的冠层会阻碍道路上的空气流通，林带不但会使道路扬尘、汽车排放所引起的空气颗粒物停滞在林带内，较少的一部分会继续向林带后扩散，致使经过林带后 PM2.5 浓度降低；疏透度与 PM2.5 阻滞效率呈负相关关系，由道路扬尘、汽车排放所引起的空气颗粒物，在扩散过程中，受气流强度的影响较为严重，林带植被稀疏时，林带疏透度较大，道路及林带内的林下通畅，通常会有风，这些条件不仅有利于 PM2.5 的扩散，还可能会使沉降在地表和吸附在林木器官上的一部分 PM2.5 再悬浮。

3.6.1.4　以阻滞 PM1 为目的的适宜带状人工林结构

根据线性规划方法，以阻滞 PM1 为主要目的，以带状人工林阻滞 PM1 的平均值为约束条件，将求解适宜带状人工林转化为线性规划问题：

$$\begin{cases} 0.665x_1 + 0.067x_2 - 0.492x_3 - 0.517 \geqslant \bar{y} \\ 6.03e^{-8.07x_3} - 0.078 \geqslant \bar{y} \\ 0.0086e^{6.03x_2} - 0.078 \geqslant \bar{y} \\ 0.0044e^{1.79x_1} - 0.078 \geqslant \bar{y} \\ x_{\max} \geqslant x_1, x_2, x_3 \geqslant x_{\min} \end{cases} \quad (3\text{-}63)$$

式中，$\bar{y}$ 为带状人工林对 PM1 的阻滞效率，为 -0.044；x_1 为郁闭度；x_2 为叶面积指数；x_3 为疏透度。

求解多元线性规划方程可得

$$\begin{cases} 0.82 \geqslant x_1 \geqslant 0.32 \\ 3.01 \geqslant x_2 \geqslant 1.58 \\ 0.70 \geqslant x_3 \geqslant 0.21 \end{cases} \quad (3\text{-}64)$$

植被密度过高不仅影响植物群落的生长,更不利于林内空气颗粒物的扩散,因此,以阻滞 PM1 为目的的适宜带状人工林郁闭度应在[0.32, 0.82],叶面积指数应在[1.58, 3.01],疏透度应在[0.21, 0.70]。

带状人工林对 PM1 的调控主要是通过影响 PM1 的扩散速度、吸附 PM1 及吸收 PM1 来实现的,在 PM1 的扩散过程中,经过林带时,扩散速度大大降低,就会在林带前不断堆积,致使林带前 PM1 浓度升高,较高的 PM1 浓度会使林木枝干、叶片吸附大量的 PM1;当林带植被茂盛、林带郁闭度较高时,茂密的冠层会阻碍道路上的空气流通,林带不但会使道路扬尘、汽车排放所引起的空气颗粒物停滞在林带内,较少的一部分会继续向林带后扩散,致使经过林带后 PM1 浓度降低。

3.6.1.5 以阻滞空气颗粒物为目的的适宜带状人工林结构

以阻滞空气颗粒物为目的的适宜带状人工林结构,不能仅仅依据单一粒径空气颗粒物的阻滞效率来定,应当将四种粒径空气颗粒物都纳入考虑范围内,因此总结以上 4 个小节的结果,并取范围较小值作为适宜带状人工林结构的值域范围,如表 3-16 所示。

表 3-16 适宜的带状人工林结构的值域范围

颗粒物	郁闭度	叶面积指数	疏透度
TSP	[0.36, 0.82]	[1.62, 3.01]	[0.21, 0.65]
PM10	[0.38, 0.82]	[1.75, 3.01]	[0.21, 0.61]
PM2.5	[0.28, 0.82]	[1.82, 3.01]	[0.21, 0.71]
PM10	[0.32, 0.82]	[1.58, 3.01]	[0.21, 0.70]
适宜	[0.38, 0.82]	[1.82, 3.01]	[0.21, 0.61]

因此,以阻滞四种粒径空气颗粒物为目的的适宜带状人工林结构郁闭度应在[0.38, 0.82],叶面积指数应在[1.82, 3.01],疏透度应在[0.21, 0.61]。

3.6.2 适宜的片状人工林结构

片状人工林对 TSP、PM10 的阻滞效果最好,全年阻滞效率均为正值,以 6 月~9 月片状人工林对粗颗粒物的阻滞效果最好,阻滞效率均达到了 0.05 以上,10 月、11 月、12 月片状人工林对粗颗粒物的阻滞效果最差,阻滞效率均为负值;片状人工林对 PM2.5 的阻滞效率月份间差异较大,阻滞效率均在 0.05 左右,其中以 4 月、

7月、9月、10月片状人工林阻滞效果较好,阻滞效率均为正值,3月、11月、12月次之;5月、7月、10月、11月、12月阻滞效果最差,阻滞效率均为负值;片状人工林对 PM1 的阻滞效果最差,除了4月、10月、12月阻滞效率较好为正值外,其余月份阻滞效率均为负值。

四个季节的白天大多数树种的阻滞效率为负值,夜间多为正值,说明片林林内空气颗粒物浓度白天高于无林地,夜间低于无林地。阻滞效率与0之间的差值越大,说明片林内空气颗粒物浓度与无林地空气颗粒物浓度的差异越大。各树种的四种粒径阻滞效率绝对值大小排序基本一致:海棠、楸树、臭椿、银杏<樱花、国槐、白蜡<碧桃、刺槐、栾树,海棠、楸树、臭椿、银杏的阻滞效率最低,林内空气颗粒物浓度与无林地空气颗粒物浓度最接近。冬季各树种的阻滞效率绝对值最小,片状人工林对不同粒径空气颗粒物的阻滞效果差异很大,不能用同一标准(阻滞效率大于 0)去判定人工林的优劣,因此选择根据片状人工林对不同粒径空气颗粒物的平均阻滞效率作为约束条件,来构建线性规划方程,并求解适宜的片状人工林结构。根据研究的野外监测、调查结果,空气颗粒物浓度的平均值、最大值、最小值及结构因子(疏透度、郁闭度、叶面积指数)的值域范围如表 3-17 所示。

表 3-17　带状人工林结构及阻滞效率

结构因子	郁闭度	LAI	疏透度	TSP	PM10	PM2.5	PM1
平均值	0.276	1.668	0.608	0.054	0.066	0.065	0.081
标准差	0.214	1.165	0.214	0.056	0.074	0.063	0.094
最大值	0.902	4.620	0.870	0.251	0.327	0.294	0.482
最小值	0.150	0.253	0.120	0.001	0.000	0.001	0.001

3.6.2.1　以阻滞 TSP 为目的的适宜片状人工林结构

根据线性规划方法,以阻滞 TSP 为主要目的,以片状人工林阻滞 TSP 的平均值为约束条件,将求解适宜片状人工林转化为线性规划问题:

$$\begin{cases} 0.87x_1 + 0.007x_2 - 0.48x_3 + 0.049 \geqslant \bar{y} \\ 0.194e^{-3.07x_3} \geqslant \bar{y} \\ 0.0128e^{3.16x_2} \geqslant \bar{y} \\ 0.011e^{0.583x_1} \geqslant \bar{y} \\ x_{\max} \geqslant x_1, x_2, x_3 \geqslant x_{\min} \end{cases} \quad (3\text{-}65)$$

式中,$\bar{y}$ 为片状人工林对 TSP 的平均阻滞效率;x_1 为郁闭度;x_2 为叶面积指数;x_3 为疏透度。求解多元线性规划方程可得

$$\begin{cases} 0.90 \geqslant x_1 \geqslant 0.43 \\ 4.62 \geqslant x_2 \geqslant 1.78 \\ 0.45 \geqslant x_3 \geqslant 0.12 \end{cases} \quad (3\text{-}66)$$

植被密度过高不仅影响植物群落的生长，更不利于林内空气颗粒物的扩散，因此，以阻滞 TSP 为目的的适宜片状人工林郁闭度应在[0.43, 0.90]，叶面积指数应在[1.78, 4.62]，疏透度应在[0.12, 0.45]。

片状人工林的郁闭度、叶面积指数、疏透度是影响片林阻滞空气颗粒物能力的主要结构。郁闭度与 TSP 阻滞效率相关性最强，片林的结构明显影响 TSP 的扩散，从城市片林滞尘能力来看，绿量越多，郁闭度、叶面积指数越大，对 TSP 降尘截滞作用越明显，同时植被对 TSP 的吸附作用也会越大；疏透度与 TSP 阻滞效率呈负相关关系，植被稀疏时，人工林疏透度较大，林下通畅，通常会有风，就会使林内空气对 TSP 的搬运能力大大增强。

3.6.2.2 以阻滞 PM10 为目的的适宜片状人工林结构

根据线性规划方法，以阻滞 PM10 为主要目的，以片状人工林阻滞 PM10 的平均值为约束条件，将求解适宜片状人工林转化为线性规划问题：

$$\begin{cases} 0.434x_1 + 0.028x_2 + 0.341x_3 - 0.309 \geqslant \overline{y} \\ 0.192\mathrm{e}^{-2.93x_3} \geqslant \overline{y} \\ 0.0123\mathrm{e}^{3.53x_2} \geqslant \overline{y} \\ 0.010\mathrm{e}^{0.69x_1} \geqslant \overline{y} \\ x_{\max} \geqslant x_1, x_2, x_3 \geqslant x_{\min} \end{cases} \quad (3\text{-}67)$$

式中，$\overline{y}$ 为片状人工林对 PM10 的平均阻滞效率；x_1 为郁闭度；x_2 为叶面积指数；x_3 为疏透度。求解多元线性规划方程可得

$$\begin{cases} 0.90 \geqslant x_1 \geqslant 0.38 \\ 4.62 \geqslant x_2 \geqslant 1.81 \\ 0.59 \geqslant x_3 \geqslant 0.12 \end{cases} \quad (3\text{-}68)$$

植被密度过高不仅影响植物群落的生长，更不利于林内空气颗粒物的扩散，因此，以阻滞 PM10 为目的的适宜片状人工林郁闭度应在[0.38, 0.90]，叶面积指数应在[1.81, 4.62]，疏透度应在[0.12, 0.59]。

片状人工林的郁闭度、叶面积指数、疏透度是影响片林阻滞空气颗粒物能力的主要结构。郁闭度与 PM10 阻滞效率相关性一般，片林的结构明显影响 PM10 的扩散，从城市片林滞尘能力来看，绿量越多，郁闭度、叶面积指数越大，对 PM10 降尘截滞作用越明显，同时植被对 PM10 的吸附作用也会越大；疏透度与 PM10 阻滞效率呈负相关关系，植被稀疏时，人工林疏透度较大，林下通畅，通常会有

风,就会使林内空气对 PM10 的搬运能力大大增强,致使林内的 PM10 可以迅速扩散,人工林对 PM10 的阻滞作用也会变差。

3.6.2.3 以阻滞 PM2.5 为目的的适宜片状人工林结构

根据线性规划方法,以阻滞 PM2.5 为主要目的,以片状人工林阻滞 PM2.5 的平均值为约束条件,将求解适宜片状人工林转化为线性规划问题:

$$\begin{cases} 0.202x_1 + 0.021x_2 + 0.091x_3 - 0.081 \geqslant \overline{y} \\ 0.314e^{-3.68x_3} \geqslant \overline{y} \\ 0.0112e^{3.98x_2} \geqslant \overline{y} \\ 0.0093e^{0.76x_1} \geqslant \overline{y} \\ x_{\max} \geqslant x_1, x_2, x_3 \geqslant x_{\min} \end{cases} \quad (3\text{-}69)$$

式中,$\overline{y}$ 为片状人工林对 PM2.5 的平均阻滞效率;x_1 为郁闭度;x_2 为叶面积指数;x_3 为疏透度。求解多元线性规划方程可得

$$\begin{cases} 0.90 \geqslant x_1 \geqslant 0.44 \\ 4.62 \geqslant x_2 \geqslant 1.73 \\ 0.57 \geqslant x_3 \geqslant 0.12 \end{cases} \quad (3\text{-}70)$$

植被密度过高不仅影响植物群落的生长,更不利于林内空气颗粒物的扩散,因此,以阻滞 PM2.5 为目的的适宜片状人工林郁闭度应在[0.44, 0.90],叶面积指数应在[1.73, 4.62],疏透度应在[0.12, 0.57]。

片状人工林的郁闭度、叶面积指数、疏透度是影响片林阻滞空气颗粒物能力的主要结构。人工林对 PM2.5 的调控主要是通过影响 PM2.5 的扩散速度及吸附 PM2.5 来实现的,在 PM2.5 的扩散过程中,遇到人工林时,扩散速度就大大降低,就会在林内不断堆积,致使林带内 PM2.5 浓度升高,较高的 PM2.5 浓度会使林木枝干、叶片吸附大量的 PM2.5;疏透度与 PM2.5 阻滞效率呈负相关关系,植被稀疏时,人工林疏透度较大,林下通畅,通常会有风,就会使林内空气对 PM2.5 的搬运能力大大增强,致使林内的 PM2.5 可以迅速扩散,人工林对 PM2.5 的阻滞作用也就更差。郁闭度与 PM2.5 阻滞效率相关性一般,从城市片林滞尘能力来看,绿量越多,郁闭度、叶面积指数越大,对 PM2.5 降尘截滞作用越明显,另外郁闭度、叶面积指数越高,说明植被越茂盛,茂盛的植被相对于稀疏或无林地来说,有更大的吸附、沉降面积,可以更多地去除林内空气中的 PM2.5。

3.6.2.4 以阻滞 PM1 为目的的适宜片状人工林结构

根据线性规划方法,以阻滞 PM1 为主要目的,以片状人工林阻滞 PM1 的平

均值为约束条件，将求解适宜片状人工林转化为线性规划问题：

$$\begin{cases} 0.189x_1 + 0.032x_2 + 0.161x_3 - 0.121 \geqslant \bar{y} \\ 0.233e^{-2.76x_3} \geqslant \bar{y} \\ 0.020e^{2.83x_2} \geqslant \bar{y} \\ 0.017e^{0.58x_1} \geqslant \bar{y} \\ x_{\max} \geqslant x_1, x_2, x_3 \geqslant x_{\min} \end{cases} \quad (3-71)$$

式中，$\bar{y}$ 为片状人工林对 PM1 的平均阻滞效率；x_1 为郁闭度；x_2 为叶面积指数；x_3 为疏透度。求解多元线性规划方程可得

$$\begin{cases} 0.90 \geqslant x_1 \geqslant 0.37 \\ 4.62 \geqslant x_2 \geqslant 1.92 \\ 0.62 \geqslant x_3 \geqslant 0.12 \end{cases} \quad (3-72)$$

植被密度过高不仅影响植物群落的生长，更不利于林内空气颗粒物的扩散，因此，以阻滞 PM1 为目的的适宜片状人工林郁闭度应在[0.37, 0.90]，叶面积指数应在[1.92, 4.62]，疏透度应在[0.12, 0.62]。

片状人工林的郁闭度、叶面积指数、疏透度是影响片林阻滞空气颗粒物能力的主要结构。人工林对 PM1 的调控主要是通过影响 PM1 的扩散速度及吸附 PM1 来实现的，在 PM1 的扩散过程中，遇到人工林时，扩散速度就大大降低，就会在林内不断堆积，致使林带内 PM1 浓度升高，较高的 PM1 浓度会使林木枝干、叶片吸附大量的 PM1；疏透度与 PM1 阻滞效率呈负相关关系，植被稀疏时，人工林疏透度较大，林下通畅，通常会有风，就会使林内空气对 PM1 的搬运能力大大增强，致使林内的 PM1 可以迅速扩散，人工林对 PM1 的阻滞作用也会变差。郁闭度、叶面积指数与 PM1 阻滞效率相关性较差，从城市片林滞尘能力来看，绿量越多，郁闭度、叶面积指数越大，对 PM1 降尘截滞作用越明显，另外郁闭度、叶面积指数越高，说明植被越茂盛，茂盛的植被相对于稀疏或无林地来说，有更大的吸附、沉降面积，可以更多地去除林内空气中的 PM1。

3.6.2.5 以阻滞空气颗粒物为目的的适宜带状人工林结构

以阻滞空气颗粒物为目的的适宜片状人工林结构，不能仅仅依据单一粒径空气颗粒物的阻滞效率来定，应当将四种粒径空气颗粒物都纳入考虑范围内，因此总结以上 4 个小节的结果，并取范围较小值作为适宜片状人工林结构的值域范围，如表 3-18 所示。

表 3-18 适宜的片状人工林结构的值域范围

颗粒物	郁闭度	叶面积指数	疏透度
TSP	[0.43, 0.90]	[1.78, 4.62]	[0.12, 0.45]
PM10	[0.38, 0.90]	[1.81, 4.62]	[0.12, 0.59]
PM2.5	[0.44, 0.90]	[1.73, 4.62]	[0.12, 0.57]
PM10	[0.37, 0.90]	[1.92, 4.62]	[0.12, 0.62]
适宜	[0.44, 0.90]	[1.92, 4.62]	[0.12, 0.45]

因此，以阻滞四种粒径空气颗粒物为目的的适宜片状人工林结构郁闭度应在[0.44, 0.90]，叶面积指数应在[1.92, 4.62]，疏透度应在[0.12, 0.45]。

第4章 森林植被对PM2.5等颗粒物的吸附功能

森林可通过覆盖地表减少颗粒物的来源、通过叶面吸附直接捕获颗粒物、通过改善微气象条件促进颗粒物沉降等不同途径，发挥降低颗粒物的独特滞尘功能，使空气中悬浮颗粒浓度减小。植物叶片独特的表面结构和润湿性，使得叶片通过截取和固定大气颗粒物的方式成为颗粒物的主要载体。植物是缓解城市大气环境污染的重要过滤体。不同植物的滞尘能力、滞尘累积量、作用机理和生态效益存在较大的差异。目前，城市在进行园林绿化时，植物叶面吸附空气中颗粒物的能力已成为选择绿化树种的重要指标，有关城市绿地在减少大气颗粒物、净化空气的机理和作用研究方面已成为评价城市绿地生态系统功能和生态效益的重要指标。

城市植被对大气环境具有改善作用，通过增加城市植被有助于减少大气中的颗粒物（Nowak et al.，2006；Jim and Chen，2008）。颗粒物在重力沉降、紊流扰动和截留作用下积聚在植物叶片表面，部分细颗粒物通过植物气孔进入植物体内（Song et al.，2015；Ottelé et al.，2010）。植物叶面结构和冠形特征不同，对大气颗粒物的去除能力存在差异。植物叶片吸附的颗粒物主要可以分为叶表面颗粒物（surface-PM）和蜡质层颗粒物（wax-PM），针对不同粒径可划分为TSP（粒径<100μm）、PM10（粒径<10μm）、PM2.5（粒径<2.5μm）。叶片吸附的颗粒物中还有部分水溶性组分。本章选取了北京市常见的乔灌草藤，研究植物叶片对不同粒径颗粒物的吸附情况，分析不同植物叶片吸附量随时间的动态变化规律。植物叶片吸附大气颗粒物的质量存在季节性变化，受植物叶片生长变化和大气颗粒物污染水平等因素影响。本次研究中常绿植物叶表面吸附颗粒物质量季节性变化情况为冬季＞春季＞夏季＞秋季；落叶乔木植物叶片春季吸附量大于夏季；灌木和藤本植物在春季时吸附颗粒物的质量显著高于夏秋季，夏季和秋季叶片吸附量相近。

杜玲等对京郊越冬植物叶片滞尘进行研究，发现不同植物在冬季和春季滞尘效果也存在差异，不同植物在冬季和春季吸附量变化情况存在差异。菠菜、油菜和小黑麦春季滞尘量大于冬季，而冬小麦和紫花苜蓿则相反。王蕾等（2006）对北京市六种针叶树吸附颗粒物研究表明同一树种叶面吸附颗粒物密度随着大气颗粒物浓度的增加而增大。受供暖和降雨等因素影响，北京市PM10和PM2.5冬春季浓度约为夏秋季的1.5倍。本次研究中常绿植物在冬春季节吸附颗粒物质量显著高于夏秋季,植物叶片吸附颗粒物的质量冬季和春季叶片吸附量不存在显著性差异。植物吸附颗粒物质量的季节性变化主要受大气颗粒物浓度变化的影响。不同植物在冬春季吸附量变化可能受到植物叶片生长变化影响,植物叶片叶面微观结构的变化影响了其对颗粒物吸附的能力。植物在夏季生长旺盛而进入秋季后叶片开始发生枯萎等现象,植物叶片蜡质层变薄降低了植被叶片对大气中颗粒物的吸附能力(Dzierżanowski et al., 2011)。春季植物叶面积较小,叶片处于生长初期,空气中大气颗粒物的浓度对植物叶片吸附颗粒物浓度有一定影响,春季大气颗粒物浓度显著高于夏秋两季,春季植物叶片吸附颗粒物的能力显著增加。

郭二果等(2013)选取了北方典型城市森林,研究发现在冬春季落叶阔叶树林内大气颗粒物浓度高于常绿针叶树林,冬春季常绿树种对大气中颗粒物吸附效果明显。冬春季城市内颗粒物污染严重,常绿树种对大气中颗粒物吸附作用显著,而夏秋季落叶树种能够有效吸附大气颗粒物且大气颗粒物浓度较低,冬春季常绿树种吸附量显著高于夏秋季。

4.1 乔木叶片对不同粒径颗粒物的吸附分析

4.1.1 叶表面吸附颗粒物的水溶性组分分析

水溶性离子是大气颗粒物的重要组成部分,空气细颗粒物 PM2.5 中水溶性离子含量约为 61%,主要包括 SO_4^{2-}、NO_3^-、铵盐(NH_4^+)、Ca^{2+} 等。Sgrigna 等在研究植物叶片颗粒物吸附量与大气颗粒物浓度时发现叶面水溶性离子含量估算的缺失影响了两者的相关关系,本次研究中选取部分植物测定了叶表面吸附颗粒物中水溶性离子的组分及其质量。叶面尘中水溶性离子平均含量为 27.82%,不同树种叶面尘水溶性离子含量存在一定差异,水溶性离子含量最大值出现在毛白杨叶面上,为 49.97%;最小值出现在白玉兰叶面上,为 6.79%,其余树种水溶性离子含量波动较小,如图 4-1 所示。

选取的 14 种乔木植物,叶面水溶性离子质量平均为 $11.88\mu g/cm^2$,华山松叶面水溶性离子质量最大,为 $31.79\mu g/cm^2$,油松叶面水溶性质量最小,为 $5.18\mu g/cm^2$。其中白榆、旱柳、侧柏、华山松叶面水溶性离子质量明显高于其他树种,约为其他树种的 3.2 倍。通过相关性分析,不同树种叶面尘与叶面水溶性离子在 0.01 水平(双侧)极显著相关。通过回归分析(图 4-2),叶面颗粒物质量和水溶性离子质量存在线性关系(R^2=0.51)。

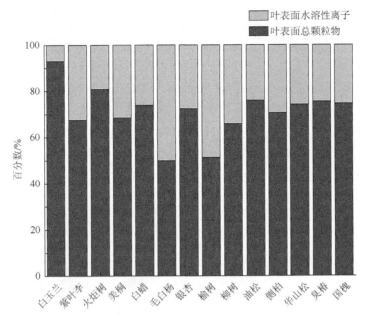

图 4-1　不同树种叶面吸附颗粒物量与水溶性离子质量百分数

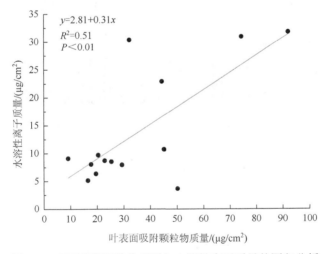

图 4-2　叶面吸附颗粒物质量与水溶性离子质量的回归分析

不同乔木叶表面各种水溶性离子含量不同，如图 4-3 所示。总体来看，叶面水溶性离子质量从高到低依次为 $NO_3^- > Ca^{2+} > SO_4^{2-} > Mg^{2+} > Cl^- > Na^+ > K^+ > F^- > NH_4^+$。宋英石（2015）研究北京 2013～2014 年大气中不同水溶性离子质量浓度，从高到低依次为 $SO_4^{2-} > NO_3^- > NH_4^+ > Cl^- > K^+ > Ca^{2+} > Na^+ > F^- > Mg^{2+}$。叶表面水溶性离子中 Ca^{2+} 和 Mg^{2+} 的含量高于大气，NH_4^+ 的浓度远低于大气。植物对大气

中颗粒物的吸附主要来源于重力沉降和树冠对颗粒物的阻滞作用,对颗粒物的吸附特性决定了叶表面吸附的水溶性离子含量和空气中水溶性离子含量有一定的差异。叶片上 NH_4^+ 含量极低,部分叶片上未检出可溶性的铵(NH_4^+)。NH_4^+ 是植物的营养物质,植物叶片可以通过叶片气孔对沉降在其表面的 NH_4^+ 吸收利用。NO_3^-、Ca^{2+} 和 SO_4^{2-} 是单位叶面积水溶性离子质量最高的三类,质量分别为 3.38μg/cm²、2.58μg/cm² 和 2.29μg/cm²。旱柳、侧柏和华山松叶表面吸附的可溶性离子质量较高,主要受 NO_3^- 浓度的影响,白榆叶表面吸附的可溶性离子的量则是主要受 Mg^{2+} 的影响,其余离子质量在不同树种叶面上均波动较小。

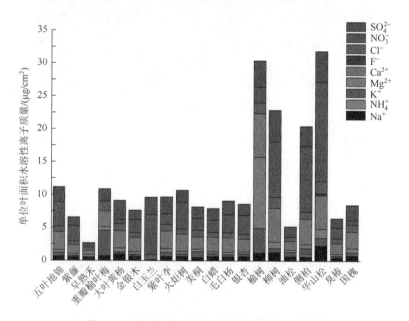

图 4-3 不同树种叶面水溶性离子各组分质量

4.1.2 叶表面吸附不同粒径颗粒物的季节变化

常绿乔木在不同季节吸附颗粒物的质量有显著差异(图 4-4)。冬季、春季、夏季、秋季吸附 TSP 总量分别为(205.95±29.76)μg/cm²、(215.11±41.41)μg/cm²、(60.66±19.03)μg/cm²、(56.50±10.92)μg/cm²。冬季、春季、夏季、秋季吸附 PM10 总量分别为(31.82±0.05)μg/cm²、(25.41±3.23)μg/cm²、(13.69±5.43)μg/cm²、(10.52±1.44)μg/cm²。冬季、春季、夏季、秋季吸附 PM2.5 总量分别为(10.61±0.24)μg/cm²、(7.99±0.34)μg/cm²、(2.94±0.13)μg/cm²、(3.53±0.32)μg/cm²。

春冬两季叶面吸附颗粒物质量较大,夏秋两季较小,春冬季约为夏秋季的 3~4 倍。夏季和秋季植物叶片的吸附量相近,冬季和春季相近。一般呈现出冬

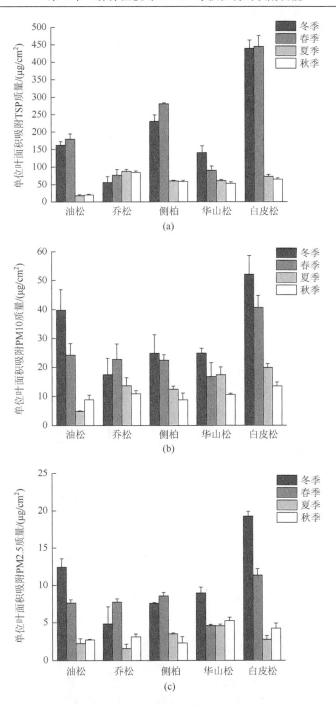

图 4-4 常绿乔木叶表面的季节性分布
(a) TSP;(b) PM10;(c) PM2.5

季＞春季＞夏季＞秋季的季节性变化规律,与北京市大气颗粒物浓度的季节性变化规律基本一致。叶面吸附颗粒物质量随季节的变化主要是受到大气颗粒物污染程度的影响,北京市春冬两季因供暖导致燃煤使用量上升,颗粒物污染较夏秋季严重。同时,冬季落叶树种对颗粒物吸附能力显著降低,加大了常绿树种的叶面吸附量。叶表面 TSP 的季节性波动大,PM2.5 的季节性波动小。植物叶片吸附 TSP 总量的季节性变化主要受粒径为 10~100μm 的粗颗粒物影响。

不同种常绿乔木对颗粒物的吸附能力存在显著性差异。全年单位叶面积 TSP 的吸附量从高到低排序为白皮松＞侧柏＞油松＞华山松＞乔松。白皮松吸附量为乔松的 3.4 倍,通过 ANOVA 检验表明,白皮松吸附 TSP 总量与其他常绿乔木存在显著性差异(P=0.05)。白皮松对 PM10 吸附量最大,为 31.56μg/cm^2,乔松吸附量最小,为 16.19μg/cm^2。白皮松和乔松对 PM10 吸附量存在差异性(P=0.07)。油松、侧柏和华山松对 PM10 的吸附量分别为(19.46±2.03)μg/cm^2、(17.14±1.95)μg/cm^2 和(17.43±0.96)μg/cm^2。5 种常绿乔木对 PM2.5 的吸附量相近,不存在显著性差异。常绿树种对颗粒物的吸附能力也主要取决于对粒径为 10~100μm 的粗颗粒物的吸附量。

落叶乔木是我国北方常用的城市绿化树种,本次研究选取了北京市常见的 33 种落叶乔木测定在春夏两季对大气中 TSP、PM10、PM2.5 单位叶面积的吸附量。通过相关性分析发现春夏两季叶表面吸附 TSP 质量和 PM10 质量有极显著相关关系,夏季吸附的 TSP 质量和 PM2.5 质量也有极显著相关关系(表 4-1)。

表 4-1 春季和夏季植物叶表面吸附 TSP 与 PM10 和 PM2.5 的相关性分析

吸附不同粒径颗粒物量	春季		夏季	
	吸附 PM2.5	吸附 PM10	吸附 PM2.5	吸附 PM10
吸附 TSP	0.07	0.54**	0.42**	0.40**

**在 0.01 水平(双侧)上显著相关。

利用系统聚类中的 Ward 法聚类,通过植物春季对 TSP 的吸附能力划分为五类(图 4-5)。按植物叶表面吸附 TSP 能力排序,第一类单位叶面积吸附颗粒物能力最强[平均吸附量为(111.36±23.06)μg/cm^2]的植物有悬铃木、构树、栓皮栎和杜仲;第二类吸附能力较强[平均吸附量为(71.31±16.54)μg/cm^2]的植物有紫叶李、紫叶桃和山楂;第三类吸附能力中等[平均吸附量为(50.05±8.02)μg/cm^2]的植物有栾树、银杏、水杉、黄檗、暴马丁香、七叶树、火炬树和核桃;第四类吸附能力较弱[平均吸附量为(38.45±4.25)μg/cm^2]的植物有白玉兰、白榆、旱柳、元宝枫、龙爪槐、丝棉木、椴树、加拿大杨和皂荚;第五类吸附能力弱[平均吸附量为(21.64±4.03)μg/cm^2]的植物有白蜡、毛白杨、鹅掌楸、香椿、黄金树、臭椿、刺槐、国槐和水曲柳。通过植物夏季对 TSP 的吸附能力划分为三类:第一类为吸附能力强的丝棉木；第二类为吸附能力中等的白玉兰、紫叶李、暴马丁香、黄金树、火炬树、核桃和山楂；其余为第三类吸附能力弱的。对比春季和夏季植物吸附颗粒物能力的变化情况，从春季进入夏季，吸附能力显著下降的有悬铃木、构树、栓皮栎、杜仲，显著上升的有白玉兰和丝棉木。植物叶片吸附颗粒物的能力受到植物叶表面微观结构的影响，植物叶片结构随季节会发生变化影响对颗粒物的吸附。

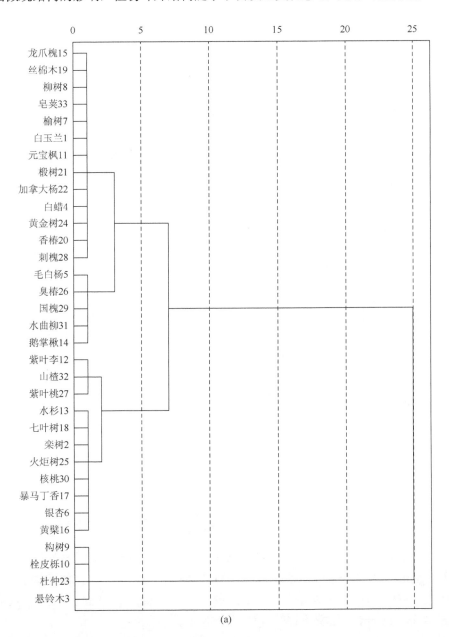

(a)

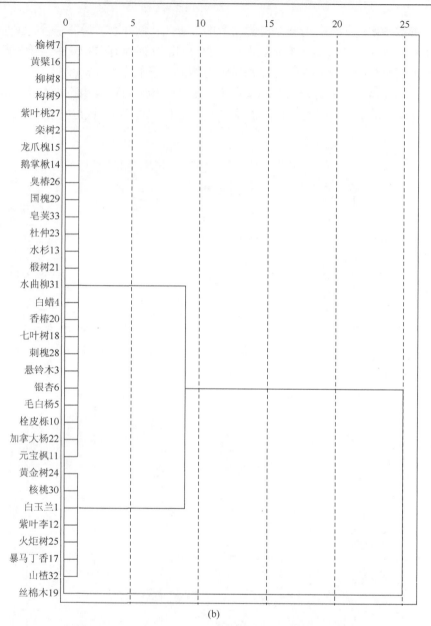

图 4-5 33 种落叶乔木叶表面吸附颗粒物聚类分析结果
(a) 春季;(b) 夏季

33 种树种春季单位叶面吸附 TSP、PM10 和 PM2.5 的质量平均值分别为 $(48.21\pm11.21)\mu g/cm^2$、$(15.46\pm5.02)\mu g/cm^2$ 和 $(5.35\pm1.21)\mu g/cm^2$,夏季单位叶面吸附 TSP、PM10 和 PM2.5 的质量平均值分别为 $(23.87\pm3.78)\mu g/cm^2$、$(4.56\pm4.25)\mu g/cm^2$、$(1.65\pm0.93)\mu g/cm^2$。夏季植物叶片的吸附量小于春季。

4.1.3 蜡质层吸附不同粒径颗粒物的季节变化

常绿乔木叶片蜡质层在冬季、春季、夏季、秋季吸附 TSP 总量分别为（64.32±22.05）μg/cm²、（90.74±17.38）μg/cm²、（66.79±18.96）μg/cm² 和（64.84±18.23）μg/cm²。春季蜡质层吸附的颗粒物质量较大，其他季节吸附量较为相近，不同季节蜡质层吸附 TSP 量组间没有显著性差异（P=0.76）。蜡质层对 PM10 和 PM2.5 吸附的最大值均出现在夏季，分别为（11.78±2.23）μg/cm² 和（5.42±2.02）μg/cm²。其余季节蜡质层对颗粒物吸附量均较为相近。不同季节植物叶片蜡质层吸附 PM10 和 PM2.5 量组间没有显著性差异，但存在较弱的差异性（P 为 0.32 和 0.25）。植物叶表面蜡质层对颗粒物的吸附是一个固定过程，颗粒物进入蜡质层后不会发生再悬浮。蜡质层吸附颗粒物量与蜡质层厚度呈正相关关系（Dzierżanowski et al.，2011），植物叶片蜡质层随生长过程不断发生变化，夏季达到最大值，秋季随着叶片枯萎蜡质层含量逐渐降低。本次研究中蜡质层对 PM2.5 和 PM10 的吸附量自冬季开始逐渐增加，在夏季达到最大，进入秋季后又开始降低。蜡质层厚度的变化对叶片吸附 PM2.5 的影响显著大于 10~100μm 的大颗粒物。本次研究中蜡质层对 TSP 的吸附量在季节间差异不显著，对 PM2.5 的吸附量在季节间存在较弱的差异性。

不同种常绿乔木蜡质层对颗粒物的吸附能力存在显著性差异（图 4-6）。全年单位叶面积蜡质层 TSP 吸附量从高到低排序为侧柏＞华山松＞白皮松＞乔松＞油松。侧柏吸附量为油松的 3.3 倍，利用 ANOVA 检验结果表明侧柏吸附 TSP 总量与其他常绿乔木存在极显著性差异（P<0.01）。

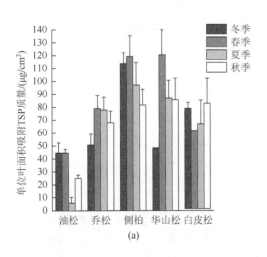

(a)

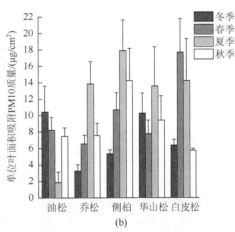

(b)

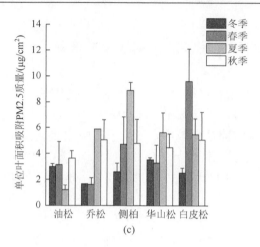

图 4-6 常绿乔木蜡质层的季节性分布
(a) TSP; (b) PM10; (c) PM2.5

不同树种对 PM10 和 PM2.5 的吸附量不存在显著性差异（P 为 0.64 和 0.22）。侧柏对 PM10 吸附量最大，为（12.02±3.51）μg/cm², 油松吸附量最小，为（6.95±1.06）μg/cm²。白皮松和侧柏对 PM2.5 吸附量均较大，分别为（5.67±1.65）μg/cm² 和（5.25±0.78）μg/cm²。常绿树种蜡质层对颗粒物的吸附能力也主要取决于对粒径为 10～100μm 粗颗粒物的吸附量。

选取北京市常见的 33 种落叶乔木测定春夏两季叶片蜡质层对大气中 TSP、PM10、PM2.5 单位叶面积的吸附量。通过相关性分析发现春夏两季叶片蜡质层吸附 TSP 质量和 PM10、PM2.5 质量均有极显著相关关系（表 4-2）。植物蜡质层对 TSP 的吸附能力能有效衡量植物对不同粒径的吸附能力，因此本研究利用系统聚类分析对植物吸附 TSP 量进行划分区分不同植物对大气颗粒物的吸附能力（图 4-7）。

表 4-2 春季和夏季植物叶表面吸附 TSP 与 PM10 和 PM2.5 的相关性分析

吸附不同粒径颗粒物量	春季		夏季	
	吸附 PM2.5	吸附 PM10	吸附 PM2.5	吸附 PM10
吸附 TSP	071**	0.52**	0.71**	0.85**

**在 0.01 水平（双侧）上显著相关。

利用系统聚类中的 Ward 法聚类，通过植物夏季对 TSP 的吸附能力划分为五类：第一类单位叶面积吸附颗粒物的能力强［平均吸附量为（35.54±6.04）μg/cm²］的植物有七叶树和火炬树；第二类吸附能力较强［平均吸附量为（19.35±3.21）μg/cm²］的植物有白榆、栓皮栎、加拿大杨、黄金树和皂荚；第三类吸附能力中等［平均

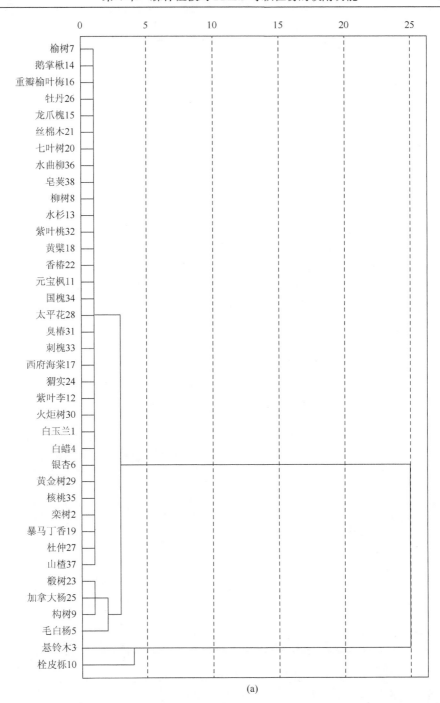

(a)

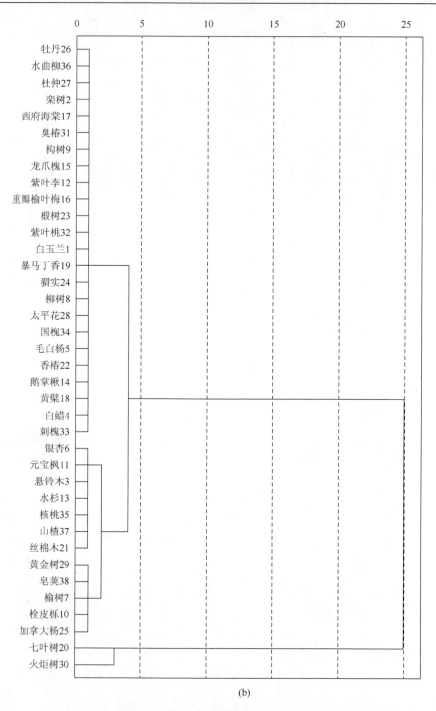

图 4-7 33 种落叶乔木叶片蜡质层吸附颗粒物聚类分析结果

(a) 春季；(b) 夏季

吸附量为（13.65±2.54）μg/cm²］的植物有悬铃木、元宝枫、水杉、丝棉木、核桃和山楂；第四类吸附能力较弱［平均吸附量为（8.87±2.33）μg/cm²］的植物有白玉兰、栾树、银杏、构树、紫叶李、龙爪槐、暴马丁香、椴树、杜仲、臭椿、紫叶桃、水曲柳；第五类吸附能力弱［平均吸附量为（3.98±0.64）μg/cm²］的植物有白蜡、毛白杨、旱柳、鹅掌楸、黄檗、香椿、刺槐和国槐。植物春季对 TSP 的吸附能力划分为三类：第一类为吸附能力强的栓皮栎和悬铃木；第二类为吸附能力中等的毛白杨、构树、椴树、加拿大杨；其余为第三类吸附能力弱的。对比春夏植物吸附能力发现，从春季进入夏季吸附能力显著下降的有悬铃木、毛白杨和构树；显著上升的有七叶树、火炬树、白榆、黄金树和皂荚。植物叶片蜡质层吸附颗粒物的能力受到植物叶片蜡质层厚度的影响，春季进入夏季植物蜡质层会保护植物叶片避免过度失水，蜡质层变化情况较为明显，对吸附颗粒物的能力也有显著影响。

33 种树种春季单位叶面吸附 TSP、PM10 和 PM2.5 质量平均值分别为（7.72±2.03）μg/cm²、（2.50±0.85）μg/cm² 和（1.26±0.64）μg/cm²，夏季单位叶面吸附 TSP、PM10 和 PM2.5 质量平均值分别为（11.81±6.54）μg/cm²、（4.39±2.55）μg/cm²、（1.72±1.31）μg/cm²。夏季植物叶片的吸附量均大于春季。植物蜡质层对颗粒物吸附是一个逐渐累积的过程，虽然夏季大气污染水平低且植物叶表面吸附颗粒物水平较低，植物蜡质层对颗粒物的吸附量依然较高。同时因为植物叶片为了适应夏季高温和阳光直射等环境因素形成的保护机制，使得蜡质层的厚度增加，吸附颗粒物质量也随之增加。

4.1.4　乔木叶片对不同粒径颗粒物的吸附情况综合分析

乔木对近地层大气中颗粒物的吸附有重要作用。研究发现乔木叶表面吸附的颗粒物中包含大量的水溶性离子，平均含量为 27.82%，不同树种叶表面水溶性离子有显著差异，在评价植物叶片吸附颗粒物能力时水溶性离子质量不可以被忽略。水溶性离子质量与叶面颗粒物质量存在线性关系，水溶性离子质量中以硝酸根离子、钙离子和硫酸根为主，其余离子质量在不同树种叶面上均波动较小。

常绿乔木对不同粒径颗粒物的吸附存在季节性波动，叶表面吸附量呈现冬季＞春季＞夏季＞秋季的季节性变化规律。蜡质层在春季对 TSP 吸附量较高，其他季节差异较小，对 PM10 和 PM2.5 吸附量自冬天开始逐渐增加，在夏季时达到峰值然后开始降低。植物对大气中颗粒物吸附量的月变化主要受到大气颗粒物污染水平和植物叶片结构季节性变化的影响。冬季北京受供暖影响颗粒物污染严重，夏季降水较多对大气颗粒物有净化作用。植物叶片蜡质层厚度及叶面微观的沟槽和叶毛等结构在夏季发育完全，对叶片吸附颗粒物能力也有一定影响。

选取北京市 33 种常见的落叶树种研究在春夏两季对颗粒物吸附能力的情况。夏季叶表面吸附量低于春季，春季大气颗粒物污染水平显著高于夏季。而蜡质层表现为夏季高于春季，蜡质层对颗粒物的固定是一个持续累积过程，颗粒物进入蜡质层后不会发生再悬浮。利用系统聚类通过植物吸附 TSP 的质量划分不同植物吸附能力的类别，从春季进入夏季后部分植物对颗粒物的吸附能力发生了变化，主要是受到植物叶片特征的影响（图 4-8）。春季植物叶表面与蜡质层吸附量在 0.01 水平（双侧）上显著相关（P=0.514），夏季叶表面与蜡质层没有相关性。夏季蜡质层的吸附量为夏季与春季吸附量的总和，所以与叶表面吸附量不存在显著相关性。

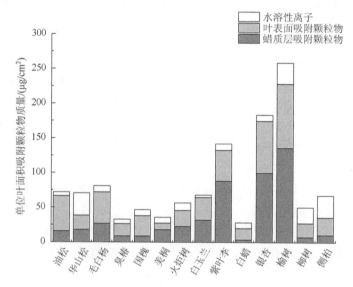

图 4-8　植物叶片表面、蜡质层吸附颗粒物质量和叶片表面水溶性离子质量

研究的 14 种乔木中，植物叶表面吸附水溶性离子占叶片吸附总量的 20.89%，叶表面吸附颗粒物质量占 44.93%，蜡质层吸附颗粒物质量占 34.19%。不同植物各部分吸附量的比例存在一定差异。华山松、侧柏、旱柳叶表面吸附水溶性离子质量占吸附总量约为 46%，是植物叶片吸附颗粒物的主要来源。白玉兰、悬铃木、银杏、紫叶李和白榆蜡质层吸附颗粒物质量最大，吸附量占比在 47%～61%变化。5 种树种蜡质层吸附量约为吸附总量的 50%。油松、臭椿、白蜡、国槐、毛白杨和火炬树叶片表面吸附颗粒物质量最大，吸附量占比在 40%～70%变化。不同植物叶片表面吸附颗粒物质量差异较大，油松叶表面吸附颗粒物质量为（50.19±4.06）$\mu g/cm^2$，占总量的 70%。不同植物叶片表面、蜡质层吸附颗粒物质量和叶片表面水溶性离子质量有较大差异。

4.2 灌木叶片对不同粒径颗粒物的吸附分析

4.2.1 叶表面吸附颗粒物的水溶性组分分析

本次研究测定了灌木叶面尘中水溶性离子的组分及其质量。叶表面吸附的颗粒物中水溶性离子含量为 24.29%，水溶性离子含量从高到低排序为大叶黄杨（28.60%）＞金银木（23.41%）＞重瓣榆叶梅（20.85%）。灌木叶面水溶性离子质量平均为 9.20μg/cm²，水溶性离子质量从高到低排序为重瓣榆叶梅＞大叶黄杨＞金银木。不同灌木叶面尘水溶性离子含量和非水溶性颗粒物质量差异较小［图4-9（a）］。

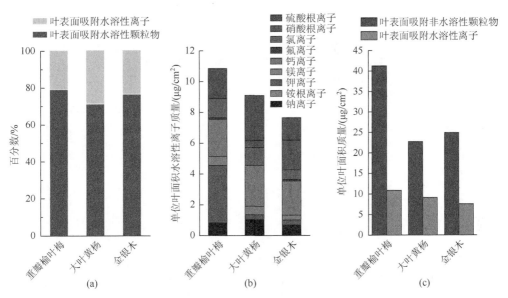

图4-9 灌木叶面吸附颗粒物量与水溶性离子质量百分数（a）；叶面吸附颗粒物量与水溶性离子质量（b）；叶面水溶性离子各组分质量（c）

灌木叶面水溶性离子质量从高到低依次为 Ca^{2+}＞SO_4^{2-}＞K^+＞Cl^-＞Na^+＞NO_3^-＞Mg^{2+}＞F^-＞NH_4^+。Ca^{2+}和SO_4^{2-}是质量最高的两类离子，质量分别为 2.40μg/cm²、2.09μg/cm²。大叶黄杨和金银木水溶性离子中 Ca^{2+}和SO_4^{2-}含量较高，重瓣榆叶梅叶面水溶性离子中 Cl^-质量较高，占 34.5%。其余离子质量在不同树种叶面上所占比例较小且不同树种间差异不明显。

4.2.2 叶表面吸附不同粒径颗粒物的季节变化

灌木在不同季节吸附颗粒物质量有显著差异。春季、夏季、秋季吸附 TSP 总量分别为（54.78±12.46）μg/cm²、（31.01±8.57）μg/cm²、（31.49±8.14）μg/cm²。不同季节叶表面吸附 TSP 量组间存在极显著性差异（$P<0.01$）。组间比较分析表明春季吸附 TSP 总量显著高于夏季和秋季。夏季和秋季吸附量相近。不同季节叶表面吸附 PM10 和 PM2.5 量组间差异不显著（P 为 0.86 和 0.57）。灌木对 PM10 的吸附量夏季最大，为 7.38μg/cm²，对 PM2.5 的吸附量也是夏季最大，为 2.68μg/cm²（图 4-10）。

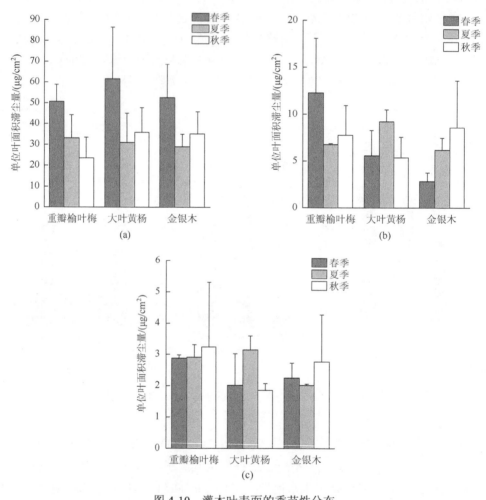

图 4-10　灌木叶表面的季节性分布
（a）TSP；（b）PM10；（c）PM2.5

不同灌木对 TSP 总量、PM10 和 PM2.5 的吸附能力差异性均不显著（$P=0.84$、0.45、0.45），三种灌木树种吸附颗粒物的能力相近。全年单位叶面积 TSP 吸附量从高到低排序为大叶黄杨＞金银木＞重瓣榆叶梅。重瓣榆叶梅对 PM10 和 PM2.5

的吸附能力最强,分别为(8.605.47±3.53)μg/cm² 和(2.99±2.04)μg/cm²。金银木对 TSP、PM10 和 PM2.5 的吸附能力均较差。

4.2.3 蜡质层吸附不同粒径颗粒物的季节变化

灌木蜡质层在不同季节吸附颗粒物质量存在差异。春季、夏季、秋季吸附 TSP 总量分别为(6.59±1.34)μg/cm²、(10.18±2.56)μg/cm²、(12.05±2.81)μg/cm²。不同季节蜡质层吸附 TSP 量组间存在显著性差异(P=0.04)。组间多重比较分析表明蜡质层秋季吸附 TSP 总量显著高于春季。蜡质层 TSP 的吸附量秋季和春季存在差异但不显著(P=0.06),春季和夏季吸附量相近。不同季节蜡质层吸附 PM10 和 PM2.5 量组间差异不显著(P 为 0.12 和 0.09)。灌木蜡质层对 PM10 的吸附量秋季最大,为 4.55μg/cm²,对 PM2.5 的吸附量也是秋季最大,为 1.79μg/cm²。灌木蜡质层对不同粒径颗粒吸附量整体呈现出春季<夏季<秋季,随时间逐渐递增的变化规律。

不同灌木蜡质层对 TSP 总量、PM10 和 PM2.5 的吸附能力差异性均不显著(P=0.38、0.15、0.99),三种灌木蜡质层对 PM2.5 的吸附能力基本相同。全年单位叶面积 TSP 吸附量从高到低排序为大叶黄杨>重瓣榆叶梅>金银木。大叶黄杨对 PM10 的吸附能力最强,对 PM2.5 的吸附能力最弱。金银木对 PM2.5 的吸附能力最强,对 PM10 的吸附能力最弱(图 4-11)。

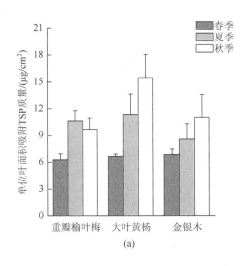
(a)

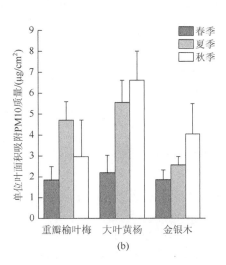
(b)

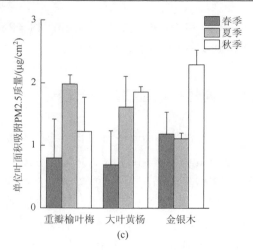

图 4-11 灌木蜡质层的季节性分布
（a）TSP；（b）PM10；（c）PM2.5

4.2.4 灌木叶片对不同粒径颗粒物的吸附情况综合分析

本次研究选取了重瓣榆叶梅、大叶黄杨和金银木三种灌木植物。灌木叶表面水溶性离子含量为 24.29%，不同灌木叶面尘水溶性离子含量和质量差异较小。三种灌木叶表面吸附 TSP 量在不同季节间存在极显著性差异，春季吸附量最大，对 PM10 和 PM2.5 的吸附量在不同季节间差异不显著。而灌木的蜡质层在秋季对 TSP、PM10 和 PM2.5 的吸附量最大。叶表面的颗粒物主要是受大气颗粒物污染水平的影响，蜡质层对颗粒物的吸附量呈现一个不断累积的过程，同时还受蜡质层厚度的影响，灌木树种蜡质层吸附量随季节逐渐升高。不同树种间对颗粒物吸附有显著差异，大叶黄杨叶表面和蜡质层对 TSP 吸附量均较高，对 PM10 和 PM2.5 的吸附能力较差，榆叶梅叶表面对 PM10 和 PM2.5 的吸附能力也较强。

4.3 草本和藤本植物叶片对不同粒径颗粒物的吸附分析

4.3.1 叶表面吸附颗粒物的水溶性组分分析

本次研究测定了草本和藤本叶面尘中水溶性离子的组分及其质量。叶表面吸附的颗粒物中水溶性离子含量为 27.96%，水溶性离子含量从高到低排序为早熟禾（33.08%）＞紫藤（27.40%）＞五叶地锦（23.40%）。叶面水溶性离子质量平均为 6.82μg/cm²，单位叶面积上吸附颗粒物中包含的水溶性离子质量从高到低排序为五叶地锦＞紫藤＞早熟禾（图 4-12）。草本植物早熟禾叶面水溶性离子含量较高但质量较低。草本植物生长高度低,对大气颗粒物的截留作用弱,叶表面吸附的颗粒物主要来源于颗粒物的重力沉降。水溶性离子含量较高可能与吸附颗粒物的组成有关。

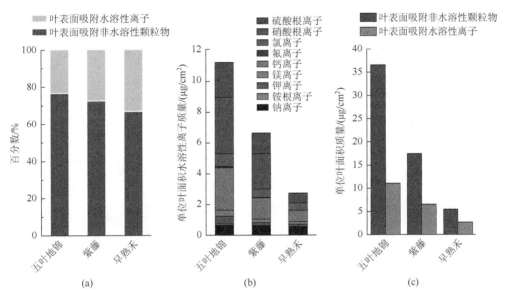

图 4-12　草本、藤本叶面尘与水溶性离子质量百分数(a);叶面尘质量与水溶性离子质量(b);叶面水溶性离子各组分质量(c)

草本、藤本叶面水溶性离子质量从高到低依次为 NO_3^->Ca^{2+}>SO_4^{2-}>Na^+>Cl^->K^+>Mg^{2+}>F^->NH_4^+。NO_3^- 是质量最高的离子,为 1.98μg/cm²。藤本植物叶表面吸附颗粒物的水溶性离子中 NO_3^-、Ca^{2+} 和 SO_4^{2-} 占水溶性离子总质量的 76%,而这三种离子仅占草本植物早熟禾的叶表面吸附颗粒物水溶性离子的 50%。这三种离子在三种植物间的质量变化差异明显,其余离子质量在三种植物间差异较小。

4.3.2　叶表面吸附不同粒径颗粒物的季节变化

五叶地锦、紫藤和早熟禾在不同季节吸附颗粒物质量差异不显著。春季、夏季、秋季吸附 TSP 总量分别为 (54.94±16.54) μg/cm²、(24.76±20.01) μg/cm²、(38.54±6.65) μg/cm²。夏季和秋季吸附颗粒物质量较小且相近,春季吸附量较大,约为夏季、秋季的 2 倍。其中紫藤在春季对 PM10 的吸附量约为夏季、秋季的 3 倍。季节变化对草本和藤本 PM2.5 的吸附能力波动最大,对 PM10 的吸附能力波动最小(图 4-13)。

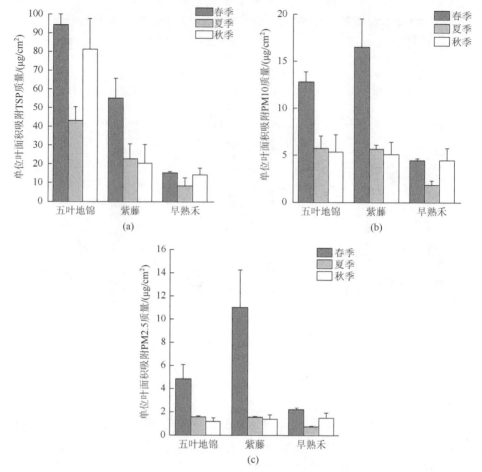

图 4-13 草本、藤本叶表面的季节性分布
(a) TSP；(b) PM10；(c) PM2.5

五叶地锦、紫藤和早熟禾的叶表面对 TSP 的吸附量组间存在极显著性差异（$P=0.01$），组间比较分析表明早熟禾吸附 TSP 总量显著低于五叶地锦和紫藤。藤本植物沿障碍物攀援生长，障碍物和藤本植物叶片对大气形成阻碍，降低风速，形成紊流，增强对大气中颗粒物的截留能力。而草本植物生长高度低，对大气颗粒物截留作用弱。因此藤本植物吸附能力强于草本植物。全年单位叶面积 TSP 吸附量从高到低排序为五叶地锦＞紫藤＞早熟禾。紫藤对 PM10 和 PM2.5 的吸附能力最强，分别为（8.61 ± 1.25）$\mu g/cm^2$ 和（4.21 ± 0.84）$\mu g/cm^2$。

4.3.3 蜡质层吸附不同粒径颗粒物的季节变化

五叶地锦、紫藤和早熟禾在不同季节蜡质层对 TSP 的吸附量差异不显著（$P=0.54$）。

春季、夏季、秋季吸附 TSP 总量分别为（6.06±1.03）μg/cm²、（9.93±1.14）μg/cm²、（6.02±0.66）μg/cm²。五叶地锦、紫藤和早熟禾在不同季节蜡质层对 PM10 的吸附量存在差异（$P=0.04$）。秋季草、藤本对 PM10 的吸附量显著高于春季，为春季的 3 倍。五叶地锦、紫藤和早熟禾在不同季节蜡质层对 PM2.5 的吸附量存在极显著性差异（$P<0.01$）。秋季草、藤本对 PM2.5 的吸附量显著高于春季和夏季。秋季草、藤本对 PM10 和 PM2.5 的吸附效果较好（图 4-14）。

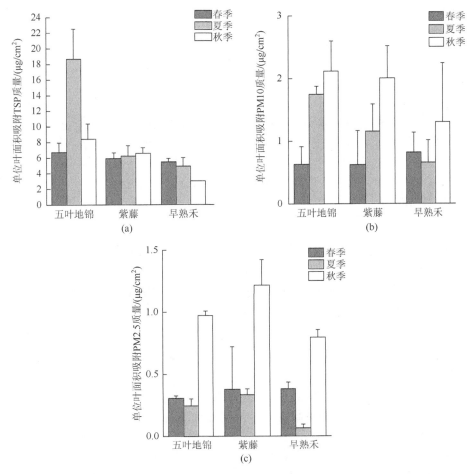

图 4-14 草、藤本蜡质层的季节性分布
(a) TSP；(b) PM10；(c) PM2.5

五叶地锦、紫藤和早熟禾蜡质层对 TSP 的吸附量组间存在显著性差异（$P=0.02$），组间比较分析表明早熟禾吸附 TSP 总量显著低于五叶地锦和紫藤。五叶地锦吸附 TSP 总量高于紫藤但不存在显著性差异。全年单位叶面积 TSP 吸附量

从高到低排序为五叶地锦＞紫藤＞早熟禾。三种植物蜡质层对 PM10 和 PM2.5 的吸附量不存在显著性差异（P 为 0.28 和 0.61）。早熟禾蜡质层对 PM10 和 PM2.5 的吸附能力均最低。

4.3.4 草本和藤本植物叶片对不同粒径颗粒物的吸附情况综合分析

选取常见的藤本植物五叶地锦和紫藤、草本植物早熟禾，研究发现草本植物吸附能力较差，藤本植物有很强的吸附能力。主要是藤本植物攀援在建筑物表面促进了对大气中颗粒物的吸附，草本植物对大气作用较弱，吸附颗粒物水平也较低。五叶地锦叶表面和蜡质层对 TSP 的吸附能力较强，紫藤的叶表面和蜡质层吸附能力较强。草藤本叶面水溶性离子含量为 27.96%，与乔木冠的含量基本一致。但是草本植物中各离子组成占比较为平均，藤本植物中硝酸根离子、钙离子和硫酸根离子占比较大。草、藤本叶表面和蜡质层在不同季节对颗粒物的吸附量无显著性差异。春季草、藤本叶表面对不同粒径的吸附量均较大，夏季与秋季吸附量相近。这与灌木吸附量的季节性变化情况相近。蜡质层对 PM2.5 的吸附量随季节逐渐升高。对 PM10 的吸附量在夏季最低，秋季最高。对 TSP 的吸附量不同树种变化规律差异较大。

4.4 植物叶片吸附颗粒物能力与叶面微结构的关系

植物对吸附大气中的颗粒物具有重要的作用，不同植物的吸附能力不同，这与植物叶片表面微结构特征有关。不同树种的形态特征不同，不仅叶面积大小会影响叶片对颗粒物的捕获效率，叶表面一些特殊形态，如毛状体、气孔和叶表面角质层蜡的化学成分和结构等（Jouraeva，2002；Kaupp，2000），也能够促进颗粒物的沉积吸附。

本研究中用扫描电镜观察的 20 种植物均为阔叶植物,不同植物叶片上下表面微观结构差别明显，叶表面吸附颗粒物也因叶片微结构不同而有所差异。无论是吸附大粒径颗粒物还是 PM10、PM2.5，叶片上表面均比下表面吸附的颗粒物多。褶皱深浅与叶片吸附颗粒物数量有关，平滑的叶表面吸附的颗粒物数量较褶皱的叶片少。PM2.5 等颗粒物主要被吸附在沟槽处，因此可认为沟槽的分布情况是叶片吸附颗粒物的主要因素。植物叶片叶脉处褶皱或沟壑较其他地方深，叶脉附近吸附的颗粒物也较其他叶片部分吸附得多。叶片绒毛上能够吸附 PM2.5 或粒径更小的颗粒物，而不能吸附 PM10 等粒径较大的颗粒物。叶片下表面气孔分布情况与吸附颗粒物数量未发现明显关系。颗粒物在一定情况下会滞留在与其粒径相符的沟槽或褶皱处，但有些粒径很小的颗粒物会相互附着变大，从而吸附在宽度较大的沟槽处或褶皱凹陷处。

我国学者对叶表面微形态影响滞尘能力的研究较多,俞学如等从定量角度分析,发现植物叶面滞尘量随着气孔数量的增加而增加;毛被数量多的滞尘量大,且毛被短而多的滞尘能力强(俞学如,2008)。柴一新等(2002)通过电镜叶表面进行观察,发现叶表皮具有沟状组织、密集纤毛的树种滞尘能力比具有瘤状或疣状突起的树种强。针叶树叶表面结构也对其滞尘能力有较大影响:叶表面平滑,细胞与气孔排列整齐的树种滞尘量较小;叶表皮较粗糙,细胞与气孔排列不规则的树种滞尘量较大;沙松、冷杉和东北红豆杉等的叶断面形状呈四棱形,叶片扁、平,滞尘量最大(陈玮等,2003)。叶片表面不同微形态结构越密集、深浅差别越大,越有利于滞留大气颗粒物,这些微形态结构滞留大气颗粒物的能力由高到低依次是绒毛、沟槽、叶脉+小室、小室、条状突起(王蕾等,2006;齐飞艳,2006)。

叶表面微形态结构不仅影响着叶片滞尘量,也影响着颗粒物在叶面的附着牢固程度。例如,侧柏和圆柏叶表面具有密集脊状突起的沟槽,可牢固藏纳大量颗粒物;油松叶表面光滑,颗粒物容量较低,且附着不牢固,易被降雨和大风带走(王蕾等,2006)。叶表面形态结构特征的不同是引起植物滞纳空气颗粒物能力差异的主要原因,叶表面粗糙、多绒毛、气孔密度和开度大的树种滞纳颗粒物的能力强,而叶面光滑、绒毛少、气孔密度较小的树种滞纳颗粒物的能力相对较弱。齐飞艳等研究郑州园林植物滞尘能力,指出具有沟槽和小室微形态结构的叶片有利于颗粒物的附着,而具条状突起和表面平整微形态结构的叶片对颗粒物的滞留能力较差,叶表面粗糙的叶片,且具有绒毛、沟状凸起、黏液油脂或较短的叶柄,其吸附 PM2.5 等颗粒物的能力较强。表 4-3 为扫描电镜植物表。

表 4-3 扫描电镜植物表

编号	名称	拉丁名	叶片特征	
			上表面	下表面
1	臭椿	*Ailanthus altissima*(Mill.)Swingle	纸质,无毛	纸质,无毛
2	刺槐	*Robinia pseudoacacia* Linn.	纸质,稀柔毛	纸质,稀柔毛
3	棣棠	*Kerria japonica.*	无毛或有稀柔毛	沿脉或脉腋有柔毛
4	杜梨	*Pyrus betulifolia* Bunge	微被绒毛	微被绒毛
5	国槐	*Sophora japonica* Linn	纸质,较密短柔毛	密被短柔毛
6	核桃	*Juglans regia*	无毛	腋内具簇短柔毛
7	黄金树	*Catalpa speciosa*	无毛	被白色柔毛
8	火炬树	*Rhus typhina* Nutt	无毛	沿叶脉有短柔毛

续表

编号	名称	拉丁名	叶片特征	
			上表面	下表面
9	加拿大杨	Populus X canadensis Moench	光滑无毛	光滑无毛
10	锦带	Weigela florida（Bunge）A. DC.	叶脉上有毛	绒毛较密
11	旱柳	Salix babylonica	无毛	无毛
12	桑树	Morus alba L.	无毛	沿脉有疏毛，脉腋有簇毛
13	山楂	Crataegus pinnatifida Bunge	光滑无毛	沿叶脉有疏生短柔毛或在脉腋有髯毛
14	栓皮栎	Quercus variabilis Bl.	光滑无毛	密被灰白色星状绒毛
15	水曲柳	Fraxinus mandshurica Rupr	纸质叶片，无毛或疏被白色硬毛	沿脉被曲柔毛，细脉构成明显网结
16	太平花	Philadelphus pekinensis Rupr.	无毛	脉腋被白色长柔毛
17	猥实	Kolkwitzia amabilis Graebn.	脉上密被直柔毛	脉上密被直柔毛
18	白榆	Ulmus pumila L.	平滑无毛	叶背幼时有短柔毛，后变无毛或部分脉腋有簇生毛
19	皂荚	Gleditsia sinensis Lam	短柔毛	中脉上稍被柔毛；网脉明显，在两面凸起
20	紫叶桃	Prunus persica 'Atropurpurea'	无毛	脉腋间具少数短柔毛或无毛

4.4.1 植物叶片上表面微结构特征与不同粒径颗粒物

4.4.1.1 植物叶片上表面微结构特征与 PM10

如图 4-15 所示为 20 种植物叶片上表面放大 400～500 倍后的图片，可清晰地观察到叶表面吸附的 PM10 颗粒物和相应尺寸的叶表面微结构。

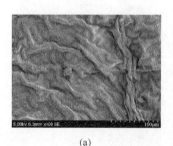
(a)

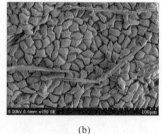
(b)

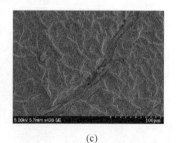
(c)

第 4 章　森林植被对 PM2.5 等颗粒物的吸附功能

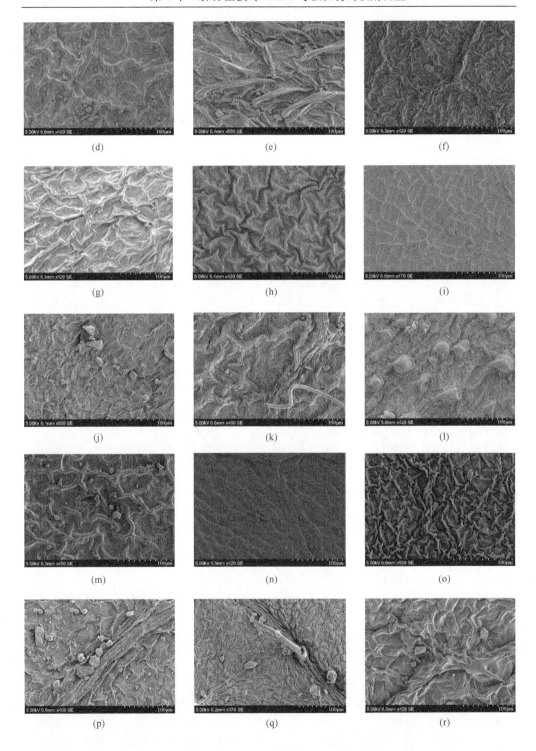

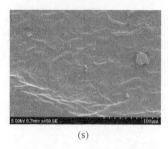 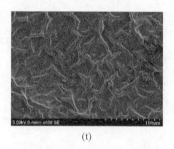

(s) (t)

图 4-15　20 种植物叶片上表面放大 400～500 倍扫描电镜图片

观察各供试植物叶片上表面扫描电镜图片（图 4-15），发现不同植物叶表面粗糙程度不同，叶面微结构各有差异。观察叶片上表面放大 400～500 倍的扫描电镜图片，叶片微结构特征和吸附颗粒物情况如下。

（1）所有 20 种供试植物叶片上表面均有不同程度的褶皱。其中，棣棠、加拿大杨、栓皮栎和皂荚叶片上表面最为平滑，叶片上表面仅有略微凸起纹路；刺槐和水曲柳叶片褶皱程度最深，具有高密度深沟槽；其余植物叶片上表面褶皱状况属于中等程度，其中，臭椿、锦带、旱柳和山楂的叶片上表面大褶皱附近伴随明显的细小褶皱。

（2）除刺槐和国槐以外，其余 18 种供试植物叶片上表面无毛或仅在叶脉处分布少量柔毛。

（3）从所有 20 种供试植物叶片上表面扫描电镜图片（图 4-15）中均可以发现，叶脉附近有明显沟壑，较叶片其余部分凸起或凹陷程度深。

（4）只有图 4-15（l）所示叶片上表面较密程度分布球状表皮毛。

（5）所有 20 种供试植物叶片上表面均无气孔分布。

（6）所有 20 种供试植物叶片上表面均吸附了颗粒物，由于本研究中采样时间为 4 月，植物叶片刚长出后不久，所以叶片吸附的颗粒物数量较少，能够从扫描电镜图片中清晰地观察出吸附的颗粒物，其中以 PM10 或粒径更大的颗粒较为明显。

（7）从加拿大杨和皂荚的平滑叶片上能够观察到少量颗粒物，这些颗粒物附着在叶表面，往往粒径较大。加拿大杨和皂荚的叶片上表面吸附的 PM10 或更小粒径的颗粒物很少，从图片中未能明显观察到。

（8）具有绒毛的刺槐和国槐叶片上表面并未观察到较其他叶片吸附更多的颗粒物，绒毛上面未有 PM10 或更大颗粒物黏附。

（9）叶脉处吸附的颗粒物明显多于叶片其他部位，从棣棠和太平花的扫描电镜图片中可明显看出，叶脉处沟壑较深，能够更为牢固地固定住吸附在叶表面的颗粒物。

（10）吸附在叶表面的颗粒物主要分布在褶皱凹陷处，臭椿、山楂和白榆的叶片褶皱处藏有大量颗粒物，其粒径与褶皱处尺寸颇为吻合，粒径在 10μm 左右的颗粒物居多。

4.4.1.2 植物叶片上表面微结构特征与 PM2.5

如图 4-16 所示为 20 种植物叶片上表面放大 2000～2700 倍后的图片，可清晰地观察到叶表面吸附的 PM2.5 颗粒物和相应尺寸的叶表面微结构。

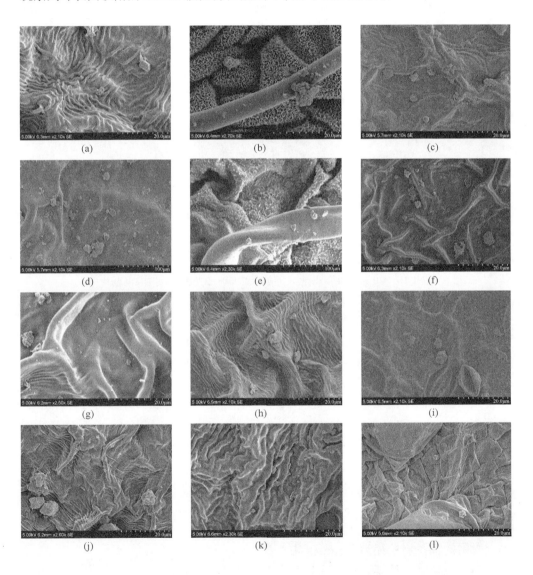

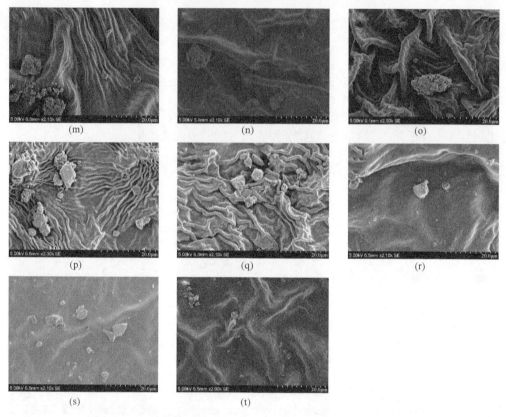

图 4-16 20 种植物叶片上表面放大 2000~2700 倍扫描电镜图片

将植物叶片上表面继续放大,观察叶片上表面放大 2000~2700 倍的扫描电镜图片(图 4-16),能够观察到粒径在 2.5μm 左右的颗粒物及植物叶片更为微观的形态结构,叶片微结构特征和吸附颗粒物情况如下。

(1) 在刺槐和国槐的叶片上表面分布有 2μm 左右的沟槽,其中刺槐的沟槽分布密集,国槐的沟槽或为局部深度褶皱。水曲柳的叶片上表面分布有 2~5μm 的沟槽。

(2) 臭椿、火炬树、锦带和太平花的叶片上较密地分布着尺寸在 1μm 左右的褶皱。

(3) 在刺槐和国槐叶片的绒毛上,能够明显地观察到有较多颗粒物黏附在上面。其中刺槐的绒毛呈圆柱状,附着的颗粒物除一个粒径为 8μm 左右的较大颗粒物外,其余均为粒径小于 2μm 的颗粒物,且分布较多。国槐的绒毛较为扁平,绒毛上吸附的颗粒物粒径为 2.5μm 左右。

(4) 在棣棠、杜梨、加拿大杨和皂荚的叶片上表面,由于叶片光滑,褶皱很少,吸附的粒径大于 PM2.5 的颗粒物较其他植物叶片少,但观察发现,光滑的叶片表面往往吸附更多粒径更小的颗粒物。

（5）从这 20 种放大 2000 多倍的植物叶片上表面的扫描电镜图上发现，植物叶片吸附 PM2.5 的数量要大于其吸附 PM10 及更大颗粒物的数量。无论在植物叶片平滑的地方、褶皱较浅处还是褶皱较深处，绒毛上均有较多 PM2.5 和粒径更小的颗粒物附着在上面。

4.4.2 植物叶片下表面微结构特征与不同粒径颗粒物

4.4.2.1 植物叶片下表面微结构特征与 PM10

如图 4-17 所示为 20 种植物叶片下表面放大 400～500 倍后的图片，可清晰地观察到叶表面吸附的 PM10 颗粒物和相应尺寸的叶表面微结构。

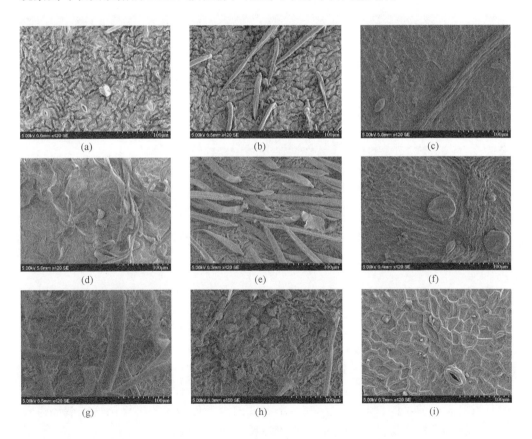

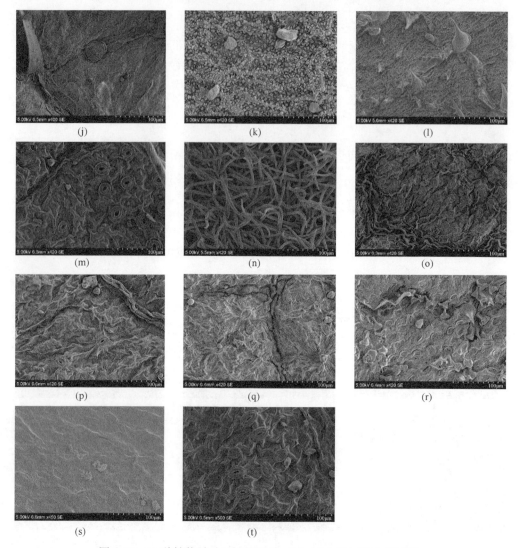

图 4-17 20 种植物叶片下表面放大 400~500 倍扫描电镜图片

观察各供试植物叶片下表面扫描电镜图片（图 4-17），发现不同植物叶片下表面绒毛分布和气孔分布不同，叶面微结构各有差异。观察叶片下表面放大 400~500 倍的扫描电镜图片，叶片微结构特征和吸附颗粒物情况如下。

（1）除臭椿、加拿大杨、旱柳和皂荚以外，其他植物叶片下表面均不同程度被有绒毛。其中，国槐和栓皮栎叶片下表面的绒毛最为密集，而国槐的绒毛为扁平状，较短；栓皮栎的绒毛为圆柱形，较长，非常密集。

（2）所有 20 种供试植物叶片下表面均有不同密集程度的气孔分布，气孔有开有闭。其中，山楂、白榆和紫叶桃叶片下表面的气孔密度最大，分布密集。由于栓皮栎叶片下表面密集的绒毛分布，臭椿、刺槐和旱柳叶片下表面特殊的结构特征，致使难以观察到这几种植物的气孔分布。

（3）与4.4.1.1相比，整体来看，植物叶片下表面吸附的颗粒物数量明显少于上表面。可观察到少量颗粒物吸附在较为平滑的下表面上，在棣棠、杜梨、加拿大杨和皂荚叶片的下表面上，均能观察到PM10及粒径更大的颗粒物，吸附的颗粒物以扁平状居多，球状较少。

（4）刺槐、国槐、黄金树和栓皮栎叶片下表面的绒毛上并未观察到较大粒径的颗粒物，其中，刺槐、国槐和黄金树叶片下表面在绒毛根部及绒毛间有较大颗粒物滞留，而栓皮栎叶片下表面的绒毛过于密集，交织成网状，无论在绒毛上还是绒毛间均未观察到有附着的颗粒物。

（5）在叶片下表面叶脉褶皱处往往存在PM10和更大粒径的颗粒物。

（6）仅从扫描电镜图片（图4-17）中并未观察到气孔密度与吸附PM10颗粒物之间的联系。

4.4.2.2 植物叶片下表面微结构特征与PM2.5

如图4-18所示为20种植物叶片下表面放大2000～2700倍后的图片，可清晰地观察到叶表面吸附的PM2.5颗粒物和相应尺寸的叶表面微结构。

将植物叶片上表面继续放大，观察叶片上表面放大2000～2700倍的扫描电镜图片（图4-18），能够观察到粒径在2.5μm左右的颗粒物及植物叶片更为微观的形态结构，叶片微结构特征和吸附颗粒物情况如下：

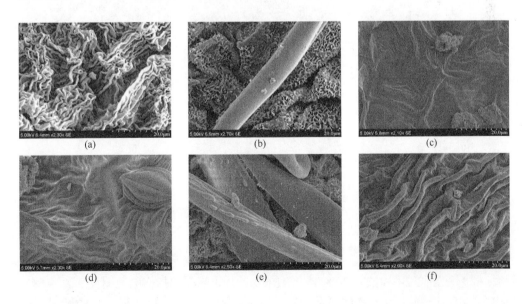

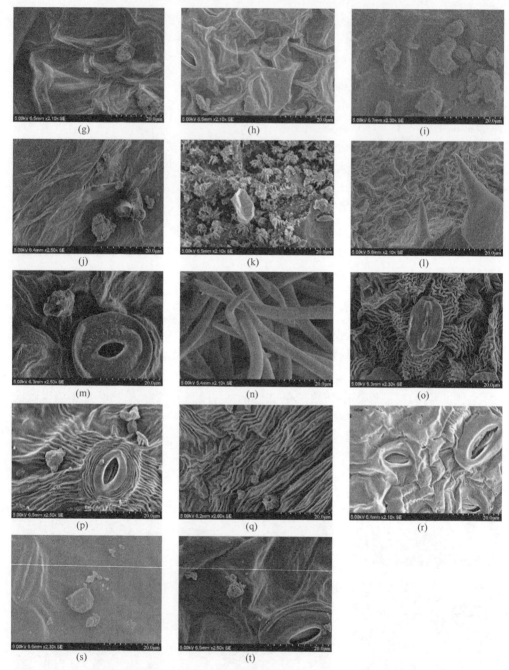

图 4-18　20 种植物叶片下表面放大 2000~2700 倍扫描电镜图片

（1）观察这 20 种放大 2000 多倍的植物叶片下表面的扫描电镜图片（图 4-18）可以看出，植物叶片下表面吸附 PM2.5 的数量明显少于上表面吸附的数量，与其吸附 PM10 及更大颗粒物的数量相似。无论在植物叶片平滑的地方、褶皱较浅处、褶皱较深处、绒毛上,还是气孔附近,均有 PM2.5 和粒径更小的颗粒物附着在上面。

(2) 臭椿和刺槐的叶片下表面结构特殊,呈类海绵状,旱柳叶片下表面密被腺体,这三种植物叶片下表面均不易观察到有颗粒物吸附。

(3) 在刺槐、国槐和栓皮栎下表面叶片的绒毛上,能够明显地观察到有颗粒物黏附在上面。其中刺槐和栓皮栎的绒毛呈圆柱状,附着的颗粒物为 PM2.5 和粒径小于 2μm 的颗粒物,颗粒物数量较少。国槐叶片的绒毛较为扁平,绒毛间有粒径 4μm 左右的颗粒物卡住,绒毛上吸附的颗粒物粒径很小,小于 1μm。

(4) 从山楂、太平花、紫叶桃、水曲柳和白榆的叶片下表面扫描电镜图片中可明显观察到气孔和气孔附近颗粒物的吸附情况。其中,水曲柳和白榆的气孔附近无颗粒物附着;而山楂的气孔上有凸起,疑为小粒径颗粒物附着,粒径尺寸小于 1μm;太平花和紫叶桃叶片下表面的气孔附近和气孔上均有颗粒物附着,气孔上黏附的颗粒物从粒径尺寸看为 PM2.5,气孔周围既有 PM2.5,也有粒径在 5μm 左右的颗粒物,颗粒物尺寸不一。

(5) 核桃、黄金树和火炬树的叶片下表面褶皱较深,在凹槽处吸附了一定数量的 PM2.5,褶皱更为密集的猥实叶片也有少量颗粒物被固定在褶皱中间。

4.5 树皮和树枝对不同粒径颗粒物的吸附分析

乔木较大的叶片表面积使其成为阻滞大气颗粒物的最有效植物类型之一(McDonald and Bealey, 2007)。目前,植物滞尘的研究以清洗叶片计算单位叶面积滞尘量和野外监测不同植被环境内颗粒物浓度差异为主,对树皮和树枝表面吸附空气颗粒物的研究还较少。茂密的林冠层能有效改善悬浮颗粒物间的湍流并使之沉降(Matsuda et al., 2010),因此乔木除叶片之外,枝干与空气中悬浮颗粒物也会发生相互作用。植物枝干具有一定的滞尘能力,在冬季落叶期能够减少 18%~20%的大气颗粒物(郭伟等,2010)。树冠结构密度和枝条的硬度角度等对植物的滞尘作用有重要影响(陈芳等,2006)。并有学者研究了在不同的风速、堆积密度和树枝方向下植物对超细颗粒物的捕集效率,提出了一种用冠层特性预测枝条范围捕集效率的模型(Lin et al., 2012)。植物叶片沉积大量的颗粒物会造成光合作用减弱、气孔阻塞等一系列问题,从而影响植物生长(Tomašević et al., 2005)。由于植物树皮部分是新周皮形成过程中木栓层外方累积增厚的死亡组织,其植物生物调节功能对表面沉积颗粒物的敏感性相对较低。国内学者研究发现颗粒态的持久性有机污染物(POPs)比其他 POPs 更易在树皮富集;对树干六种不同组织中多环芳烃(PAHs)浓度测定结果表明,树干各组织富集均源于大气,最外层的表皮富集能力最强（赵玉丽，2008）。国外学者对树皮表面沉降的颗粒物的元素组分进行了解析，树皮吸附的颗粒物主要组成为有机物质、原始地质成分、磷酸钙和人为工业活动产生的金属颗粒物（Catinon et al.，2009）。不同树种树皮平滑或开裂的表面形态对其吸附效率有着重要的影响，但不同树皮的表面滞尘机制和物理化学特征尚不清楚。与叶片不同，树皮去除悬浮颗粒物的机制是先使之沉降、吸附到树皮表面，再通过气象因素恢复树皮表面吸附颗粒物的能力（Catinon et al.，2012）。湿润、粗糙或带电的表面增加悬浮颗粒物的滞留量（Panichev and Mccrindle，2004），这表明树皮和树枝表面同样是高效的颗粒物收集器。本次研究对10种常见植物的树皮和树枝对大气中颗粒物的单位面积吸附量进行了分析。

4.5.1 树皮吸附不同粒径颗粒物的季节变化

单位面积树皮对 $10\sim100\mu m$ 粒径范围的大颗粒物吸附量较高，平均达 $1939.12\mu g/cm^2$，在不同粒径组分的分布上有绝对优势，质量分数占88%。单位面积树皮对 $0.2\sim10\mu m$ 小颗粒物的吸附量相对较小，粗细两种粒径颗粒质量分数仅各占6%左右。单位面积树皮对 $0.2\sim2.5\mu m$ 细颗粒物组分的吸附量略高于对 $2.5\sim10\mu m$ 粗颗粒物组分的吸附量，平均分别是 $127.77\mu g/cm^2$ 和 $115.17\mu g/cm^2$。另外，小颗粒物粗细组分无显著差异（ANOVA，$P>0.05$，$N=120$），受不同天气和树种的影响，细颗粒物的离散程度大于粗颗粒物，偏度和峰度值均大于粗颗粒物。

树皮对不同粒径范围颗粒物的吸附量均呈现出季节差异。虽然树皮对 $0.2\sim10\mu m$ 小颗粒物在不同季节的吸附量绝对差值小，但小颗粒物季节差异显著（ANOVA，$P<0.01$，$N=120$）。不同植物树皮表面小颗粒物的季节变化特征相似，树皮吸附小颗粒物的特点主要是夏季低、秋季高。其中，$0.2\sim2.5\mu m$ 细颗粒物组分除春季和冬季吸附量差异不显著外，其余季节之间均差异显著（Tamhane，$P<0.05$，$N=120$）；$2.5\sim10\mu m$ 粗颗粒物组分除秋季吸附量差异不显著外，其余季节之间均差异显著（LSD，$P<0.05$，$N=120$）。而 $10\sim100\mu m$ 大颗粒物绝对差值大，不同植物的差异较大，季节变化显著（ANOVA，$P<0.05$，$N=12$）。

由图4-19可知，树皮在各粒径范围内吸附量均为多雨的夏季最低，多霾的秋季最高，夏季约为秋季的75%。树皮对TSP吸附量，夏季平均为 $1850.51\mu g/cm^2$，秋季平均为 $2459.52\mu g/cm^2$，相差 $609.01\mu g/cm^2$。由于树皮吸附的悬浮颗粒物中粒径范围为 $10\sim100\mu m$ 的大颗粒物占主要部分，故其吸附量的季节变化规律与TSP吸附量基本一致。而小颗粒物 $0.2\sim2.5\mu m$ 细组分和 $2.5\sim10\mu m$ 粗组分，夏季和秋季的差值分别是 $81.85\mu g/cm^2$ 和 $61.36\mu g/cm^2$。春季和冬季的颗粒物吸附量处于中间水平，但在不同粒径上表现不一致。冬季树皮对 $0.2\sim10\mu m$ 小颗粒物的单位面积吸附量大于春季，而对 $10\sim100\mu m$ 大颗粒物的单位面积吸附量则呈现出相反情况。相比春季，夏季吸附的 0.2～2.5μm、2.5～10μm 和 10～100μm 颗粒物分别减少了 26.71μg/cm²、18.15μg/cm² 和 326.96μg/cm²。相比秋季，冬季吸附的 0.2～2.5μm、2.5～10μm 和 10～100μm 颗粒物分别减少了 41.95μg/cm²、31.18μg/cm² 和 197.01μg/cm²。

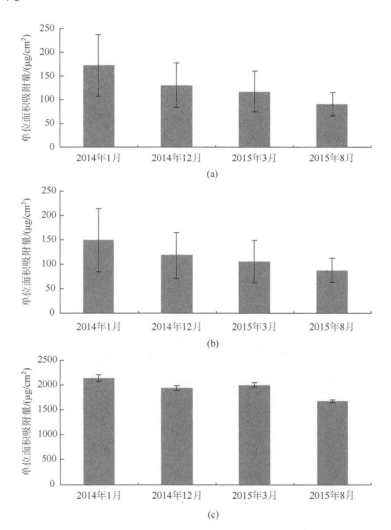

图 4-19 树皮对不同粒径颗粒物吸附的季节变化

数据为平均值±标准差，N=30；（a）0.2～2.5μm；（b）2.5～10μm；（c）10～100μm

4.5.2 多年生树枝吸附不同粒径颗粒物的季节变化

多年生树枝对不同粒径颗粒物的单位面积吸附量呈现出 10～100μm＞2.5～

10μm＞0.2～2.5μm 的规律。10～100μm 粒径范围的大颗粒物吸附量较高,平均达 88.72μg/cm², 质量分数占 68%。对 2.5～10μm 粗颗粒物组分单位面积的吸附量略高于对 0.2～2.5μm 细颗粒物组分的吸附量,平均分别为 22.32μg/cm² 和 16.27μg/cm², 质量分数分别占 18% 和 14%。

由图 4-20 可知,多年生树枝不同季节吸附量的规律在大粒径和小粒径颗粒物上存在差异。多年生树枝对 10～100μm 大颗粒物吸附量的规律为冬季＞秋季＞春季＞夏季,分别为 113.17μg/cm²、102.34μg/cm²、85.03μg/cm² 和 54.34μg/cm²。而对 0.2～10μm 小颗粒物吸附量的规律为秋季＞冬季＞春季＞夏季,其中对 2.5～10μm 粗颗粒物组分的吸附量分别是 28.45μg/cm²、24.75μg/cm²、20.20μg/cm² 和 15.87μg/cm², 对 0.2～2.5μm 细颗粒物组分的吸附量分别是 20.76μg/cm²、18.45μg/cm²、12.96μg/cm² 和 12.91μg/cm²。在 0.2～2.5μm、2.5～10μm 和 10～100μm 三种粒径范围颗粒物上,相比冬季,夏季的吸附分别减少了 5.44μg/cm²、8.88μg/cm² 和 58.83μg/cm², 相比

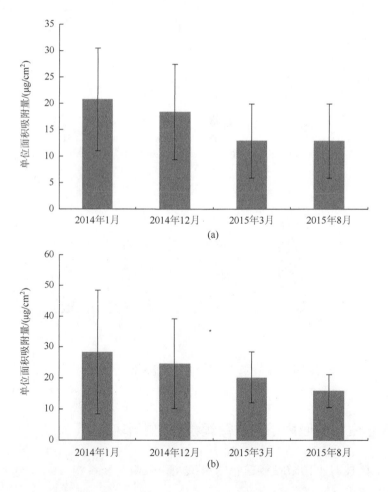

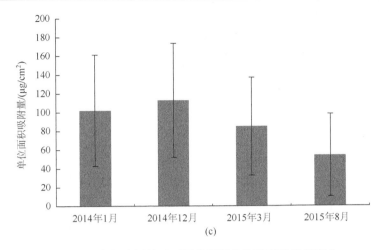

图 4-20　多年生树枝对不同粒径颗粒物吸附的季节变化

数据为平均值±标准差，N=30；（a）0.2～2.5μm；（b）2.5～10μm；（c）10～100μm

秋季，夏季的吸附分别减少了 7.85μg/cm²、12.58μg/cm² 和 48.00μg/cm²，相比春季，夏季的吸附分别减少了 0.05μg/cm²、4.33μg/cm² 和 30.69μg/cm²。

4.5.3　一年生树枝吸附不同粒径颗粒物的季节变化

一年生树枝对不同粒径颗粒物的单位面积吸附量呈现出 10～100μm＞2.5～10μm＞0.2～2.5μm 的规律。10～100μm 粒径范围的大颗粒物吸附量较高，平均达 90.63μg/cm²，质量分数占 65%。对 2.5～10μm 粗颗粒物组分单位面积的吸附量略高于对 0.2～2.5μm 细颗粒物组分的吸附量，平均分别是 19.60μg/cm² 和 15.74μg/cm²，质量分数分别占 21%和 14%。

一年生树枝对不同粒径范围颗粒物的吸附量呈现出不一致的季节变化差异。由图 4-21 可知，一年生树枝在不同季节吸附量的规律在不同粒径上呈现差异。一年生树枝对 10～100μm 的大颗粒物吸附量规律为秋季＞冬季＞夏季＞春季，分别为 107.58μg/cm²、98.17μg/cm²、79.09μg/cm² 和 77.69μg/cm²，相比秋季和冬季，夏季的吸附分别减少了 28.49μg/cm² 和 19.08μg/cm²。而对 0.2～10μm 的小颗粒物中 2.5～10μm 粗颗粒物组分的吸附量规律为秋季＞春季＞夏季＞冬季，分别是 22.86μg/cm²、20.43μg/cm²、18.43μg/cm² 和 16.68μg/cm²，递减程度基本相当；对 0.2～2.5μm 细颗粒物组分的吸附量规律为秋季＞春季＞冬季＞夏季，分别是 21.00μg/cm²、16.38μg/cm²、15.61μg/cm² 和 9.97μg/cm²，夏季相比秋季、春季和冬季，吸附分别减少了 11.03μg/cm²、6.41μg/cm² 和 5.64μg/cm²。

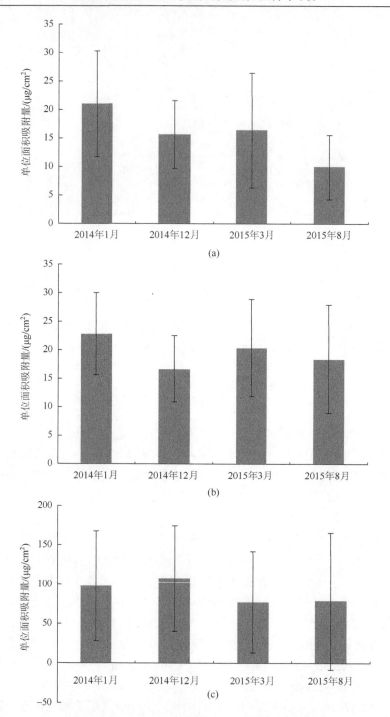

图 4-21 一年生树枝对不同粒径颗粒物吸附的季节变化

数据为平均值±标准差，N=30；（a）0.2~2.5μm；（b）2.5~10μm；（c）10~100μm

4.5.4 与叶片对不同粒径颗粒物的吸附比较

植物不同器官上单位面积累积的颗粒物滞尘量差异显著（ANOVA，$P<0.01$），整体呈现出树皮＞枝条＞叶片的规律。进一步多重比较（Tamhane's T2）分析结果如表 4-4 所示，树木主干的树皮表面对各粒径范围颗粒物的吸附量均远高于其他部分，对总悬浮颗粒物的吸附量平均达 2373.70μg/cm^2，分别是枝条的 15 倍和叶片的 100 倍左右；树木枝条表面对总悬浮颗粒物的吸附量平均达 153.19μg/cm^2，对各粒径范围颗粒物的吸附量均高于叶片，其中大枝和小枝间的吸附量差异不明显；树木叶片的吸附量最低，叶表面和蜡质层的平均吸附总量为 43.35μg/cm^2，其中叶表面和蜡质层对 10～100μm 的大颗粒物吸附量差异显著，叶表面吸附量约为蜡质层的 2 倍，而对 10μm 以下小颗粒物则无显著差异。其中，需要说明的是，比较吸附量的测定时间为生长季末，因此叶表面、蜡质层和一年生小枝表面吸附颗粒物的时间尺度为单个生长季，多年生大枝和树干的树皮表面吸附颗粒物的时间尺度为多个生长季。

表 4-4 不同部位的单位面积积累吸附量多重比较

粒径范围	0.2～2.5μm	2.5～10μm	10～100μm	TSP
主干	167.45±61.29aA	145.72±51.49aA	2060.53±760.16aB	2373.70±849.32
大枝	18.52±6.16bA	29.57±20.7bA	98.27±56.78bB	146.36±80.94
小枝	24.52±10.38bA	24.10±6.81bA	111.41±72.37bB	160.03±86.31
叶表面	2.30±1.22cA	3.64±1.81cB	23.95±12.25cC	28.89±14.02
蜡质层	2.13±0.95cA	2.46±1.12cA	9.97±3.71dB	14.56±4.85

注：数据为平均值±标准差，$N=24$。小写字母表示不同部位间在 0.05 水平上显著差异，大小写字母表示不同粒径范围间在 0.05 水平上显著差异。

如表 4-4 所示，植物同器官不同粒径范围上的单位面积吸附量差异显著（ANOVA，$P<0.01$）。叶表面的吸附量呈现出 10～100μm＞2.5～10μm＞0.2～2.5μm，其余部位均表现出对 10～100μm 的颗粒物吸附量高，而对 2.5～10μm 和 0.2～2.5μm 的颗粒物无显著差异。

不同部位对各粒径范围上的吸附量比例如图 4-22 所示，各器官均为 10μm 以上颗粒物的单位面积吸附量占主导地位。对三种粒径组分的吸附比例进行双因素方差分析，不考虑植物种类与不同器官的交互作用。主体间效应检验发现，植物种类对粒径组分的吸附比例分异无显著影响（$P>0.05$），而不同器官对粒径组分吸附比例分异的影响显著（$P<0.05$）。进一步在各粒径组分上对不同部位的吸附

量比例进行多重比较（Tamhane's T2）分析，可得出不同部位在对不同粒径大小颗粒物的吸附是有差异的。树干和叶表面对 10～100μm 大颗粒物的吸附作用较强，而对 10μm 以下小颗粒物相比其他器官较弱。树干对 2.5～10μm 和 0.2～2.5μm 颗粒物的吸附量比例无显著差异，叶表面对 2.5～10μm 粗颗粒物的吸附量比例高于 0.2～2.5μm 细颗粒物。而枝条和蜡质层的阻滞作用则与树干明显相反，对大颗粒物的吸附作用较弱，对小颗粒物较强，其中多年生大枝条对 2.5～10μm 粗颗粒物的吸附量比例高于 0.2～2.5μm 细颗粒物。

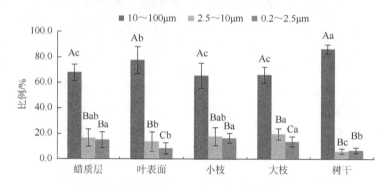

图 4-22　不同部位三种粒径组分吸附的比例

数据为平均值±标准差，N=24。小写字母表示不同部位间在 0.05 水平上显著差异，大小写字母表示不同粒径范围间在 0.05 水平上差异显著

4.6　单株植物对不同粒径颗粒物的吸附分析

植物叶片对大气中不同粒径的颗粒物均有吸附效果，不同树种单位叶面积吸附量有显著差异，植被叶片对净化城市空气起到了重要作用。不同植株叶片生物量不同，单株植物的叶面积指数有很大差距。估算单株植物对不同粒径的吸附量有重要意义。单株植物对大气中颗粒物的吸附量不仅取决于单位面积吸附颗粒物的能力，还受到叶片密度、叶面积指数等因素的影响。为了评估城市植被对大气颗粒物的吸附能力，本次研究利用叶面积指数推算不同种单株植物对大气中颗粒物的吸附能力。

4.6.1　单株植物对颗粒物吸附量的整体情况

本次研究通过 LAI-2200c 获得单株植物在四个方向上的叶面积指数。假定研究的树冠上不同部分的叶片吸附大气颗粒物质量能力相近。利用本研究测定的 17 种北京市常见植物生长季对不同粒径颗粒物吸附的平均值乘以单株植物的叶面积总量获得单株植物对大气中 TSP、PM10 和 PM2.5 的吸附能力，为评估城市森林净化大气能力提供基础数据（表 4-5）。

表 4-5 17 种植物样点基本特征

树种	胸径/cm	树高/m	冠幅/m	LAI/ (m^2/m^2)
白玉兰	4.14	6.30	6.80	1.36
悬铃木	63.00	8.60	6.60	1.89
白蜡	24.99	9.40	7.90	1.29
毛白杨	60.00	13.00	5.30	1.56
银杏	21.49	10.00	5.80	1.52
白榆	77.06	8.40	6.80	1.88
旱柳	35.00	9.50	6.90	1.38
油松	28.00	7.80	5.60	2.85
侧柏	16.14	6.10	1.70	1.67
华山松	16.46	5.40	3.80	2.56
大叶黄杨	5.00	1.90	2.40	2.71
金银木	13.00	3.50	5.60	2.77
紫叶李	23.00	2.40	5.40	1.43
重瓣榆叶梅	18.00	1.70	2.80	2.30
火炬树	8.79	3.60	2.30	1.04
臭椿	36.00	6.80	4.60	2.42
国槐	35.00	7.90	3.40	3.84

利用系统聚类中的 Ward 法聚类，根据 17 种植物单位叶面积对不同粒径的吸附能力划分为四类：第一类单位叶面积吸附颗粒物能力强的植物有侧柏、华山松；第二类吸附能力较强的植物有火炬树；第三类吸附能力中等的植物有白玉兰、悬铃木、银杏、白榆、旱柳、油松、大叶黄杨、金银木、紫叶李、重瓣榆叶梅；第四类吸附能力较弱的植物有白蜡、毛白杨、臭椿、国槐 [图 4-23（a）]。

根据单株植物整株吸附量能力划分为四类：第一类单位叶面积吸附颗粒物能力强的植物有悬铃木、白榆、旱柳、油松和华山松；第二类吸附能力较强的植物有白玉兰、白蜡和银杏；第三类吸附能力中等的植物有毛白杨、金银木、臭椿和国槐；第四类吸附能力较弱的植物有侧柏、大叶黄杨、紫叶李、重瓣榆叶梅和火炬树 [图 4-23（b）]。

通过聚类分析可知，不同树种叶片吸附能力和单株吸附能力存在较大差异，单株吸附总量主要取决于单株植物的叶面积指数和树冠体积。华山松和油松等针叶树种叶片尺度和整株水平对颗粒物吸附量均较大。乔木生物量比灌木高，在单株水平上吸附量也更高。所以按单株吸附水平聚类后大叶黄杨和重瓣榆叶梅均在第四类中。

4.6.2 单株植物对 PM2.5 的吸附量分析

不同整株植物对 PM2.5 的吸附量存在显著差异。大叶黄杨和重瓣榆叶梅对 PM2.5 的吸附量最低，为 0.06g/株，旱柳对 PM2.5 的吸附量最高，为 3.84g/株。旱柳对 PM2.5 的吸附量为大叶黄杨和重瓣榆叶梅的 64 倍。油松和华山松吸附量也较大，分别为 2.68g/株和 3.57g/株。洋白蜡、毛白杨、大叶黄杨、紫叶李、重瓣榆叶梅、臭椿和国槐单株吸附量均小于 0.5g/株（图 4-24）。

叶片尺度上火炬树、侧柏、华山松、旱柳和油松对 PM2.5 的吸附量较大，不同树种间差异较小。推算到整株植物后，选取的 17 种植物中只有三种树种对 PM2.5 有较强的吸附能力，大量树种对 PM2.5 的整株吸附量较小。单株植物吸附量高的树种其单位叶片对 PM2.5 的吸附量也较大。

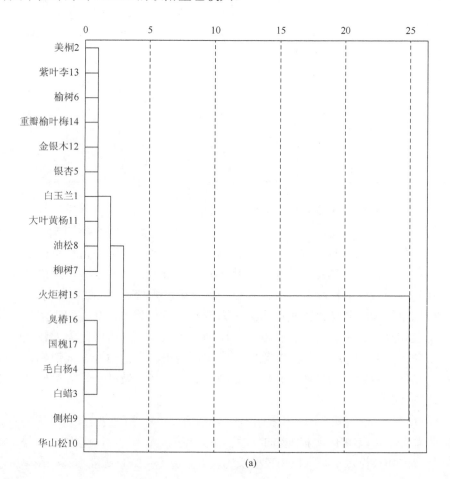

(a)

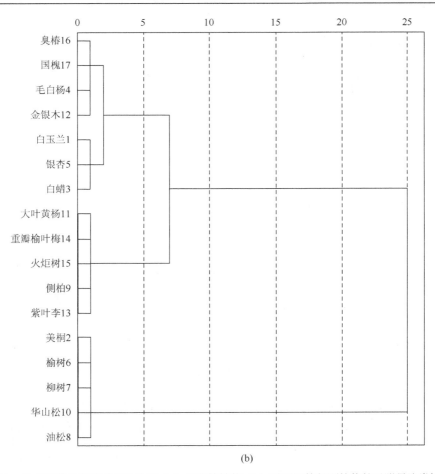

图 4-23　北京市常见植物单位叶面积（a）和整株植物（b）对不同粒径颗粒物的吸附量聚类树状图

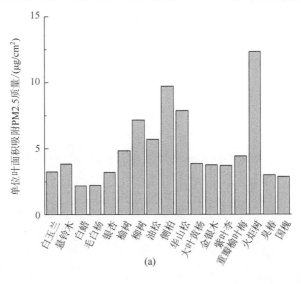

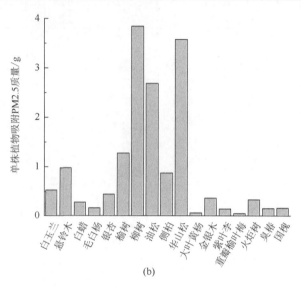

(b)

图 4-24　整株植物单位叶面积（a）和整株植物（b）对 PM2.5 的吸附量

4.6.3　单株植物对 PM10 的吸附量分析

单株植物对 PM10 吸附量最低的是重瓣榆叶梅，为 1.28g/株，吸附量最高的是旱柳，为 53.77g/株，其吸附量是重瓣榆叶梅的 42 倍。大叶黄杨和重瓣榆叶梅单位叶面积吸附能力较强而整株吸附量最低，主要是灌木树种叶面积总量较低（图 4-25）。

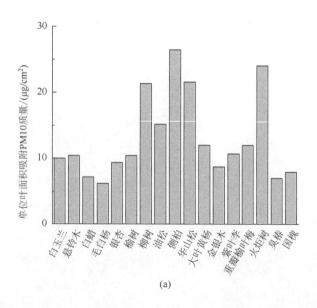

(a)

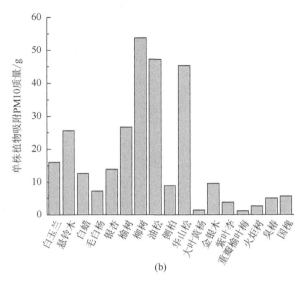

图 4-25　整株植物单位叶面积（a）和整株植物（b）对 PM10 的吸附量

常绿乔木对 PM10 的吸附量在叶面尺度和整株水平均较高，常绿乔木的整体叶面积指数较大。落叶乔木叶面积指数变化范围较大，叶片吸附能力强的火炬树在整株水平上吸附量较小。整株吸附量主要受到单叶吸附能力和叶面积指数的共同影响，单株植物吸附量在不同种间分化趋势更为明显。

4.6.4　单株植物对 TSP 的吸附量分析

单株植物对 TSP 吸附量最低的是重瓣榆叶梅，为 10.69g/株，吸附量最高的是油松，为 311.53g/株，其吸附量是重瓣榆叶梅的 30 倍。不同树种的 TSP 整株吸附量差异巨大。重瓣榆叶梅叶片尺度对大气中颗粒物吸附能力较弱，灌木单株叶面积总量较小，所以单株植物对不同粒径颗粒物吸附能力均较弱。毛白杨单位叶面积吸附颗粒物能力最弱，但毛白杨树高和冠幅优势明显，单株毛白杨对 TSP 的吸附量为 116.53g/株。单株植物叶面积总量对评价植物种的吸附能力有重要意义（图 4-26）。

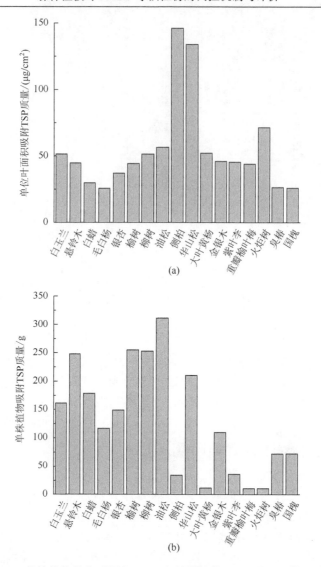

图 4-26 整株植物单位叶面积（a）和整株植物（b）对 TSP 的吸附量

第 5 章 北京市典型城市绿地及森林对 PM2.5 等颗粒物的调控效应

5.1 北京市典型森林公园对 PM2.5 等颗粒物的阻滞效应

北京下辖东城区、西城区、朝阳区、海淀区、丰台区、石景山区、门头沟区、房山区、大兴区、通州区、顺义区、昌平区、平谷区、怀柔区、密云县、庆县 16 个区（县）。传统的北京市建成区范围一般指的是城八区，即朝阳、海淀、丰台、石景山、西城、东城、宣武和崇文 8 个区。2010 年 7 月，国务院批复北京市行政区划调整的请示，撤销原东城区和崇文区，设立新的东城区，撤销原西城区和宣武区，设立新的西城区。随着社会经济发展，城区范围不断扩大，近年来主要居住区扩展至五环到六环之间。考虑到这一因素，本研究城市公园的研究范围界定在北京市六环以内，共有东城、西城、海淀、朝阳、昌平、顺义、通州、石景山、门头沟、丰台、房山和大兴 12 个区，区域面积 2056km^2。

对城市公园的选择，主要依据的是北京市公园管理中心发布的注册公园名录，共有注册公园 169 个。本研究以此为基础，以六环为边界，剔除了六环以外和关闭的共 59 个公园。同时，基于中国地图出版社出版的 2012 年 7 月修订的最新版本的北京市交通游览图，利用 ArcGIS 的配准和数字化功能，对公园数量、区位和面积等空间及属性信息进行修正和增补，新增了 38 个城市公园。经过处理以后，共有 148 个城市公园，并将其编号（表 5-1、图 5-1、表 5-2）。北京是中国建成区面积最大的城市，是具有 3000 年城市建设史、800 年城市建都史的城市，城市公园数量众多、类型丰富，本研究选择北京市城市公园作为研究案例区具有典型性，适宜作为城市公园分类的样本，供其他城市公园分类作参考。

表 5-1 北京市六环以内城市公园名录与编号

编号	名称	编号	名称	编号	名称
1	圆明园遗址公园	7	元大都城垣遗址	13	体育休闲公园
2	玉渊潭公园	8	颐和园	14	稻香湖公园
3	玲珑园	9	海淀公园	15	八家郊野公园
4	紫竹院公园	10	北京市植物园	16	八大处公园
5	北京动物园	11	香山公园	17	森林公园
6	元土城遗址公园	12	百望山森林公园	18	陶然亭公园

续表

编号	名称	编号	名称	编号	名称
19	万寿公园	52	世界公园	85	西海子公园
20	北海公园	53	花乡公园	86	小红门体育公园
21	景山公园	54	新发地海子公园	87	石榴庄公园
22	日坛公园	55	兴海公园	88	南苑公园
23	南馆公园	56	平房公园	89	槐房钓鱼公园
24	地坛公园	57	常营公园	90	世界地热博览园
25	柳荫公园	58	太阳宫公园	91	万泉公园
26	青年湖公园	59	太阳宫休闲公园	92	益泽公园
27	人定湖公园	60	中华民族园	93	莲花池公园
28	什刹海公园	61	康兴体育乐园	94	月坛公园
29	天坛公园	62	郁金香花园	95	竺园
30	龙潭公园	63	金港汽车公园	96	万芳亭公园
31	龙潭西湖公园	64	森林公园	97	双秀公园
32	方庄体育公园	65	南海子郊野公园	98	个园
33	东小口森林公园	66	碧海公园	99	四得公园
34	清阳湖公园	67	旺兴湖公园	100	丽都公园
35	奥林匹克森林公园	68	团河行宫公园	101	朝来农艺园
36	奥林匹克公园	69	康庄公园	102	南湖公园
37	望京公园	70	中华文化园	103	黄渠公园
38	朝阳公园	71	翡翠公园	104	北焦公园
39	古塔郊野公园	72	绿堤公园	105	蟹岛绿色生态公园
40	红军公园	73	云岗森林公园	106	中山公园
41	朝来森林公园	74	留霞峪生态园	107	东单公园
42	窑洼湖公园	75	昊天公园	108	皇城根遗址公园
43	兴隆公园	76	鹰山森林公园	109	菖蒲河公园
44	姚家园公园	77	老山郊野公园	110	劳动人民文化宫
45	东坝郊野公园	78	希望公园	111	玉蜓公园
46	镇海公园	79	四海公园	112	明城墙遗址公园
47	牌坊体育公园	80	法海寺森林公园	113	北滨河公园
48	团结湖公园	81	枫叶泉公园	114	南礼士路公园
49	红领巾公园	82	翠景公园	115	顺成公园
50	金田郊野公园	83	奥体公园	116	玫瑰公园
51	白鹿郊野公园	84	运河文化广场	117	白云公园

编号	名称	编号	名称	编号	名称
118	官园公园	129	万春园	140	松林公园
119	大观园	130	玉春园	141	北京国际雕塑公园
120	宣武艺园	131	桃园花园	142	半月园
121	翠芳园	132	福海公园	143	小青山公园
122	丰宜公园	133	长辛店公园	144	马甸公园
123	长椿苑公园	134	丰台园区公园	145	会城门公园
124	荣鹏公园	135	丰台花园	146	阳光星期八公园
125	街心公园	136	八角公园	147	上地公园
126	儿童乐园	137	古城公园	148	北京滨河公园
127	朝凤森林公园	138	石景山游乐园		
128	漫春园	139	雕塑公园		

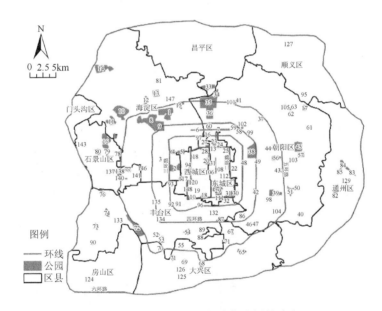

图 5-1 北京市六环以内城市公园的分布

表 5-2 北京市 148 个城市公园的类型划分

公园类型	具体公园编号
社区公园	23、25、26、27、30、31、43、44、48、54、55、58、66、69、71、78、81、82、87、88、89、92、95、96、97、98、100、102、103、104、107、109、111、113、114、115、116、117、118、120、121、122、123、124、125、128、129、130、131、132、134、135、136、137、142、144、145、146、147、148

续表

公园类型	具体公园编号
生态公园	10、11、12、14、15、17、33、34、35、39、41、45、46、50、51、53、56、57、59、62、64、65、67、72、73、74、76、77、80、127、140、143
文化遗址公园	1、3、6、7、16、18、19、20、21、22、24、28、29、36、40、60、68、70、75、84、90、91、93、94、106、108、110、112、119、133、139、141
游乐公园	5、13、32、47、49、52、61、63、79、83、85、86、99、101、105、126、138
综合性公园	2、4、8、9、37、38、42

图 5-2 所示为北京市城市公园的类型划分结果，表 5-3 为各类型公园的数量、规模及其比重。北京市六环以内共有 148 个公园，总面积规模为 7293.9hm²，每个公园平均面积为 49.28hm²。基于新的划分标准，将 148 个公园划分为以下五种类型：综合性公园、社区公园、文化遗址公园、游乐公园、生态公园。

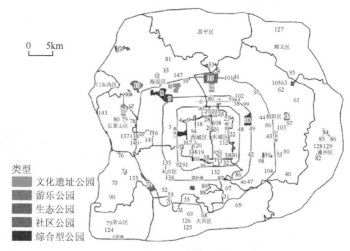

图 5-2　北京市六环以内城市公园的类型划分

表 5-3　北京市城市公园类型的数量与规模

公园类型	公园数量		面积规模		平均面积 /hm²
	值/个	比重/%	值/hm²	比重/%	
文化遗址公园	32	21.62	1664.69	22.82	52.02
游乐公园	17	11.49	523.23	7.17	30.78
综合性公园	7	4.73	1233.26	16.91	176.18
社区公园	60	40.54	710.19	9.74	11.84
生态公园	32	21.63	3162.52	43.36	98.83
合计	148	100.00	7293.89	100.00	49.28

根据调查的森林面积及换算的叶面积密度等,结合北京市 35 个站点发布的 PM2.5 浓度数值来计算阻滞量。

5.1.1 北京市城市公园绿地对 PM2.5 日阻滞量的估算

由表 5-4 和表 5-5 可以看出,生态类公园阻滞量最大,综合来看不同公园阻滞 PM2.5 能力大小排序为生态公园>综合性公园>文化遗址公园>社区公园>游乐公园。这与不同类型公园的绿地覆盖面积有关,一般绿地覆盖面积较大的地方阻滞 PM2.5 能力较强,阻滞量也较大。

表 5-4 北京市城市公园类型的日阻滞量

公园类型	面积/hm²	白天总阻滞量/(kg/d)			
		2月	5月	8月	11月
文化遗址公园	1665	23±6	245±62	284±96	232±86
游乐公园	523	18±2	79±23	93±42	72±33
综合性公园	1233	16±4	195±63	210±52	174±68
社区公园	710	10±3	113±35	124±36	101±52
生态公园	3162	42±12	545±63	563±102	521±74
合计	7293	109±27	1177±246	1274±328	1100±313

表 5-5 北京市城市公园类型的夜阻滞量

公园类型	面积/hm²	夜间总阻滞量/(kg/d)			
		2月	5月	8月	11月
文化遗址公园	1665	14±6	131±62	130±89	92±12
游乐公园	523	5±4	40±13	41±18	30±16
综合性公园	1233	11±3	102±35	96±45	71±19
社区公园	710	6±4	45±23	55±28	42±20
生态公园	3162	24±10	253±86	247±109	182±65
合计	7293	60±27	571±219	569±289	417±132

5.1.2 北京市城市公园绿地对 PM2.5 季节、年阻滞量的估算

从表 5-6 中可以看出,不同季节不同类型公园对 PM2.5 的阻滞量差异显著,其中冬季游乐公园的沉降量最小,生态公园的沉降量最大,为(5821±363)kg/季节。

夏季不同类型公园阻滞量达到最大，其中夏季生态公园阻滞量量最大，为（77231±3211）kg/季节。一年四季中阻滞量最大的是夏季，阻滞量为（181878±24950）kg/季节，最小的是冬季，为（12510±1888）kg/季节。

表 5-6 北京市城市公园类型的季节阻滞量

公园类型	面积/hm²	四季总沉降量/（kg/季节）				
		冬季	春季	夏季	秋季	年
文化遗址公园	1665	2065±256	36001±856	43211±3211	28471±13486	109748±17809
游乐公园	523	956±127	12398±1001	13243±4721	8943±4236	35540±10085
综合性公园	1233	2314±587	27564±1211	29961±13316	21084±9987	80823±25101
社区公园	710	1354±555	14687±909	18232±491	12141±5751	30014±7706
生态公园	3162	5821±363	88654±2134	77231±3211	54070±25612	225776±31320
合计	7293	12510±1888	157528±78764	181878±24950	124710±59073	481901±92020

5.2 北京市不同区县森林及城市绿地对 PM2.5 等颗粒物的吸附效应

城市绿地兼有生态、游憩、景观、防灾等功能。近年来北京的城市绿地建设取得了很大成绩。据北京市统计局数据，到 2009 年，北京市建城区绿化覆盖率为 44.40%，人均公共绿地面积为 14.5m²，但与世界大都市相比仍存在明显差距，如澳大利亚首都堪培拉是闻名于世的花园城市，该市绿化面积占城市总面积的 60%，人均占有绿地 70.5m²；奥地利首都维也纳是森林最多的花园城市，人均占有绿地面积近 70m²（表 5-7）。

表 5-7 北京市园林绿化情况（2000～2009）

年份	年末公园绿地面积/hm²	人均公园绿地面积/（m²/人）	城市绿化覆盖率/%
2000	7140	9.66	36.50
2001	7554	10.07	38.78
2002	7907	10.66	40.57
2003	9115	11.43	40.87
2004	10446	11.45	41.91
2005	11365	12.00	42.00
2006	11788	12.00	42.50
2007	12101	12.60	43.00
2008	12316	13.60	43.50
2009	18070	14.50	44.40

数据来源：北京市统计局。

北京城区五环以内绿化面积为 11023.29hm^2，绿化覆盖率仅为 17%，且其中小型绿地斑块占总数的 72%，城市绿地破碎化程度比较严重。其中公园绿地数量少，平均斑块面积大，聚合度高，分布不均，人类活动对城市绿地景观破碎化程度的影响在环带区域上表现明显。

根据北京市园林绿化局的调查结果，2013 年北京市城六区共有乔木 7803.17 万株，根据王迪生（2010）的调查，北京的乔木中针叶树和阔叶树的比例为 1∶3。北京的针叶树单株平均生物量为 69.72kg，阔叶树每株平均生物量为 112.87kg，由此计算得到北京市针叶树和阔叶树的生物量，根据针叶树和阔叶树叶片生物量所占的比例，得到北京市城六区叶生物总量。灌木叶片的生物量来自王迪生的调查数据。根据本研究实验中叶片叶面积与叶片干重的比值，得到北京市城六区叶片面积总量（表 5-8）。

表 5-8　北京市城六区植物总生物量、叶生物量和叶面积

城区	总生物量/万吨			叶生物量/万吨			总叶面积/km^2		
	针叶	阔叶	灌木	针叶	阔叶	灌木	针叶	阔叶	灌木
东城	0.38	1.95	0.40	0.07	0.06	0.03	7.41	12.56	6.64
西城	0.36	1.87	0.37	0.06	0.06	0.04	7.09	12.01	7.47
朝阳	5.58	28.63	2.03	0.99	0.89	0.22	108.72	184.26	44.64
海淀	6.27	32.16	2.09	1.12	1.00	0.22	122.13	206.99	45.47
丰台	3.36	17.21	1.31	0.60	0.53	0.14	65.35	110.75	28.45
石景山	2.89	14.79	0.80	0.51	0.46	0.08	56.18	95.22	17.44
合计	18.84	96.61	7.00	3.35	3.00	0.73	366.88	621.79	150.11

北京市城六区所有植物总叶面积为 1138.78km^2，大约是北京市城六区行政面积的 86%，其中针叶林叶面积为 367km^2，阔叶林叶面积为 622km^2，灌木类为 150km^2。总叶面积最高的是海淀区，为 375km^2，占城六区的 33%，其次为朝阳区，338km^2，占城六区的 30%。朝阳和海淀区是整个城六区叶面积总量的主要贡献者。最低的是西城区，为 26.57km^2（表 5-9）。

表 5-9　2014 年北京市城六区植物年阻滞滞尘量分析（t）

城区	细颗粒物	粗颗粒物	大颗粒物	总和
东城	2.55	28.20	203.20	233.95
西城	2.52	29.13	204.40	236.05
朝阳	30.08	355.93	2507.53	2893.54
海淀	35.70	402.88	2774.83	3213.41
丰台	19.40	227.74	1521.62	1768.76
石景山	15.11	182.93	1245.26	1443.30
合计	105.36	1226.81	8456.84	9789.01

5.3 北京市不同环路区域森林及城市绿地对 PM2.5 颗粒物的阻滞效应

5.3.1 北京市不同环路绿地对 PM2.5 日阻滞量的估算

北京市城区范围内，二环、三环、四环、五环、六环内的白天阻滞量分别为：2 月六环内每天阻滞量为（687±223）kg，5 月六环内每天阻滞量为（7262±2018）kg，8 月六环内每天阻滞量为（9911±3445）kg，11 月六环内每天阻滞量为（2230±803）kg（表 5-10 和表 5-11）。

表 5-10　白天北京市环路内森林的阻滞量

城区范围	白天总阻滞量/（kg/d）			
	2 月	5 月	8 月	11 月
二环内	15±2	155±63	189±71	86±34
三环内	26±11	386±142	367±121	156±67
四环内	63±22	721±253	837±219	289±102
五环内	134±36	1564±421	1678±526	452±123
六环内	165±41	2011±517	2641±633	668±269

表 5-11　夜间北京市环路内森林的阻滞量

城区范围	夜间总阻滞量/（kg/d）			
	2 月	5 月	8 月	11 月
二环内	10±4	86±23	78±34	33±12
三环内	15±6	172±64	194±78	32±16
四环内	42±14	323±87	389±176	68±24
五环内	86±28	721±107	778±356	182±67
六环内	131±59	1123±341	2760±1231	264±89

5.3.2 北京市不同环路绿地对 PM2.5 季节阻滞量的估算

北京市城区范围内，可以看出各个环路内绿地季节阻滞量都呈现出夏季＞春季＞秋季＞冬季的规律（表 5-12）。

表 5-12　北京市环路内绿地的季节阻滞量

公园类型	总阻滞量/kg			
	冬季	春季	夏季	秋季
二环内	836±124	9133±1275	10231±2623	7624±2674
三环内	2143±326	26547±2654	28741±3265	19307±3396
四环内	4167±567	45751±3020	51234±4234	36518±5961
五环内	5323±814	67447±3512	98712±5231	59234±6373
六环内	18367±1267	126205±3601	328918±5021	112674±8031

5.3.3　北京市不同环路绿地对 PM2.5 年阻滞量的估算

北京市城区范围内，二环、三环、四环、五环、六环总的阻滞量分别为：（27824±6696）kg，（76738±9641）kg，（137670±12782）kg，（230716±15930）kg，（586164±17920）kg（表 5-13）。

表 5-13　北京市环路内绿地的年阻滞量

城区范围	二环内	三环内	四环内	五环内	六环内
阻滞量/kg	27824±6696	76738±9641	137670±12782	230716±15930	586164±17920

5.4　典型人工造林工程（平原百万亩造林）对 PM2.5 颗粒物的阻滞效应

5.4.1　北京市平原造林工程对 PM2.5 日、季节阻滞量的估算

北京平原地区作为人口、产业的聚集区和首都功能主要承载区，与山区相比，森林总量偏低、生态功能不强。2012 年，北京市做出实施平原地区百万亩造林工程的重大决策。经 4 年努力，北京平原百万亩造林工程建设任务全面完成，共计造林 105 万亩、植树 5400 多万株，工程在建设规模、造林速度、质量水平、景观效果等方面均创造了北京植树造林的历史。

北京平原地区的森林覆盖率提高至 25%，全市森林覆盖率由 37.6%提高至 41.0%，全市形成了城市青山环抱、周边森林环绕的生态格局。

近年来，北京全市新增万亩以上绿色板块 23 处、千亩以上大片森林 210 处，50 多条重点道路、河道绿化带得以加宽加厚，构建了色彩丰富、绿量宽厚的平原地

区绿色廊道骨架。特别是在工程建设中，优先利用了 36.4 万亩建设用地腾退、废弃砂石坑、河滩地沙荒地、坑塘藕地等植树造林，使得北京历史上的五大风沙危害区得到彻底治理，永定河沿线形成 70 多千米长、森林面积达 14 万亩的绿色发展带。

北京市平原造林的 105 万亩林地，春季白天阻滞量为（20442±2356）kg/d，夜间阻滞量为（23496±3541）kg/d，夏季白天阻滞量为（51345±3254）kg/d，夜间阻滞量为（25641±5231）kg/d，秋季白天阻滞量为（33455±3321）kg/d，夜间阻滞量为（4523±2314）kg/d。一年四季的阻滞量对比显示，夏季＞春季＞秋季＞冬季（表 5-14 和表 5-15）。

表 5-14　北京市平原造林工程绿地的日夜阻滞量

日总阻滞量/（kg/d）							
冬季		春季		夏季		秋季	
白天	夜间	白天	夜间	白天	夜间	白天	夜间
6425±1325	3245±324	20442±2356	23496±3541	51345±3254	25641±5231	33455±3321	4523±2314

表 5-15　北京市平原造林工程绿地的季节阻滞量

季节总阻滞量/kg			
冬季	春季	夏季	秋季
18421±3254	195632±14521	320042±26531	152234±15214

5.4.2　北京市平原造林工程对 PM2.5 年度阻滞量的估算

北京市平原造林工程年度阻滞量为（1627790±103905）kg。在一定程度上隔离了北京市 PM2.5 污染的问题，降低了一定量的 PM2.5 浓度（表 5-16）。

表 5-16　北京市平原造林工程绿地的年阻滞量

季节	春季	夏季	秋季	冬季
阻滞量/kg	323315±12411	623345±52720	456614±32541	224516±6233

5.5　北京市典型森林公园对 PM2.5 颗粒物的沉降效应

对于大面积森林植被沉降量的估算，根据 $F=VC$ 计算，沉降量为平均的沉降速率乘以平均浓度。V 的单位为 cm/s，C 的单位为 $\mu g/m^3$。

5.5.1 北京市城市公园绿地对 PM2.5 日沉降量的估算

表 5-17 和表 5-18 所示为北京市城市公园的白天和夜间的沉降量，可以看出，2 月白天和夜间的沉降量最小，2 月白天的沉降量为（86±39）kg/d，2 月夜间的沉降量为（52±22）kg/d，8 月白天和夜间的沉降量最大，8 月白天的沉降量为（1202±556）kg/d，8 月夜间的沉降量为（569±289）kg/d。

表 5-17　北京市城市公园类型的日沉降量

公园类型	面积/hm^2	白天总沉降量/(kg/d)			
		2 月	5 月	8 月	11 月
文化遗址公园	1665	20±9	230±110	275±130	216±101
游乐公园	523	6±3	72±30	86±37	68±27
综合性公园	1233	15±7	170±78	203±98	160±71
社区公园	710	8±3	98±41	117±50	92±39
生态公园	3162	37±17	436±201	521±241	409±186
合计	7293	86±39	1006±460	1202±556	945±424

表 5-18　北京市城市公园类型的夜沉降量

公园类型	面积/hm^2	夜间总沉降量/(kg/d)			
		2 月	5 月	8 月	11 月
文化遗址公园	1665	12±5	122±80	130±89	87±32
游乐公园	523	4±2	38±17	41±18	27±13
综合性公园	1233	9±4	91±40	96±45	64±29
社区公园	710	5±2	52±26	55±28	37±15
生态公园	3162	22±9	232±100	247±109	164±78
合计	7293	52±22	535±263	569±289	379±167

5.5.2 北京市城市公园绿地对 PM2.5 季节沉降量的估算

表 5-19 所示为北京市城市公园的四季沉降量，可以看出，冬季游乐公园的沉降量最小，生态公园的沉降量最大，为（5691±2845）kg/季节。春季生态公园的滞尘量最大，为（68299±34149）kg/季节，夏季生态公园的沉降量最大，为（76836±34149）kg/季节，秋季生态公园沉降量最大，为（54070±25612）kg/季节，一年四季中沉降量最大的是夏季，沉降量为（177217±78743）kg/季节，最小的是冬季，为（13126±6561）kg/季节。

表 5-19　北京市城市公园类型的季节沉降量

公园类型	面积/hm²	四季总沉降量/（kg/季节）			
		冬季	春季	夏季	秋季
文化遗址公园	1665	2997±1498	35964±17982	40459±17962	28471±13486
游乐公园	523	941±470	11296±5648	12708±5648	8943±4236
综合性公园	1233	2219±1109	26632±13316	29961±13316	21084±9987
社区公园	710	1278±639	15336±7668	17253±7668	12141±5751
生态公园	3162	5691±2845	68299±34149	76836±34149	54070±25612
合计	7293	13126±6561	157527±78763	177217±78743	124709±59072

5.5.3　北京市城市公园绿地对 PM2.5 年度沉降量的估算

图 5-3 所示为北京市城市公园的年沉降量，从图中可以看出一年中沉降量较大的月份为 5 月、6 月、8 月、9 月四个月份。在公园之间的比较中，可以看到生态公园无论全年还是月度都是最大的，占一年中全部沉降量的最大部分。

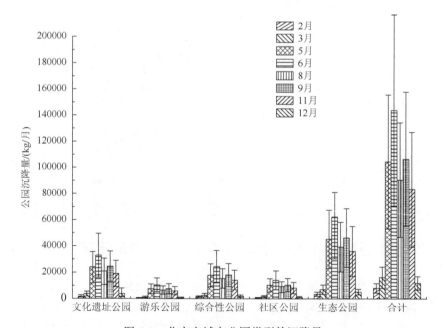

图 5-3　北京市城市公园类型的沉降量

5.6 北京市不同区县森林及城市绿地对 PM2.5 颗粒物的沉降效应

5.6.1 北京市不同行政区森林植被对 PM2.5 日沉降量的估算

表 5-20 和表 5-21 所示为北京市不同行政区四季的日沉降量,可以看出,不同季节白天的沉降量远大于夜间的沉降量。门头沟、房山、昌平、平谷四个区的绿化面积较大。

表 5-20 北京市不同行政区的夜间沉降量

城区	面积/hm²	夜间沉降量/kg			
		冬季	春季	夏季	秋季
东城区	552.44	8±4	81±36	86±40	57±25
西城区	431.70	6±2	63±27	67±28	45±21
朝阳区	9542.37	136±65	1403±567	1489±657	992±435
丰台区	8251.19	117±54	1213±600	1287±609	858±411
石景山区	2382.29	34±14	350±165	372±154	248±112
海淀区	15365.30	218±100	2259±1009	2397±1102	1598±701
房山区	63124.80	898±409	9279±4309	9847±4309	6565±3112
通州区	25734.40	365±173	3783±1789	4015±2166	2676±2234
顺义区	29412.90	418±211	4324±2134	4588±2212	3059±1456
昌平区	62070.50	881±442	9124±4502	9683±4109	6476±3009
大兴区	27845.90	395±156	4093±1789	4344±2134	2896±1245
门头沟区	60632.50	861±412	8913±4321	9459±4212	6306±3213
怀柔区	119500.00	1697±787	17567±7864	18642±7867	12428±6544
平谷区	63072.70	896±360	9272±4010	9839±3802	6560±3632
密云区	142482.00	2023±1120	20945±10029	22227±12048	14818±6932
延庆区	114554.00	1627±756	16839±7029	17870±8029	11914±5032

表 5-21 北京市年度的沉降量

城区	森林面积/hm²	月沉降量/kg						
		2月	3月	5月	6月	8月	9月	11月
东城区	552	630±310	1271±564	7900±3265	11049±5092	6629±3129	7734±3420	6077±2485
西城区	432	492±234	993±410	6173±2938	8634±3829	5180±2453	6044±3001	4749±2102

续表

城区	森林面积/hm²	月沉降量/kg						
		2月	3月	5月	6月	8月	9月	11月
朝阳区	9542	10878± 5353	21947± 9873	136456± 64532	190847± 98321	114508± 52132	133593± 67342	104966± 45393
丰台区	8251	9406± 4322	18978± 7464	117992± 50392	165024± 78392	99014± 43251	115517± 54632	90763± 43029
石景山区	2382	2716± 1231	5479± 2536	34067± 16372	47646± 21093	28587± 13532	33352± 15023	26205± 12019
海淀区	15365	17516± 8656	35340± 15382	219724± 98728	307306± 138392	184384± 87542	215114± 98372	169018± 76432
房山区	63125	71962± 34252	145187± 67593	902685± 3382938	1262496± 564732	757498± 367375	883747± 423101	694373± 327384
通州区	25734	29337± 13425	59189± 27484	368002± 167321	514688± 247382	308813± 142178	360282± 182021	283078± 130293
顺义区	29413	33531± 16434	67650± 32019	420604± 189302	588258± 276373	352955± 153213	411781± 201923	323542± 149302
昌平区	62071	70760± 35221	142762± 70283	887608± 430293	1241410± 593820	744846± 362722	868987± 382922	682776± 329281
大兴区	27846	31744± 14321	64046± 31453	398196± 187321	556918± 230293	334151± 152029	389843± 172012	306305± 142723
门头沟区	60633	69121± 32413	139455± 65432	867045± 409832	1212650± 540293	727590± 340292	848855± 420121	666958± 320192
怀柔区	119500	136230± 64213	274850± 132453	1708850± 783722	2390000± 1104839	1434000± 683029	1673000± 782029	1314500± 654732
平谷区	63073	71903± 34241	145067± 65353	901940± 420193	1261454± 548382	756872± 372821	883018± 409222	693800± 327383
密云区	142482	162429± 83422	327709± 154853	2037493± 893820	2849640± 1302918	1709784± 863722	1994748± 980393	1567302± 765432
延庆区	114554	130592± 64433	263474± 123515	1638122± 767392	2291080± 1028293	1374648± 632211	1603756± 783023	1260094± 543928

5.6.2 北京市不同行政区森林植被对 PM2.5 年沉降量的估算

北京市不同行政区绿地年度沉降量以延庆区、密云区、怀柔区较大,房山区、昌平区、门头沟区、平谷区沉降量次之,其他区县较小,最小的是东城区和西城区。而且月份之间的比较显示,各区县 6 月沉降量最大,5 月、8 月、9 月次之。

5.7 北京市不同环路区域森林及城市绿地对 PM2.5 颗粒物的沉降效应

5.7.1 北京市不同环路绿地对 PM2.5 日沉降量的估算

北京市城区范围内,二环、三环、四环、五环、六环内的白天沉降量如表 5-22

所示。2月六环内白天沉降量为（155±65）kg，5月六环内白天沉降量为（1877±901）kg，8月六环内白天沉降量为（2011±890）kg，11月六环内白天沉降量为（1610±738）kg。六环内夜间的沉降量如表5-23所示。2月六环内夜间沉降量为（232±112）kg，5月六环内夜间沉降量为（2086±909）kg，8月六环内夜间沉降量为（2760±1231）kg，11月六环内夜间沉降量为（1509±748）kg（表5-23）。

表5-22 白天北京市环路内森林的沉降量

城区范围	白天总沉降量/（kg/d）			
	2月	5月	8月	11月
二环内	11±5	132±56	142±65	113±45
三环内	27±12	330±153	354±145	283±132
四环内	54±25	661±311	708±345	566±265
五环内	109±54	1322±653	1416±678	1132±456
六环内	155±65	1877±901	2011±890	1610±738

表5-23 夜间北京市环路内森林的沉降量

城区范围	夜间总沉降量/（kg/d）			
	2月	5月	8月	11月
二环内	7±3	59±27	78±34	43±21
三环内	16±7	147±65	194±78	106±43
四环内	33±15	294±142	389±176	213±108
五环内	65±32	588±234	778±356	425±215
六环内	232±112	2086±909	2760±1231	1509±748

5.7.2 北京市不同环路绿地对PM2.5季节沉降量的估算

北京市城区范围内，从二环、三环、四环、五环、六环内四个季节的沉降量可以看出，各个环路内都呈现出夏季＞春季＞秋季＞冬季的规律（表5-24）。春夏季六环以内的沉降量≫五环内的沉降量，五环内的沉降量≫四环内的沉降量≫三环内的沉降量≫二环内的沉降量。主要是因为区域绿化面积的范围上六环≫五环≫四环≫三环≫二环。

表 5-24　北京市环路内绿地的季节沉降量

城区范围	总沉降量/kg			
	冬季	春季	夏季	秋季
二环内	784±345	8592±4323	9871±4365	7014±3245
三环内	1906±879	21481±10053	24786±11245	17517±8132
四环内	3919±1768	42962±20010	49356±21234	35034±17265
五环内	7838±3532	85925±42132	98712±45231	70069±42156
六环内	17391±8755	178327±93601	214702±98021	140343±67029

5.7.3　北京市不同环路绿地对PM2.5年度沉降量的估算

北京市城区范围内，二环、三环、四环、五环、六环总的沉降量如表5-25所示，二环内为（26261±12921）kg，三环内的沉降量为（65636±32121）kg，四环内的沉降量为（131272±60128）kg，五环内的沉降量为（262544±112029）kg，六环内的沉降量为（550765±229382）kg。

表 5-25　北京市环路内绿地的年沉降量

城区范围	二环内	三环内	四环内	五环内	六环内
沉降量/kg	26261±12921	65636±32121	131272±60128	262544±112029	550765±229382

5.8　典型人工造林工程（平原百万亩造林）对PM2.5颗粒物的沉降效应

5.8.1　北京市平原造林工程对PM2.5日滞留量的估算

白天沉降量大于夜间，春季、夏季、秋季尤为明显，冬季白天沉降量与夜间类似，北京市平原造林的105万亩林地，春季白天沉降量为6458kg/d，夜间沉降量为3437kg/d，夏季白天沉降量为7722kg/d，夜间沉降量为3650kg/d，秋季白天沉降量为6060kg/d，夜间沉降量为2433kg/d。一年四季的沉降量对比显示，夏季＞春季＞秋季＞冬季（图5-4）。

5.8.2　北京市平原造林工程对PM2.5季节沉降量的估算

一年四季的沉降量对比显示，夏季＞春季＞秋季＞冬季。夏季具有一年中最大的沉降量，北京市105万亩平原林地，春季沉降量为505400kg，夏季沉降量为568620kg，秋季沉降量为400140kg，冬季由于植被稀少，沉降量最低，为42120kg（图5-5）。

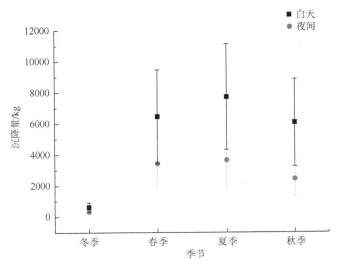

图 5-4　北京市平原造林的日沉降量

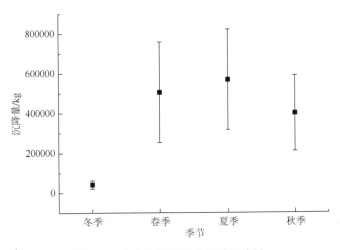

图 5-5　北京市平原造林的季沉降量

5.8.3　北京市平原造林工程对 PM2.5 年度沉降量的估算

北京市平原造林工程年度沉降量为（1516320±716040）kg（表 5-26）。在一定程度上缓解了北京市 PM2.5 污染的问题，减少了一定量的 PM2.5，降低了 PM2.5 浓度。

表 5-26　北京市环路内绿地的年沉降量（kg）

季节	春季	夏季	秋季	冬季
沉降量/kg	505440±252720	568620±252720	400140±189540	42120±21060

5.9 北京市典型森林公园对PM2.5颗粒物的吸附效应

5.9.1 北京市城市公园绿地对PM2.5日吸附量的估算

表 5-27 所示为北京市城市公园的日吸附量,可以看出,2月日吸附量最小,为(106±20)kg/d,5月的日吸附量最大,为(1562±252)kg/d。

表 5-27 北京市城市公园类型的日吸附量

公园类型	面积/hm²	日吸附量/(kg/d)			
		2月	5月	8月	11月
文化遗址公园	1665	24±5	357±58	211±42	194±30
游乐公园	523	8±1	112±18	66±13	61±10
综合性公园	1233	18±3	264±43	157±31	144±23
社区公园	710	10±2	152±25	90±18	83±13
生态公园	3162	46±9	677±109	401±80	369±58
合计	7293	106±20	1563±253	925±184	851±134

5.9.2 北京市城市公园绿地对PM2.5季节吸附量的估算

表 5-28 所示为北京市城市公园的四季吸附量,可以看出,冬季游乐公园的吸附量最小,生态公园的吸附量最大。春季生态公园的吸附量是最大的,为(60968±9838)kg/季节,夏季生态公园吸附量最大,为(36133±7186)kg/季节,秋季生态公园吸附量最大,为(33212±5202)kg/季节,一年四季中吸附量最大的是春季,吸附量为(140620±22690)kg/季节,最小的是冬季,为(9602±1840)kg/季节。

表 5-28 北京市城市公园类型的季节吸附量

公园类型	面积/hm²	四季总吸附量/(kg/季节)			
		冬季	春季	夏季	秋季
文化遗址公园	1665	2192±420	32104±5180	19026±3784	17488±2739
游乐公园	523	689±132	10084±1627	5976±1189	5493±860
综合性公园	1233	1623±311	23774±3836	14090±2802	12951±2028
社区公园	710	935±179	13690±2209	8113±1614	7457±1168
生态公园	3162	4163±798	60968±9838	36133±7186	33212±5202
合计	7293	9602±1840	140620±22690	83338±16575	76601±11997

5.9.3 北京市城市公园绿地对 PM2.5 年度吸附量的估算

图 5-6 所示为北京市城市公园的年吸附量,在公园之间的比较中,可以看到生态公园无论是全年还是月度都是最大的,占一年中全部吸附量的最大部分。

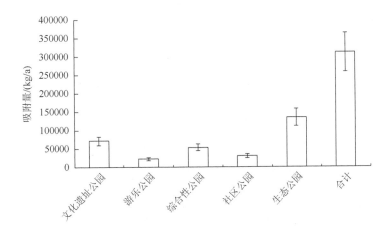

图 5-6 北京市城市公园类型的年吸附量

5.10 北京市不同区县森林及城市绿地对 PM2.5 颗粒物的吸附效应

5.10.1 北京市不同行政区森林植被对 PM2.5 日吸附量的估算

表 5-29 所示为北京市不同行政区四季的日吸附量,可以看出,不同地区吸附量不同。门头沟、房山、昌平、平谷四个区的绿化面积最大,总吸附量也最大。

表 5-29 北京市不同行政区的日吸附量

城区	森林面积 /hm²	日吸附量/kg			
		2月	5月	8月	11月
东城区	552.44	8±2	118±19	70±14	64±10
西城区	431.70	6±1	92±15	55±11	50±8
朝阳区	9542.37	140±27	2044±330	1212±241	1114±174
丰台区	8251.19	121±23	1768±285	1048±208	963±151
石景山区	2382.29	35±7	510±82	302±60	278±44

续表

城区	森林面积/hm²	日吸附量/kg			
		2月	5月	8月	11月
海淀区	15365.30	225±43	3292±531	1951±388	1793±281
房山区	63124.80	923±177	13524±2182	8015±1594	7367±1154
通州区	25734.40	376±72	5513±890	3267±650	3003±470
顺义区	29412.90	430±82	6301±1017	3735±743	3433±538
昌平区	62070.50	908±174	13298±2146	7881±1567	7244±1135
大兴区	27845.90	407±78	5966±963	3536±703	3250±509
门头沟区	60632.50	887±170	12990±2096	7698±1531	7076±1108
怀柔区	119500.00	1748±335	25602±4131	15173±3018	13946±2184
平谷区	63072.70	923±177	13513±2180	8008±1593	7361±1153
密云区	142482.00	2084±400	30525±4925	18091±3598	16628±2604
延庆区	114554.00	1676±321	24542±3960	14545±2893	13369±2094

5.10.2 北京市不同行政区森林植被对 PM2.5 季节吸附量的估算

北京市不同行政区绿地季节吸附量以延庆区、密云区、怀柔区吸附量较大，房山区、昌平区、门头沟区、平谷区吸附量次之，其他区县较小，最小的是东城区和西城区（表 5-30）。

表 5-30 北京市不同行政区的季节吸附量

城区	森林面积/hm²	季节吸附量/kg			
		冬季	春季	夏季	秋季
东城区	552.44	727±139	10652±1719	6313±1256	5802±909
西城区	431.70	568±109	8324±1343	4933±981	4534±710
朝阳区	9542.37	12564±2408	183992±29688	109043±21687	100227±15699
丰台区	8251.19	10864±2083	159096±25671	94289±18753	86665±13574
石景山区	2382.29	3137±601	45934±7412	27223±5414	25022±3919
海淀区	15365.30	20230±3878	296267±47804	175584±34921	161387±25278
房山区	63124.80	83111±15932	1217144±196394	721345±143464	663023±103850
通州区	25734.40	33882±6495	496199±80065	294074±58487	270298±42337
顺义区	29412.90	38725±7424	567126±91509	336110±66847	308934±48389
昌平区	62070.50	81723±15666	1196815±193114	709297±141068	651949±102116
大兴区	27845.90	36662±7028	536912±86634	318203±63286	292476±45811

续表

城区	森林面积/hm²	季节吸附量/kg			
		冬季	春季	夏季	秋季
门头沟区	60632.50	79829±15303	1169088±188640	692865±137800	636845±99750
怀柔区	119500.00	157335±30161	2304144±371788	1365560±271588	1255152±196596
平谷区	63072.70	83042±15919	1216139±196232	720750±143346	662476±103764
密云区	142482.00	187593±35961	2747273±443290	1628182±323820	1496540±234405
延庆区	114554.00	150823±28912	2208778±356400	1309041±260348	1203202±188459

5.10.3 北京市不同行政区森林植被对PM2.5年度吸附量的估算

图5-7所示为北京市不同行政区绿地季节吸附量，以延庆区、密云区、怀柔区吸附量较大，房山区、昌平区、门头沟区、平谷区吸附量次之，其他区县较小，最小的是东城区和西城区，全年尺度下不同行政区差异较大。

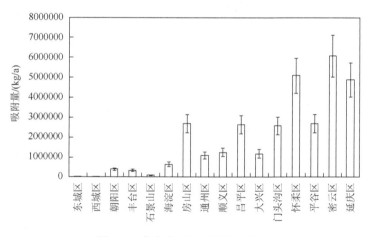

图5-7 北京市不同区县年吸附量

5.11 典型人工造林工程（平原百万亩造林）对PM2.5颗粒物的吸附效应

5.11.1 北京市平原造林工程对PM2.5日吸附量的估算

北京市平原造林的105万亩林地，春季日吸附量为1704kg/d，夏季日吸附量为 1010kg/d，秋季日吸附量为 928kg/d，冬季日吸附量为 349kg/d。一年四季的吸附量对比显示，春季＞夏季＞秋季＞冬季（图 5-8）。

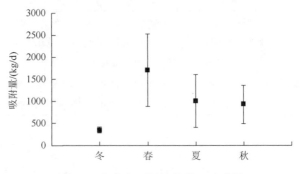

图 5-8　北京市平原造林的日吸附量

5.11.2　北京市平原造林工程对 PM2.5 季节吸附量的估算

如图 5-9 所示，一年四季的吸附量对比显示，春季＞夏季＞秋季＞冬季（图 5-9）。夏季具有一年中最大的吸附量，北京市 105 万亩平原林地，春季吸附量为 460034kg，夏季吸附量为 272641kg，秋季吸附量为 250598kg。冬季由于植被稀少，吸附量最低为 31413kg。

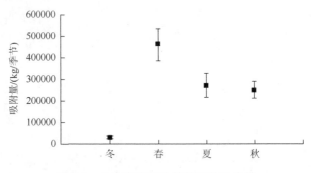

图 5-9　北京市平原造林的季节吸附量

5.11.3　北京市平原造林工程对 PM2.5 年度吸附量的估算

表 5-31 所示为北京市平原造林工程年度吸附量，为（1075436±185371）kg。在一定程度上缓解了北京市 PM2.5 污染的问题，减少了一定量的 PM2.5，降低了 PM2.5 浓度。

表 5-31　北京市平原造林工程的吸附量

季节	冬季	春季	夏季	秋季
吸附量/kg	92163±17667	460034±74229	272641±54224	250598±39251

5.12　北京市典型森林及绿地滞尘总量估算

5.12.1　北京市城市公园绿地对 PM2.5 滞尘总量的估算

由表 5-32 和表 5-33 可以看出，北京市城市公园滞尘总量不论是日滞尘量还是季节滞尘量都是生态类公园最大，不同公园阻滞 PM2.5 的能力大小为生态公园＞综合性公园＞文化遗址公园＞社区公园＞游乐公园。

表 5-32　北京市城市公园类型的日滞尘总量

公园类型	面积/hm²	日总滞尘量/（kg/d）			
		2月	5月	8月	11月
文化遗址公园	1665	85±27	357±121	981±451	724±219
游乐公园	523	25±12	355±84	311±107	244±81
综合性公园	1233	63±20	772±196	817±252	574±165
社区公园	710	43±14	347±120	473±137	343±87
生态公园	3162	146±53	2131±597	2000±562	1445±411
合计	7293	362±126	3962±1118	4582±1509	3330±963

表 5-33　北京市城市公园类型的年滞尘总量

公园类型	面积/hm²	四季总沉降量/（kg/季节）				
		冬季	春季	夏季	秋季	年
文化遗址公园	1665	7254±217	24018±4069	102696±24957	86451±3321	200470±32564
游乐公园	523	2586±729	33778±7838	41927±9434	25144±2487	93435±20488
综合性公园	1233	6156±2007	27970±18363	74012±9773	36214±3241	144352±33384
社区公园	710	3567±1373	301275±2314	43598±44546	21476±1254	369916±49487
生态公园	3162	15675±4006	217921±46121	310200±32103	251372±1452	233596±83682
合计	7293	35238±8332	604962±78705	572433±120813	420657±11755	1041769±219605

5.12.2　北京市不同区县森林及城市绿地对 PM2.5 滞尘总量的估算

通过比较（表 5-34）发现北部区县密云、怀柔和延庆的森林对大气颗粒物滞尘总量最大，PM2.5滞尘总量分别为（16789907±495624）kg/a、（14081736±321450）kg/a、（13498906±486412）kg/a，这与三个地区森林覆被率高有很大关系。相反，城区的森林滞尘量较小，这与这类地区城市化发展较快、森林覆盖率较低有关。

表5-34 北京市不同区县滞尘总量

城区	森林面积/hm²	冬季/kg	春季/kg	夏季/kg	秋季/kg	全年/kg
东城区	552.44	1672±604	19823±5548	23991±9477	19613±6814	65099±6843
西城区	431.70	1306±460	15490±4691	18747±7263	15327±5813	50870±5216
朝阳区	9542.37	28881±5200	342395±4093	414398±3563	338786±5231	1124460±21301
丰台区	8251.19	24973±8566	296066±83527	358327±40396	292945±30961	972311±12445
石景山区	2382.29	7211±2447	85480±26320	103456±40039	84579±30961	280726±8632
海淀区	15365.30	46504±16862	55133±6194	667274±5477	545519±4231	1810628±243312
房山区	63124.80	191054±6344	2265016±3251	2741339±46224	2241143±24115	7438552±31245
通州区	25734.40	77887.5±2632	923390±4688	1117575±7233	913658±6198	3032510.5±53114
顺义区	29412.90	89021.5±32105	1055380±	1277323±	1044257±	3465981.5±21004
昌平区	62070.50	187863±8497	2227185±9369	2695553±9761	2203712±8143	7314313±31526
大兴区	27845.90	84278±28509	999154±5408	1209272±5608	988624±6054	3281328±11308
门头沟	60632.50	183510.5±6392	2175588±8746	2633105±9123	2152658±114014	7144861.5±45637
怀柔区	119500.00	361680±6480	4287844±13245	5189560±214589	4242652±224161	14081736±321450
平谷区	63072.70	190896.5±66314	2263146±58617	2739076±36721	2239294±191804	7432412.5±62881
密云区	142482.00	431236.5±5367	5112475±231674	6187606±20186	5058590±13775	16789907.5±495624
延庆区	114554.00	346711±66715	4110374±38406	4974769±52014	4067052±30146	13498906±486412

5.12.3 北京市不同环路区域森林及城市绿地对PM2.5滞尘总量的估算

由表5-35可以看出，北京市不同环路内绿地滞尘量日滞尘量在8月达到最大，其中六环内日滞尘量最大，为（12932±5216）kg；2月日滞尘量最小，其中六环内日滞尘量为（814±336）kg。

表5-35 白天北京市环路内绿地的日滞尘总量

城区范围	日总滞尘量/（kg/d）			
	2月	5月	8月	11月
二环内	79±25	518±192	565±238	308±124
三环内	111±43	1207±488	1303±500	609±274
四环内	234±90	1601±880	2712±1092	1204±523
五环内	480±178	4916±1522	5428±2272	2372±928
六环内	814±336	8220±3009	12932±5216	4315±1933

从季节滞尘总量来看(表 5-36),不同环路绿地滞尘总量都表现为夏季最大,其中六环内滞尘量达到(563620±6037) kg,同一季节滞尘总量都表现为六环>五环>四环>三环>二环。

表 5-36 北京市环路内绿地的季节滞尘总量

城区范围	总滞尘量/kg			
	冬季	春季	夏季	秋季
二环内	1830±568	19725±2011	21102±1521	15638±1987
三环内	4259±637	50028±5303	53527±5627	38824±3643
四环内	43365±4355	96713±6419	110590±1137	76552±5807
五环内	15161±2361	193372±3212	227424±1622	149303±9647
六环内	37758±5033	324532±4073	563620±6037	283017±10234

5.12.4 典型人造林工程对 PM2.5 滞尘总量的估算

由表 5-37 和表 5-38 可以看出,平原造林工程日滞尘总量白天大于夜间,春季、夏季、秋季尤为明显。北京市平原造林的 105 万亩林地,春季滞尘量为(5868960±101235) kg,夏季滞尘量为(9601260±214318) kg,秋季滞尘量为(4567020±58642) kg,冬季滞尘量为(563147±5872) kg。

表 5-37 北京市平原造林工程绿地的阻滞量

日总阻滞量/kg							
冬季		春季		夏季		秋季	
白天	夜间	白天	夜间	白天	夜间	白天	夜间
18653±3652	10236±324	61567±4265	32521±3541	165349±6849	60723±5966	103754±6017	12004±3891

表 5-38 北京市平原造林工程绿地的阻滞量

季节总阻滞量/kg			
冬季	春季	夏季	秋季
563147±5872	5868960±101235	9601260±214318	4567020±58642

第 6 章　北京市 PM2.5 浓度时空变化与植被覆盖格局的关系

6.1　北京市 PM2.5 浓度时空变化特征

目前，北京地区 PM2.5 的研究面临着一些问题，如观测点的点位较少，时间尺度较短等时空缺点。本研究处理、分析了 2013 年 1 月～2014 年 12 月北京地区 35 个监测站的 PM2.5 浓度数据，具有多点位、长时间尺度的优点，获得了该地区更具代表性的 PM2.5 浓度的时空分布特征。

6.1.1　PM2.5 浓度时间变化特征

6.1.1.1　PM2.5 浓度季变化规律

基于得到的 PM2.5 浓度的日均值、月均值数据，计算了 2013 年和 2014 年北京地区各季节的 PM2.5 浓度季均值（图 6-1）。根据气候学上的分类，北京地区春季为每年的 3 月～5 月期间，夏季为 6 月～8 月期间，秋季为 9 月～11 月期间，冬季为 12 月～次年 2 月期间。从不同季节的 PM2.5 浓度平均值来看，冬季明显高于春夏秋三季，2013 年和 2014 年冬季的 PM2.5 浓度分别达到 125.00μg/m^3 和 116.00μg/m^3。究其原因，主要影响因素是北京及其周边地区采暖燃煤。春夏秋这三个季节的 PM2.5 浓度值较为接近，2013 年分别为 81.00μg/m^3、72.00μg/m^3 和 79.00μg/m^3，2014 年分别为 80.00μg/m^3、67.00μg/m^3 和 86.00μg/m^3。从不同类型站点 PM2.5 浓度值来看，交通站的值最高，分别达到 102.10μg/m^3 和 93.67μg/m^3，这可能是受到道路扬尘和汽车尾气的影响，其他三个类型站点的值比较接近，2013 年城区站值最大，其次是郊区站，最后是区域站，PM2.5 浓度年平均值分别为 95.30μg/m^3、93.50μg/m^3 和 92.90μg/m^3，2014 年郊区站值最大，其次是城区站，最后是区域站，PM2.5 浓度年平均值分别为 93.00μg/m^3、89.92μg/m^3 和 87.25μg/m^3。各类站点在各季节的 PM2.5 浓度季均值均处于较高水平，且波动范围较大。主要原因是北京地区特殊的地理位置和气象条件、本地大气污染物的高排放量及周边地区较高的污染水平对北京地区的区域性传输影响（王占山等，2015）。

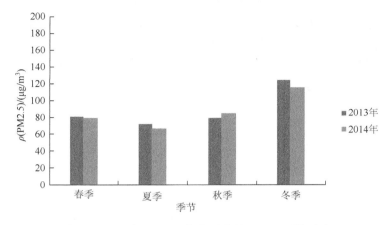

图 6-1 2013 年和 2014 年各季节的 PM2.5 平均浓度

6.1.1.2 PM2.5 浓度月变化规律

对于 PM2.5 浓度月均值的分析结果显示，2013 年和 2014 年北京地区 PM2.5 浓度月均值均呈波浪形分布（图 6-2）。2013 年 1 月 PM2.5 浓度最高，达到 155.00μg/m³，2014 年 2 月 PM2.5 浓度最高，达到 182.00μg/m³，可以看出，峰值多出现在冬季，可能是受采暖季燃煤的影响。但也有极端天气过程出现的影响，以 2014 年 2 月为例，恰逢农历新年，燃放烟花爆竹使得空气污染加重。而且 2 月气温多变，经常出现迅速升温的现象，增加湿度，但雨雪稀少，所以大气能见度较差，重度雾霾频发。加上 2 月 20 日~26 日，北京持续了长达 7 天的重度雾霾天气，这些因素都使得 2014 年 2 月的 PM2.5 浓度月均值成为当年峰值。2014 年 4 月出现了一个峰值，是因为当年春季北京地区发生了 7 次沙尘天气过程。2013 年和 2014 年的 10 月均同样出现一个 PM2.5 浓度的峰值，主要原因是当年发生过多次 PM2.5 的重污染过程，

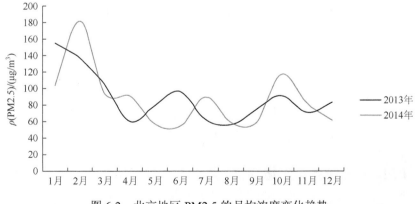

图 6-2 北京地区 PM2.5 的月均浓度变化趋势

秸秆焚烧也是重要影响因素之一。在北京师范大学环境学院刘新罡副教授及其研究团队的研究中，对 2014 年北京地区秋季期间的四次雾霾过程进行监测、研究后得出如下结论：燃烧秸秆对北京秋季雾霾的形成具有重要的诱导作用。2013 年 8 月的 PM2.5 浓度月均值最低，为 56.00μg/m³。2014 年 6 月的 PM2.5 浓度月均值最低，为 54.00μg/m³。

将观测站点基于区位条件进行分类，分类对 PM2.5 月均浓度进行统计，两年的 PM2.5 浓度月均值变化示意图显示出交通站的 PM2.5 浓度值最高，其他类型站点值比较接近（图 6-3 和图 6-4）。

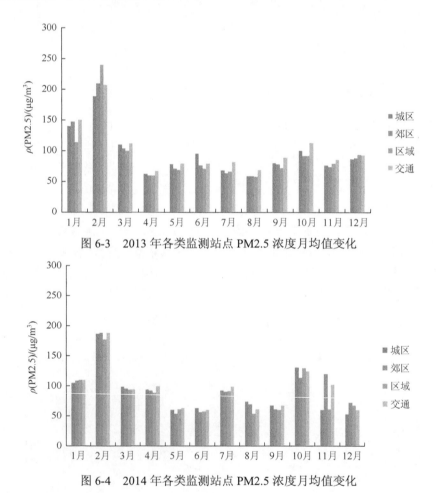

图 6-3　2013 年各类监测站点 PM2.5 浓度月均值变化

图 6-4　2014 年各类监测站点 PM2.5 浓度月均值变化

6.1.2　PM2.5 浓度空间变化特征

图 6-5 是以 2013 年 4 月、2013 年 7 月、2013 年 10 月和 2014 年 1 月为各季

节典型代表月,运用克里格插值法插值得出的 2013～2014 年各季节北京地区 PM2.5 空间分布情况示意图。从整体空间分布情况来看,北京地区的 PM2.5 浓度

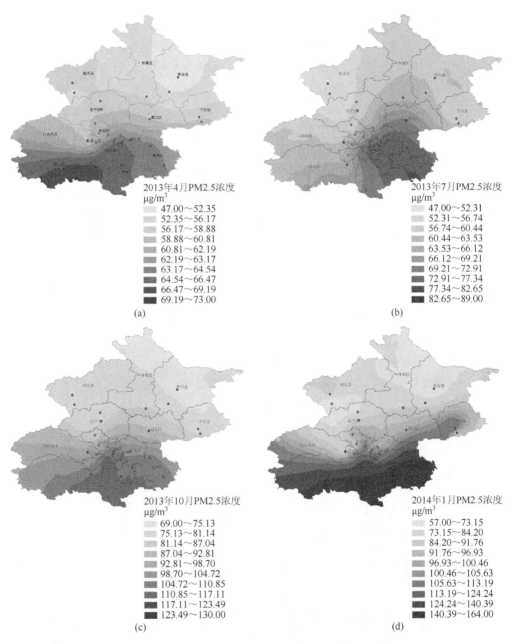

图 6-5　各季节北京地区 PM2.5 空间分布情况示意图
(a) 春季;(b) 夏季;(c) 秋季;(d) 冬季

呈现明显的南高北低的分布特征，特别是在春季和冬季，在空间上 PM2.5 浓度由南到北降低减少的层次变化极为显著，体现出季节性气候条件差异、外来污染源的区域性传输对北京地区 PM2.5 浓度的影响。

北京地区 PM2.5 浓度的季节空间分布图显示出，2013 年和 2014 年冬季，北京地区各区域 PM2.5 浓度均最高，2013 年东南部浓度最低的是在春季，其余几个区域浓度最低均出现在夏季，2014 年各区域浓度最低均出现在夏季（图 6-6 和图 6-7）。分区域来看，2013 年和 2014 年的 PM2.5 浓度年平均值均为东南部最高，西南部次之，之后分别是城六区、东北部和西北部，春季的最高值出现在西南部，其余几个季节浓度最高值区域均为东南部；2013 年春季 PM2.5 浓度最低的为东北部，2014 年秋季 PM2.5 浓度最低为东北部，其余几个季节浓度最低的区域均为西北部区域。从相同季节不同区域角度来看，PM2.5 的浓度差异有不同的表现，四个季节浓度最高值和最低值区域间的差值，2013 年分别为 18.66μg/m³、25.00μg/m³、36.33μg/m³ 和 90.00μg/m³，2014 年分别为 18.00μg/m³、21.33μg/m³、33.67μg/m³ 和 56.00μg/m³，空间分布的差异性因季节性浓度升高而更加明显。从相同区域不同季节角度来看，五个区域浓度最高值和最低值季节间的差值，2013 年分别为 29.00μg/m³、29.00μg/m³、40.33μg/m³、108.00μg/m³ 和 98.67μg/m³，2014 年分别为 33.00μg/m³、40.00μg/m³、42.00μg/m³、68.67μg/m³ 和 67.67μg/m³，时间分布的差异性因区域性浓度升高而更加明显。

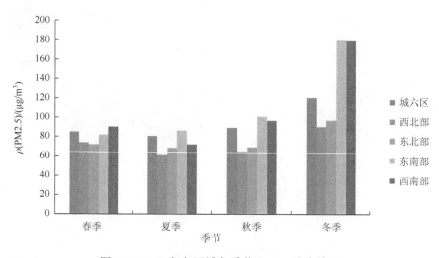

图 6-6　2013 年各区域各季节 PM2.5 浓度情况

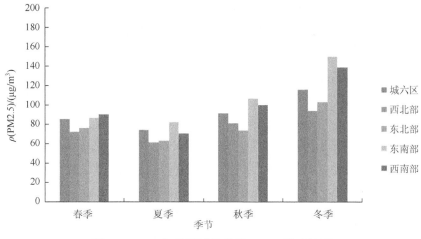

图 6-7 2014 年各区域各季节 PM2.5 浓度情况

6.2 PM2.5 浓度与气象因素的关系

北京地区为典型的北温带半湿润大陆性季风气候，四季分明。按照气候学上的分类，北京地区春季为每年的 3 月～5 月期间，夏季为 6 月～8 月期间，秋季为 9 月～11 月期间，冬季为 12 月～次年 2 月期间。受春季本地及外来风沙源、夏季道路和建筑施工扬尘、秋季多发大雾天气过程及秸秆焚烧、冬季燃煤采暖等污染源因素的影响，北京地区不同季节下，各种污染源的排放量不同，对空气污染的贡献也是不同的，大气颗粒物的浓度水平表现出明显的季节特征。本研究基于 2013 年和 2014 年北京地区 PM2.5 浓度周均值监测数据和两年 PM2.5 浓度日均值监测数据，来研究 PM2.5 浓度与气象因素之间的关系。

6.2.1 气象因素时间变化特征

气象因素对大气污染物有影响得到了许多研究人员的印证（隋珂珂等，2007；李军等，2009；赵晨曦等，2014）。由表 6-1 可知，对大气污染物影响较大的气象因素如气压、风速、相对湿度等，具有明显的季节性特征。冬季气压高，风速大，污染物浓度降低。夏季受降水影响，对大气污染物减轻消散具有明显作用。

表 6-1 不同季节各气象要素平均值对比表

要素	春季		夏季		秋季		冬季	
	2013 年	2014 年	2013 年	2014 年	2013 年	2014 年	2013 年	2014 年
气压/0.1hPa	9905.20	9913.02	9818.09	9839.62	9967.26	9976.18	10024.92	10024.66
风速/（0.1m/s）	22.17	19.87	15.40	15.74	16.35	14.65	17.55	19.39

续表

要素	春季 2013年	春季 2014年	夏季 2013年	夏季 2014年	秋季 2013年	秋季 2014年	冬季 2013年	冬季 2014年
气温/0.1℃	120.60	147.27	247.26	249.27	116.50	109.49	−22.96	−21.77
水汽压/0.1hPa	67.00	70.55	224.53	191.17	94.99	83.78	24.04	22.80
相对湿度/1%	45.72	40.80	73.71	62.55	61.15	59.41	46.84	40.49
降水量/0.1mm	132.67	184.67	1484.00	872.33	292.33	465.33	16.00	0.67
日照时数/0.1h	77.94	78.60	62.60	70.60	64.15	49.09	55.24	63.66

注：hPa 意为百帕。

6.2.2 不同季节大气颗粒物浓度与气象因素的关系

周江兴（2005）认为，在过去的一些研究中，颗粒物浓度与气象因素之间的关系常被视为线性关系。而他分析了北京地区的几种主要颗粒物的浓度与对应时期的气象因素之间的关系，得出二者之间存在着非常显著的非线性关系的结论，因而可以采用非线性回归方程的方法来描述颗粒物的浓度值与气象因素之间的相关关系，提高了二者之间的相关性，减小了误差。

6.2.2.1 春季大气颗粒物浓度与气象因素的关系

北京地区春季 PM2.5 浓度周均值与平均风速和平均日照时数呈显著负相关关系，而其与平均相对湿度的关系呈显著正相关关系。PM2.5/PM10 比值与平均日照时数呈显著负相关关系，与平均气压呈显著正相关关系（表 6-2）。这是由于气压观测数据的标准差达到 4.64hPa，为四季当中的最大值。当地面受高压控制时，天气系统稳定，空气中污染物扩散条件不好，污染物浓度增高。当地面转为受低压控制时，稳定的天气系统被破坏，扩散条件转好，污染物浓度下降。而且随着日照时数的增加，加强了大气的垂直扩散能力，有利于大气中污染物的迁移和扩散，使颗粒物质量浓度下降（李军等，2009）。细颗粒物（PM2.5）对气压响应程度比可吸入粒子（PM10）高，造成了颗粒物质量浓度的相应变化。

表 6-2 春季颗粒物质量浓度与气象因素的相关关系

颗粒物	平均气压	平均风速	平均气温	平均水气压	平均相对湿度	平均降水量	平均日照时数
PM2.5 周均值	0.246	−0.388*	−0.218	0.037	0.439*	0.116	−0.607**
PM10 周均值	0.247	−0.132	−0.165	−0.253	−0.418	−0.342	0.055
PM2.5/PM10 比值	0.841*	−0.544	−0.667	−0.667	0.313	−0.522	−0.899*
PM2.5 日均值	−0.080	−0.432**	0.048	0.388**	0.579**	0.070	0.662**

*2 个变量之间显著相关，$P<0.05$；
**2 个变量之间显著相关，$P<0.01$（下同）。

春季 PM10 浓度周均值与平均风速呈显著负相关关系，而与其他的几个气象因素之间无显著相关关系（表 6-2）。可能是由于北京地区春季受本地及外来风沙源的影响严重，而且主要是受持续周期较长的沙尘天气过程影响（李军等，2009）。2014 年春季北京地区共出现 7 次沙尘天气过程，尽管次数低于常年水平，但仍旧造成了空气的重度污染，2014 年春季 PM10 的季平均浓度为四季中的最大值。在这样的天气背景下，风速会对可吸入颗粒物质量的浓度产生较大影响，相比细颗粒物更加显著。当风速增加时，有效地破坏了稳定的天气系统，可吸入颗粒物输送、迁移和沉降的效果要比细颗粒物显著，增强了对颗粒物的水平输送能力及扩散作用。可吸入颗粒物浓度对风速的响应程度比细颗粒物要高，表现为浓度值低。

春季 PM2.5 浓度日均值和平均风速呈显著负相关关系，与平均水气压、平均相对湿度和平均日照时数呈显著正相关关系（表 6-2）。

6.2.2.2 夏季大气颗粒物浓度与气象因素的关系

北京地区夏季 PM2.5 浓度周均值和 PM2.5/PM10 比值与平均日照时数呈显著负相关关系，与其他气象因素相关性不显著（表 6-3），说明夏季大气环境受瞬时极端天气变化过程影响，常有蒙古气旋东移和冷锋过境（李小龙和方宗义，2007；毛睿等，2005），与东南方向的暖湿气流交汇，天气过程交替十分明显。平均日照时数对 PM2.5 浓度影响原因与春季相同。

表 6-3 夏季颗粒物质量浓度与气象因素的相关关系

颗粒物	平均气压	平均风速	平均气温	平均水气压	平均相对湿度	平均降水量	平均日照时数
PM2.5 周均值	−0.154	0.157	0.129	0.231	0.291	0.035	−0.556**
PM10 周均值	−0.385	0.181	0.511	0.637*	0.538	0.132	−0.643*
PM2.5/PM10 比值	−0.754	0.198	0.145	0.638	0.806	0.551	−0.841*
PM2.5 日均值	−0.129	−0.131	0.055	0.598**	0.518**	0.076	0.463**

虽然 PM2.5 浓度周均值与地面水气压和相对湿度无显著相关性，但是 PM2.5 浓度日均值与水气压和相对湿度呈显著正相关（表 6-3），本研究的 PM2.5 浓度日均值数据覆盖了 2013 年和 2014 年夏季共六个月的每一天，表中数据反映出夏季当空气湿度加大，水气压增高时，颗粒物不易迁移、扩散，其浓度值会升高。

降水因子对大气颗粒物沉降作用明显（胡敏等，2006），北京地区夏季高温多雨，夏季的降雨量基本占全年降水量的 75%。虽然颗粒物浓度与降水量相关性不显著，但由 PM2.5 和 PM10 浓度周均值数据和 PM2.5 浓度日均值数据可以得出，其浓度基本处于较低水平。2013 年和 2014 年夏季，PM2.5 的浓度和 PM10 的浓度周均值均为四季中的最低值。夏季的降水能有效清除大气中的颗粒物，降水直接影响水气压和相对湿度值的大小（表6-4），可使夏季的大气颗粒物更好地扩散和沉降，污染程度最轻。

表6-4　降水与水气压和相对湿度的相关关系

降水	平均水气压	平均相对湿度
降水量/mm	0.202**	0.547**

6.2.2.3　秋季大气颗粒物浓度与气象因素的关系

北京地区秋季PM2.5周均值与平均日照时数呈显著负相关，与其他气象要素相关性不显著，PM10浓度周均值和PM2.5/PM10比值与所有气象因素相关性均不显著（表6-5）。PM2.5浓度日均值与平均气压、风速、水气压、相对湿度和日照时数均显著相关，主要原因可能是由于样本数量大小不一致。2013年和2014年秋季北京地区风速为四季中的最低水平，平均风速仅为1.55m/s，相对湿度偏大，易发生持续多日强度大的逆温现象，天气系统稳定，污染物不易扩散，易持续积累。

表6-5　秋季颗粒物质量浓度与气象因素的相关关系

颗粒物	平均气压	平均风速	平均气温	平均水气压	平均相对湿度	平均降水量	平均日照时数
PM2.5周均值	0.232	−0.164	−0.138	−0.061	0.116	−0.274	−0.452*
PM10周均值	0.125	−0.082	−0.072	−0.002	0.082	−0.111	−0.207
PM2.5/PM10比值	−0.086	−0.030	0.000	−0.086	0.314	0.086	0.257
PM2.5日均值	−0.273**	−0.561**	0.058	0.313**	0.620**	−0.299	0.731**

北京地区秋季平均相对湿度与平均风速负相关性极显著，与平均气温正相关性极显著，这与李军等（2009）的研究结果一致。当相对湿度增加、风速相对较小、气温偏高时，通常有雾的形成（李金香等，2007；孟燕军等，1998）。孟燕军等（1998）统计了北京地区10年的气象资料，发现北京地区秋季易出现大雾天气，平均日数占全年大雾日总数的31.7%。当雾天发生时，由于大气层结构稳定，风速较小，近地面强度大的逆温现象频发，空气中相对湿度达到或接近饱和状态（徐怀刚等，2002），将不利于颗粒物的迁移、扩散过程。根据统计资料，通常有雾时，污染物的浓度总是处于相对较高的水平（徐怀刚等，2002）。2013年和2014年秋季期间，PM2.5和PM10浓度均处于较高水平，PM2.5/PM10比值分别为0.76和0.72。

6.2.2.4 冬季大气颗粒物浓度与气象因素的关系

北京地区冬季 PM2.5 浓度周均值与平均水气压、平均相对湿度呈显著正相关关系，PM10 浓度周均值与平均降水量呈显著正相关关系，PM2.5 和 PM10 浓度周均值均与平均风速和日照时数呈显著负相关关系，与其他气象因素相关性不显著。PM2.5 浓度日均值与平均气温、水气压和相对湿度呈显著正相关关系，与平均气压、风速和日照时数呈显著负相关关系（表 6-6）。

表 6-6 冬季颗粒物质量浓度与气象因素的相关关系

颗粒物	平均气压	平均风速	平均气温	平均水气压	平均相对湿度	平均降水量	平均日照时数
PM2.5 周均值	0.024	−0.739**	0.288	0.550*	0.704**	0.238	−0.442**
PM10 周均值	0.143	−0.268*	−0.128	0.063	0.363	0.433*	−0.496**
PM2.5/PM10 比值	0.261	−0.672	0.529	0.500	0.783	0.429	−0.551
PM2.5 日均值	−0.269**	−0.639**	0.211**	0.750**	0.790**	0.190	−0.571**

时滞性分析分析的是实际结果和目标要求之间造成延时发展现象的影响的时间差有多大。水平气压梯度力是推动大气由气压高的地方流向气压低的地方的力，是大气产生水平运动的原动力，同时也是形成风的直接原因，影响风向、风速。冬季污染物浓度大小受气压和风速影响较大，PM2.5 浓度日均值与平均气压和风速呈显著负相关，故对气压和风速进行时滞性分析，分析结果见表 6-7。

表 6-7 气压和风速时滞性分析的相关关系

时滞时间长度	当天	1 天	2 天	3 天	4 天	5 天
秩相关系数	−0.001	−0.249**	−0.116	−0.056	0.082	−0.006

北京地区冬季平均气压与风速在时滞时间长度为 1 天时呈显著负相关关系（斯皮尔曼秩相关系数为−0.249，$P<0.01$），说明气压对第二天风速产生显著影响。当气压升高、风速减小，有利于近地面层稳定，增大逆温强度，不利于污染物的扩散，使污染物积聚，污染加重，浓度升高。

6.3 PM2.5 浓度与土地利用类型的关系

本研究基于反演后的 PM2.5 浓度大小的空间分布图与 2013 年土地利用的类型图，对其进行格网化，以研究 PM2.5 浓度的大小与土地利用的不同类型之间的关系。采用非参数相关分析法，统计每个网格内 PM2.5 浓度值和各用地类型面积后，对二者进行非参数相关分析，以期发现二者之间的关系。

6.3.1 土地利用时空变化特征

如表 6-8 所示，本研究参照中国土地资源分类系统，得到耕地、林地、草地、水域、城乡工矿居民用地和未利用地 6 类土地利用类型（韦晶，2015）。

表 6-8 土地利用类型

土地利用类型	土地利用类型描述
耕地	土地表面为作物所覆盖
林地	以木本为主，植被覆盖率大于 60%，高度大于 2m
草地	地表主要是草本植物覆盖
水域	江、河、湖泊、海洋及水库等
城乡工矿居民用地	地表为建筑物或其他人为结构覆盖
未利用地	一年中植被覆盖不超过 10%

利用 2005 年和 2013 年两期 TM 遥感影像，经目视解译、监督分类及矢量化等操作步骤预处理后，得到 2005 年和 2013 年北京地区土地利用情况示意图，如图 6-8、图 6-9 所示。

2005 年，北京地区耕地面积为 4535.25km^2，林地面积为 7390.83km^2，草地面积为 1294.92km^2，水域面积为 490.00km^2，城乡工矿居民用地面积为 2661.56km^2，未利用土地面积为 1.15km^2（图 6-8）。

2013 年，北京地区耕地面积为 3634.97km^2，林地面积为 7268.53km^2，草地面积为 1107.08km^2，水域面积为 332.72km^2，城乡工矿居民用地面积为 4013.14km^2，未利用土地面积为 1.64km^2（图 6-9）。

8 年间，北京地区耕地面积减少了 900.28km^2，林地面积减少了 122.30km^2，草地面积减少了 187.84km^2，水域面积减少了 157.28km^2，城乡工矿居民用地面积增加了 1351.57km^2，未利用土地面积增加了 0.49km^2。表 6-9 为北京地区各土地利用类型面积百分数统计情况表，由表 6-9 可以看出，北京地区主要以林地覆盖为主，这是由于北京地区山区面积达到总面积的 62%，山区人为开发活动较少，天然植被覆盖情况较好，因而林地面积变化波动不大；草地、水域和未利用地所占面积较小，变化也不明显；耕地面积降幅明显，降低了 5.48%；城乡工矿居民用地面积在这 8 年间大幅增加，涨幅达到了 8.27%，表明北京地区城镇化进程脚步非常迅猛。

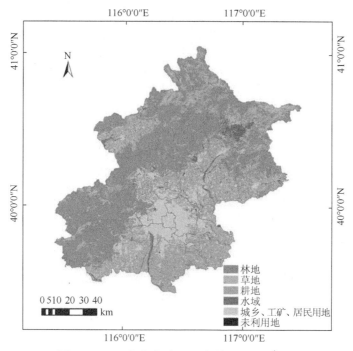

图 6-8 2005 年北京地区土地利用情况示意图

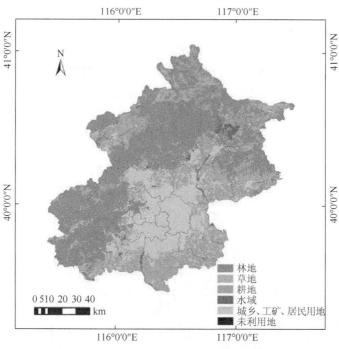

图 6-9 2013 年北京地区土地利用情况示意图

表 6-9　北京地区土地利用类型面积百分数（%）

年份	耕地	林地	草地	水域	城乡工矿居民用地	未利用地
2005 年	27.70	45.14	7.91	2.99	16.26	0.01
2013 年	22.22	44.43	6.77	2.03	24.53	0.01

本研究是基于遥感影像研究该地区 PM2.5 的浓度大小与气溶胶的光学厚度值之间的关系。利用 ArcGIS 中多值提取至点模块，采用相关性的分析方法，将各监测站点的 PM2.5 浓度值的高低与气溶胶光学厚度值的大小进行相关性分析，以期发现二者之间的关系，通过得出的方程，将气溶胶光学厚度影像进行反演，得到覆盖北京地区的 PM2.5 浓度空间分布图，为研究 PM2.5 浓度与土地利用类型之间的关系提供数据准备。以 2013 年 3 月～2014 年 2 月为例，进行本章内容讨论。

6.3.2　PM2.5 浓度的空间分布

6.3.2.1　气溶胶光学厚度时空变化特征

气溶胶光学厚度 AOD 日均值变化范围是 0.027～1.795，年平均值为 0.358。夏半年 AOD 均值为 1.742，冬半年 AOD 均值为 0.661（图 6-10）。AOD 月均值变化范围是 0.237～2.311，最高值出现在 5 月，次高值出现在 10 月，AOD 月均值变化具有与日均值相同的趋势，均是夏半年的 AOD 高于冬半年（图 6-11）。

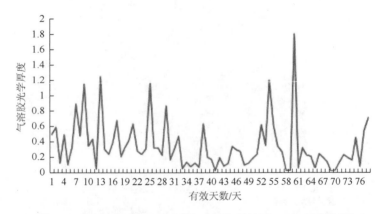

图 6-10　2013 年 3 月～2014 年 2 月北京地区 AOD 日变化图

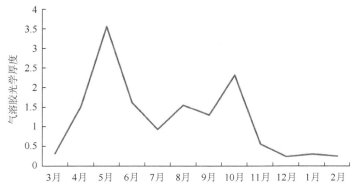

图 6-11 2013 年 3 月～2014 年 2 月北京地区 AOD 月变化图

AOD 具有明显的季节性变化特征,春季 AOD 季均值为 1.792,为全年最高值,夏季 AOD 季均值为 1.365,秋季 AOD 季均值为 1.385,冬季 AOD 季均值明显下降,降至 0.262,为全年最低值。主要是由于春季受到扬尘和沙尘暴等极端污染天气的影响,导致春季 AOD 值最高;夏季由于降水明显增多,空气湿度增大,使 AOD 值偏大。秋季北京地区易发生雾霾天气,加上秸秆焚烧等因素影响,AOD 值也偏高;冬季,由于 MODIS AOD 反演是采用的暗像元法,地表植被覆盖度降低,且时有积雪,形成较亮背景,导致 AOD 值偏低或缺失。

6.3.2.2 PM2.5 浓度与气溶胶光学厚度的关系

PM2.5 与气溶胶光学厚度 AOD 均可以反映大气颗粒物的污染状况,但 PM2.5 需要地面站点监测,气溶胶光学厚度需要进行遥感影像的反演,在这些操作过程中,会产生一定的误差。遥感影像所得到的气溶胶光学厚度数据是瞬时数据,即过境时的大气状况,所以在选取 PM2.5 浓度数据时,选择对应于气溶胶光学厚度数据时间范围内的 PM2.5 浓度数据,并且计算其均值,以便进行分析。

在阴雨天气、云雾及冬季时,其地表反射率的变化会导致 AOD 的缺失,使得 AOD 的有效天数降低(王静等,2010)。2013 年 3 月～2014 年 2 月,有效天数为 86 天,仅占全年的 23.6%,各月有效天数如表 6-10 所示,可以发现,有效天数具有明显的月变化波动特征。对应的 PM2.5 浓度日变化见图 6-12。

表 6-10 2013 年 3 月～2014 年 2 月 AOD 各月有效天数

月份	3月	4月	5月	6月	7月	8月	9月	10月	11月	12月	次年1月	次年2月
有效天数/天	5	10	11	7	4	8	13	11	5	6	4	2

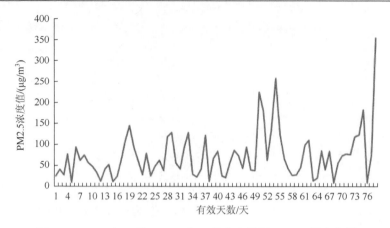

图 6-12　2013 年 3 月～2014 年 2 月北京地区 PM2.5 日变化图

由图 6-12 可以看出，PM2.5 浓度值日变化范围较大，波动剧烈，且由图中可得出 PM2.5 浓度值冬半年水平高于夏半年，与气溶胶光学厚度 AOD 变化规律相似，也具有明显的季节性变化特征。由此，本研究将进行 PM2.5 浓度值与气溶胶光学厚度值之间关系的分析。

对 2013 年 3 月～2014 年 2 月北京地区 35 个站点气溶胶光学厚度月均值数据与 PM2.5 浓度数据进行线性回归分析，发现二者的相关性虽然通过了显著性检验，但二者相关系数为 0.313（表 6-11），不足以说明二者的关系。由前文可知，PM2.5 浓度与气溶胶光学厚度 AOD 具有明显的季节性变化特征，所以本研究将按照不同季节的划分展开分析讨论。

表 6-11　不同季节 PM2.5 浓度与气溶胶光学厚度 AOD 的显著性检验

不同季节	R	R^2	p 值
全年	0.313	0.098	0
春季	0.741	0.549	0
夏季	0.353	0.124	0
秋季	0.508	0.258	0
冬季	0.310	0.096	0.002

由表 6-11 可知，不同季节 PM2.5 浓度与气溶胶光学厚度 AOD 相关性都通过了显著性检验，说明 PM2.5 浓度与气溶胶光学厚度 AOD 之间具有显著相关性。其中，春季相关性最强，达到 0.741，秋季次之，为 0.508，夏季和冬季相关性较低，分别为 0.353 和 0.310。据此，在北京地区，气溶胶光学厚度 AOD 可代替 PM2.5 浓度进行空间相关分析。

将北京地区 PM2.5 浓度值作为因变量,气溶胶光学厚度 AOD 值作为自变量,建立线性回归方程,四个季节的线性回归分析如图 6-13 所示。由图 6-13 可知,春季线性关系拟合最好,R^2 为 0.549,秋季次之,为 0.258,夏季和冬季拟合关系较差,分别仅为 0.124 和 0.096。这是由于气溶胶光学厚度产品是基于暗像元法反演得到的,容易受到阴雨天气、云雾及冬季地表反射率变化的影响,导致线性关系拟合不好。北京地区夏季多雨,秋季多雾,冬季地表反射率较高,所以只有春季天气条件最为理想,PM2.5 浓度与气溶胶光学厚度 AOD 关系拟合也较好。

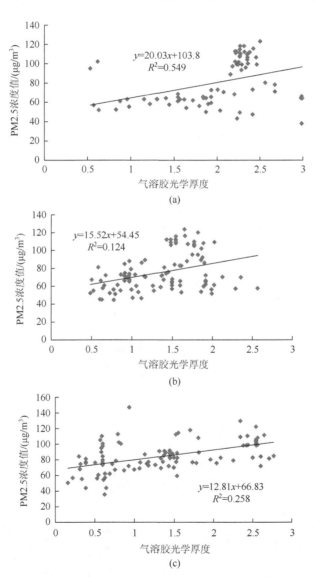

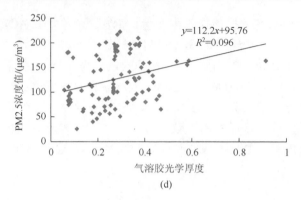

图 6-13　各季节 PM2.5 浓度与气溶胶光学厚度的线性回归分析散点图
(a) 春季；(b) 夏季；(c) 秋季；(d) 冬季

6.3.2.3　PM2.5 浓度的反演

北京地区春季的气候特点是气温变化快，降雨少，干燥多风，以晴天为主，所以有利于 MODIS 卫星对该地区气溶胶光学厚度的影像获取。由前文可知，气溶胶光学厚度可有效替代 PM2.5 浓度值来反映北京地区污染状况，且二者关系在春季线性拟合最好，所以以 2013 年 4 月北京地区气溶胶光学厚度月均值影像图，结合 6.3.2.2 节中得出的春季二者的回归方程 $y=20.3x+103.8$，反演 PM2.5 浓度空间分布情况，如图 6-14 所示。

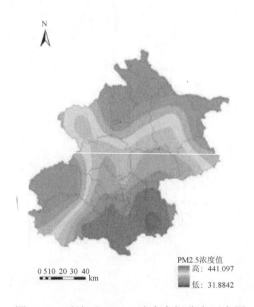

图 6-14　反演后 PM2.5 浓度空间分布示意图

由图 6-14 可以看出,反演后的北京地区 PM2.5 浓度空间分布特征总体呈"南高北低",城六区、东南部、西南部及东北部的平原地区 PM2.5 浓度较高,东北部、西北部和西南部的山区 PM2.5 浓度较低,这与 4.2 节中分析的北京地区 PM2.5 浓度空间分布规律一致,由此可以证明,利用气溶胶光学厚度遥感影像和 PM2.5 浓度与气溶胶光学厚度线性拟合出的方程反演 PM2.5 浓度空间分布是有效的。

根据 6.3.2.2 节中得出的春季二者的回归方程 $y=20.3x+103.8$,预估 2013 年和 2014 年各月北京地区 PM2.5 浓度值,如表 6-12 所示。

表 6-12　2013～2014 年推算 PM2.5 浓度值($\mu g/m^3$)

月份	1月	2月	3月	4月	5月	6月	7月	8月	9月	10月	11月	12月
2013年	126	150	118	90	81	76	65	63	65	71	82	97
2014年	114	129	107	87	76	67	68	64	67	70	91	103

表 6-13 为北京地区 2013～2014 年各月实际监测的 PM2.5 浓度值,利用模拟值和实测值,对拟合出的公式 $y=20.3x+103.8$ 进行检验,检验结果如图 6-15 所示。

表 6-13　2013～2014 年实际监测 PM2.5 浓度值($\mu g/m^3$)

月份	1月	2月	3月	4月	5月	6月	7月	8月	9月	10月	11月	12月
2013年	155	137	105	60	80	97	62	56	75	92	71	83
2014年	104	182	93	91	57	54	90	58	59	117	82	62

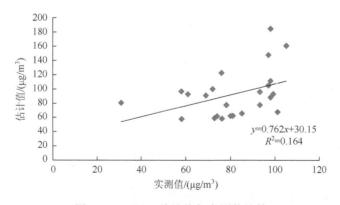

图 6-15　PM2.5 估计值与实测值比较

由图 6-15 可以看出,PM2.5 估计值与实测值相关关系较好,虽然 R^2 仅为 0.164,

但二者关系通过了显著性检验，sig 值为 0.048，证明 PM2.5 与气溶胶光学厚度建立的线性关系模型通过了精度检验，二者显著性相关。可以利用其拟合出的公式 $y=20.3x+103.8$，预估近十年来北京地区 PM2.5 浓度值，如表 6-14 所示。

表 6-14　2005～2012 年推算 PM2.5 浓度值（$\mu g/m^3$）

月份	2005 年	2006 年	2007 年	2008 年	2009 年	2010 年	2011 年	2012 年
1 月	101	116	98	99	98	101	102	99
2 月	101	99	93	96	95	99	128	99
3 月	91	91	112	83	87	93	91	98
4 月	90	82	100	60	71	87	90	75
5 月	68	71	85	72	71	67	74	68
6 月	72	76	78	70	61	51	47	69
7 月	91	79	69	78	80	89	79	86
8 月	66	68	65	89	75	89	77	73
9 月	84	58	69	73	70	82	69	79
10 月	81	68	80	77	82	98	94	74
11 月	90	90	88	91	95	87	96	98
12 月	98	98	121	92	99	113	100	94

由于 PM2.5 浓度数据是从 2013 年 1 月 1 日才开始在北京地区环境监测中心网站上对外进行公布，之前的数据没有公开，所以进行 PM2.5 浓度历史数据的推导，是为了弥补数据空白，方便有关学术研究的开展。

6.3.3　与土地利用类型的关系

利用 6.3.2.3 节中得出的北京地区 PM2.5 浓度空间分布图与 6.3.1 节中 2013 年北京地区土地利用类型图，进行格网化，划分成 10km×10km 分辨率网格，统计每个网格中 PM2.5 浓度值和各种不同用地类型面积，进行非参数的相关分析，以探究 PM2.5 浓度与土地利用类型的关系，结果如表 6-15 所示。

表 6-15　北京地区 PM2.5 浓度与土地利用类型的斯皮尔曼秩相关系数

耕地	林地	草地	水域	城乡工矿居民用地	未利用地
0.278**	−0.294**	−0.147	0.08	0.442**	0.154

由表 6-15 可以看出，北京地区 PM2.5 浓度与 6 种土地利用类型之间的相关性。

PM2.5 浓度与耕地面积呈显著正相关，同时与城乡工矿居民用地面积呈显著正相关，而与林地面积呈显著负相关，与草地、水域和未利用地相关性不显著，说明耕地、城乡工矿居民用地和林地对 PM2.5 浓度有很强的影响。由表中相关性可以得出，PM2.5 浓度随耕地面积和城乡工矿居民用地面积的增加而增加，随林地面积的增加而减少。说明城市发展、城镇化扩张、耕地面积的增加，对 PM2.5 浓度的增加有积极贡献作用，而林地面积的增加对 PM2.5 浓度降低有显著影响，应大量增加林地面积，保证林地用地规模。

因此，本研究基于遥感影像研究 PM2.5 浓度与植被覆盖度之间的关系。采用相关性分析法，在时间尺度上对 PM2.5 浓度值与植被覆盖度进行相关性分析，以期进一步发现二者之间的关系。

6.3.3.1 植被覆盖度时空变化特征

以 2013 年北京地区植被覆盖度为例，图 6-16 反映出该年植被覆盖度的全年变化特征，总体来看，呈单峰单谷型分布。其中 3 月～11 月为植物的生长季，从 6 月开始集中出现大于 0.6 的高植被覆盖度值的情况，一直到 10 月底结束，8 月达到最高值 0.73。应针对北京地区气候特征及植被特点，加强该时期内植被治理保护工作，制定科学高效地种植、砍伐制度。

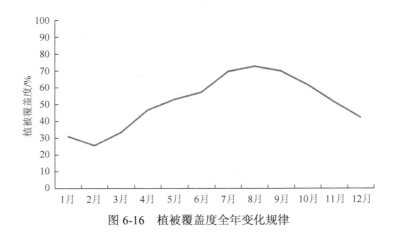

图 6-16 植被覆盖度全年变化规律

基于 2013 年和 2014 年的北京及周边区域植被覆盖度示意图分析显示，北京地区植被覆盖度变化比较明显，且存在明显的空间差异。北京地区植被主要分布在西北部地区，包括怀柔的北部、延庆和昌平的部分地区，这些区域多为山区，地形地貌等自然条件限制了该区域的人为开发，因而植被状况良好，形成天然的保护屏障，两年间植被覆盖度明显增加。西南部和东北部也有植被分布，植被覆盖度变化不明显。而东南地区主要为平原，加上城镇化的影响，植被覆盖度相对较低且有减少的趋势。总体来看,当植被的覆盖度值介于(0,0.4]植被面积逐步趋于减少,介于(0.4,1]植被面积逐步趋于增加时,表明生态措施治理效果是明显的,植被长势趋好(图 6-17 和图 6-18)。

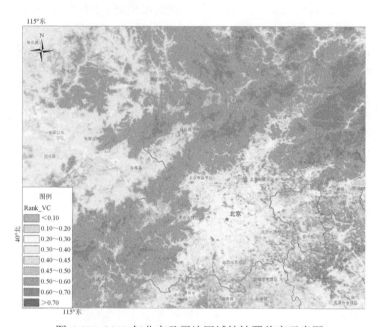

图 6-17　2013 年北京及周边区域植被覆盖度示意图

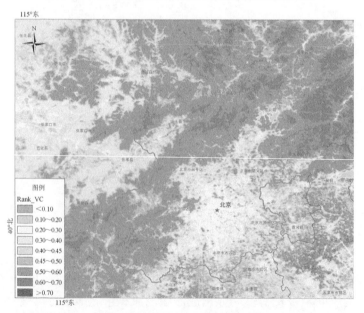

图 6-18　2014 年北京及周边区域植被覆盖度示意图

6.3.3.2 PM2.5 浓度与植被覆盖度的关系

通过对 20 组 PM2.5 浓度月平均值数据与植被覆盖度月平均值数据进行曲线回归分析，在得到的 10 条曲线模型拟合的曲线中，倒数模型拟合的曲线与原始观测值拟合得最好（R^2 为 0.543，sig=0，sig＜0.05，表示 2 个变量之间显著相关），因此，倒数模型最适合 PM2.5 与植被覆盖度的数据建模。由此本研究得到 PM2.5 与植被覆盖度之间的回归方程：

$$y=15.895+34.249/x \qquad (6\text{-}1)$$

式中，y 为 PM2.5 浓度月平均值；x 为植被覆盖度月平均值。

利用剩余 4 组检验数据对建立的倒数 PM2.5 与植被覆盖度关系的估测模型进行精度检验，检验结果如表 6-16 所示。

表 6-16　模型精度检验结果

估测指标	实测值与预测值拟合方程	检验指标	
		R^2	RMSE
PM2.5	$y=0.977x+1.709$	0.529	30.52

注：样品重复数（样本量）N=24。

以检验数据的实测值为横坐标，估计值为纵坐标，绘制散点图（图 6-19）。

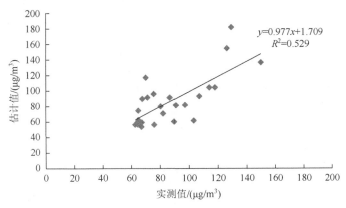

图 6-19　PM2.5 估计值与实测值比较

由图 6-19 可知，PM2.5 估计值与实测值相关关系较好，R^2 达到 0.529，PM2.5 与植被覆盖度建立的倒数模型通过精度检验，二者显著性相关，说明 PM2.5 与植被具有很强相关性，PM2.5 受植被影响很大，为大气污染的防治工作提供了一定根据。

综上所述,植被对大气环境中 PM2.5 浓度产生有效的抑制作用已被广泛认可,而不同树种组织吸收作用的强弱也有一定的区分(赵晨曦,2013)。北京地区近几年加强生态建设,几个功能区的区域划分调整也初见成效,生态涵养区对保障北京城市大气环境起到至关重要的作用。

由表 6-17 得出,2013 年低覆盖度植被面积为 3565.63km^2,高覆盖度植被面积为 12812.88km^2,2014 年低覆盖度植被面积为 3452.69km^2,高覆盖度植被面积为 12925.81km^2,低覆盖度植被减少的面积转变为高覆盖度植被面积增加的面积,增加了 112.94km^2,说明北京地区林草植被明显增多,封山育林、人工造林、飞播造林、退耕还林还草、荒漠化治理等措施取得明显成效,北京地区生态环境得到显著改善。

表 6-17 不同分级植被覆盖度面积 (km^2)

植被覆盖度/%	2013 年	2014 年
0~10	0.88	0.00
10~20	119.38	83.63
20~30	1121.56	1049.00
30~40	2323.81	2320.06
40~45	2038.19	2117.50
45~50	2444.63	2619.25
50~60	7755.38	6829.13
60~70	574.69	1359.94
70~100	0.00	0.00

由表 6-18 得出,2014 年 PM2.5 浓度的年平均值比 2013 年下降了 1.86μg/m^3,通过对比 2013 年、2014 年两年的北京及周边地区植被指数图和统计北京地区植被覆盖变化的面积,可以得出植被面积增加对 PM2.5 浓度下降有积极的影响。

表 6-18 PM2.5 浓度年平均值 (μg/m^3)

年份	2013 年	2014 年
PM2.5 浓度	89.21	87.35

6.3.3.3 PM2.5 浓度与植被覆盖度方程推导

在 6.3.2 节中的曲线回归分析中,由于 PM2.5 浓度与植被覆盖度的相关性极强,倒数模型拟合得非常好,可以利用其拟合出的公式 $y=15.895+34.249/x$,预估

2013 年和 2014 年各月北京地区的 PM2.5 浓度值,如表 6-19 所示。

表 6-19　2013～2014 年推算 PM2.5 浓度值（μg/m³）

月份	1月	2月	3月	4月	5月	6月	7月	8月	9月	10月	11月	12月
2013 年	126	150	118	90	81	76	65	63	65	71	82	97
2014 年	114	129	107	87	76	67	68	64	67	70	91	103

表 6-20 为北京地区 2013～2014 年各月实际监测的 PM2.5 浓度值,利用模拟值和实测值,对拟合出的公式 $y=15.895+34.249/x$ 进行检验,检验结果如图 6-20 所示。

表 6-20　2013～2014 年实际监测 PM2.5 浓度值（μg/m³）

月份	1月	2月	3月	4月	5月	6月	7月	8月	9月	10月	11月	12月
2013 年	155	137	105	60	80	97	62	56	75	92	71	83
2014 年	104	182	93	91	57	54	90	58	59	117	82	62

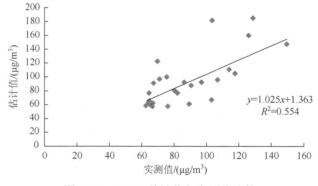

图 6-20　PM2.5 估计值与实测值比较

由图 6-20 可以看出,PM2.5 估计值与实测值相关关系较好,R^2 达到 0.554,再次证明 PM2.5 与植被覆盖度建立的倒数模型通过精度检验,二者显著性相关。可以利用其拟合出的公式 $y=15.895+34.249/x$,预估近十年来北京地区的 PM2.5 浓度值,如表 6-21 所示。

表 6-21　2005～2012 年推算 PM2.5 浓度值（μg/m³）

月份	2005 年	2006 年	2007 年	2008 年	2009 年	2010 年	2011 年	2012 年
1月	107	116	107	104	109	118	112	112
2月	126	117	131	121	125	137	128	163
3月	123	124	112	104	115	118	115	138

续表

月份	2005年	2006年	2007年	2008年	2009年	2010年	2011年	2012年
4月	99	106	100	91	94	102	91	94
5月	75	84	85	75	80	79	76	73
6月	71	79	78	76	77	74	71	70
7月	67	73	69	67	71	67	66	65
8月	64	68	65	64	64	67	64	63
9月	67	64	69	67	67	67	66	64
10月	75	72	80	71	75	75	74	72
11月	102	109	88	90	104	89	98	94
12月	120	121	121	111	122	113	122	116

在 6.3.3.2 节中，由 PM2.5 浓度与植被覆盖度之间建立的关系 $y=15.895+34.249/x$ 推导模拟出的近十年的 PM2.5 浓度估计值与 PM2.5 浓度的实测值显著性更好，相关性更高，所以可利用 6.3.3.2 节中推导出的近十年的 PM2.5 浓度模拟值进行有关分析。

6.3.4 基于 LUCC 的 PM2.5 浓度与林地覆盖率的关联分析

基于北京市检测中心 35 个地面定位监测站 2013 年 6 月～2014 年 6 月监测的 PM2.5 浓度均值，利用地理统计学中协同克里格方法模拟北京市空气污染物的空间分布特征形成插值模拟的栅格图层。再用 2011 年的北京市土地利用一类区划结果图层与 PM2.5 浓度图层进行叠置分析，分类统计各土地利用类型下 PM2.5 的污染情况。

从图 6-21 中可以看出，北京市的 PM2.5 污染从空间上呈由西北至东南逐级递增的趋势，这与北京地区植被分布和地势起伏特征高度吻合。

对比各个季节情况可以发现（图 6-22），整体上北京地区冬季（供暖季）PM2.5 污染要明显重于其他季节。然而，在植被覆盖较好的北部山区污染程度增加并不明显，而在森林覆盖率较低的北京南部和东部 PM2.5 浓度普遍增加了 40%左右。

从不同土地利用类型统计结果上看（表 6-22），北京市的 PM2.5 污染程度为：耕地＞建成区＞未利用土地＞水域＞草地＞林地，可知林草覆被下的区域 PM2.5 污染程度有明显改善。

实行未利用土地、耕地及部分建成区向林地、草地的土地利用方式转变是削减 PM2.5 污染的可行方略。

第6章 北京市PM2.5浓度时空变化与植被覆盖格局的关系

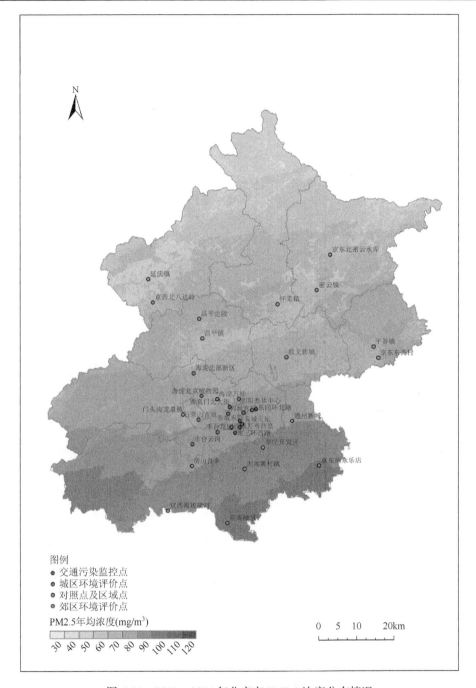

图 6-21 2013~2014 年北京市 PM2.5 浓度分布情况

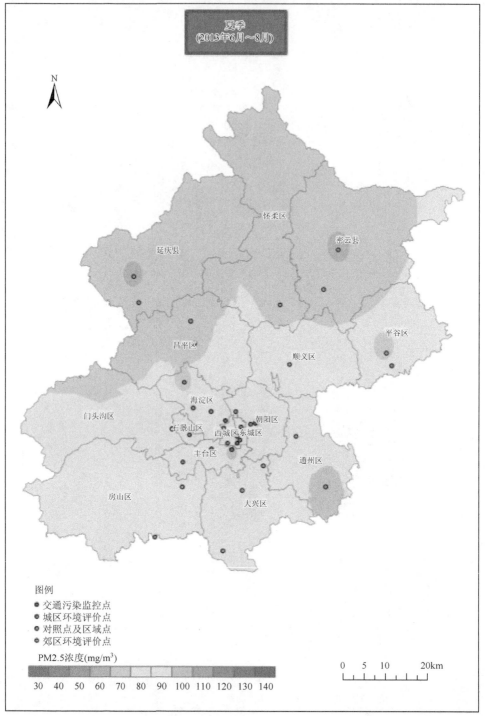

(a)

第6章 北京市PM2.5浓度时空变化与植被覆盖格局的关系

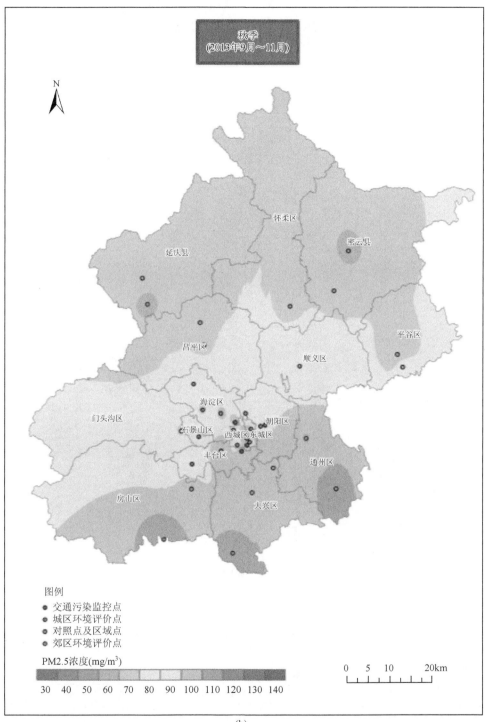

(b)

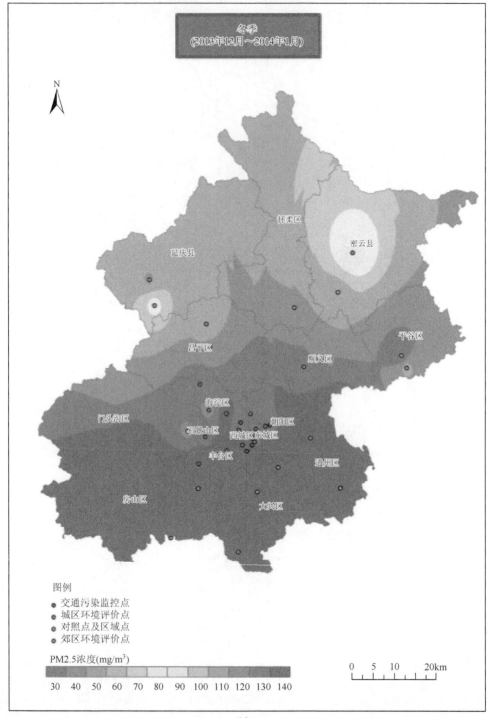

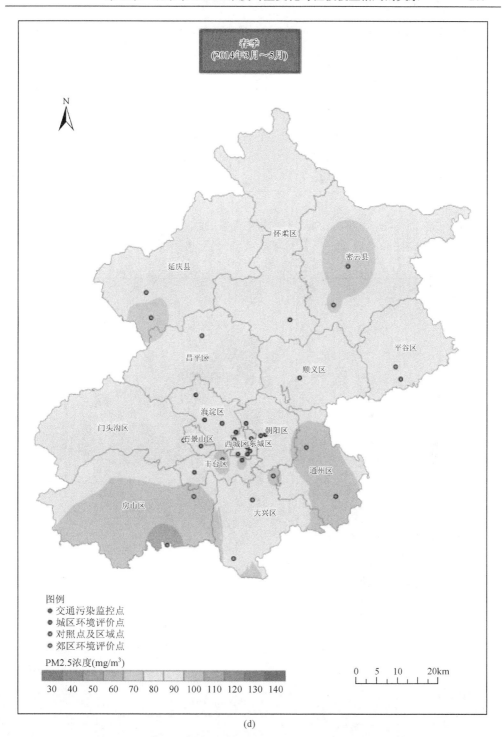

图 6-22 2013～2014 年不同季节北京市 PM2.5 浓度分布情况

表 6-22 2013～2014 年北京市不同土地利用类型 PM2.5 浓度值分类统计（μg/m³）

土地类型划分	面积/km²	春季	夏季	秋季	冬季	全年
建成区	641600	85.2	77.9	84.3	135.5	95.7
耕地	629200	84.5	76.8	85.0	142.3	96.9
林地	2055000	77.6	68.0	68.6	111.4	79.1
草地	229300	77.8	69.6	71.0	114.2	80.9
水域	73600	79.1	71.6	72.8	112.8	82.8
未利用土地	15700	83.6	74.3	80.3	129.6	91.5

为了进一步明确颗粒物污染与森林覆盖率的相关程度，采用了的多环缓冲区分析方法（图 6-23）。以 35 个空气质量监测站点为中心，分别以 200m、500m、

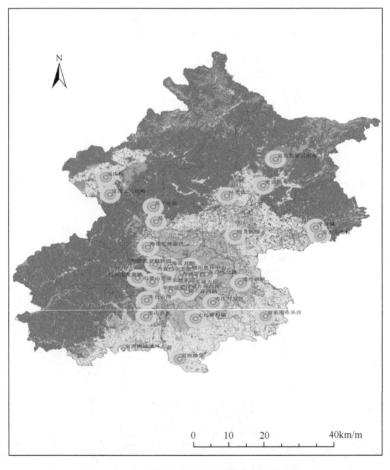

图 6-23 北京市各监测点位缓冲区设置情况

1000m、1500m、2000m、3000m、5000m 为半径划定圆形缓冲区，分别统计各级缓冲区的林地斑块占总面积百分数，即为森林覆盖率。

将 35 个监测点位 2013 年 6 月~2014 年 6 月的 11 组各站点 PM2.5 月均值数据与各点位不同半径森林覆盖率数据做典型相关性分析，得出不同半径缓冲区森林覆盖率与 PM2.5 污染状况关系如表 6-23 和图 6-24 所示。

表 6-23　2013~2014 年不同半径缓冲区森林覆盖率与 PM2.5 污染状况关系

月份	R=200m	R=500m	R=1000m	R=1500m	R=2000m	R=3000m	R=5000m
13 年 6 月	−0.264	−0.295	−0.361*	−0.402*	−0.422*	−0.483**	−0.554**
13 年 7 月	−0.255	−0.326	−0.385*	−0.428*	−0.470**	−0.546**	−0.639**
13 年 8 月	−0.395*	−0.445**	−0.519**	−0.544**	−0.572**	−0.625**	−0.654**
13 年 9 月	−0.294	−0.382*	−0.459**	−0.496**	−0.532**	−0.591**	−0.638**
13 年 10 月	−0.342*	−0.432**	−0.489**	−0.523**	−0.545**	−0.597**	−0.682**
13 年 11 月	−0.351*	−0.407*	−0.453**	−0.505**	−0.535**	−0.574**	−0.646**
13 年 12 月	−0.333	−0.381*	−0.437**	−0.468**	−0.474**	−0.490**	−0.530**
14 年 1 月	−0.410*	−0.467**	−0.529**	−0.565**	−0.577**	−0.591**	−0.603**
14 年 2 月	−0.384*	−0.446**	−0.523**	−0.528**	−0.504**	−0.510**	−0.489**
14 年 3 月	−0.307	−0.390*	−0.469**	−0.514**	−0.536**	−0.561**	−0.565**
14 年 4 月	−0.137	−0.322	−0.422**	−0.471**	−0.463**	−0.469**	−0.460**
14 年 5 月	−0.275	−0.379*	−0.403*	−0.451**	−0.481**	−0.515**	−0.574**

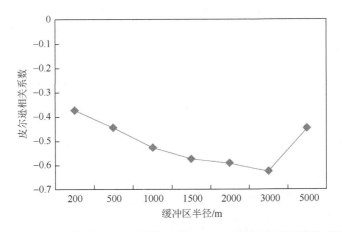

图 6-24　不同半径缓冲区森林覆盖率和 PM2.5 浓度相关系数变化曲线图

由相关分析结果可知，森林覆盖度与 PM2.5 浓度呈负相关关系，随着缓冲区半径的增加，相关性更加显著。当缓冲区半径达到 3000m 以上时，所有月份的

PM2.5浓度均值都与缓冲区森林覆盖度呈极其显著的负相关关系。可见加强区域地面植被覆盖率可显著缓解PM2.5等颗粒物的污染程度。考虑到既能充分体现森林覆盖率对PM2.5浓度观测值的影响，又不使研究区域交叉重叠过多，选定3000m为最佳研究半径。

分别统计35个监测点位3000m半径缓冲区内的土地利用现状二级分类情况。并与其PM2.5监测结果进行关联分析。

除去相关性不显著的土地类型，旱地、居住地、交通用地与PM2.5均值呈正相关关系，草丛、水库/坑塘、落叶阔叶林、常绿针叶林、落叶阔叶灌木林、乔木园地与PM2.5均值呈负相关关系。

同一种土地利用类型在不同季节对PM2.5均值的影响程度不同，如常绿针叶林在冬季和春季负相关关系显著、乔木园地冬季负相关关系不显著等（表6-24）。

表6-24 缓冲区PM2.5均值与主要土地利用类型相关系数

月份	R=200m	R=500m	R=1000m	R=1500m	R=2000m	R=3000m	R=5000m
13年6月	−0.264	−0.295	−0.361*	−0.402*	−0.422*	−0.483**	−0.554**
13年7月	−0.255	−0.326	−0.385*	−0.428*	−0.470**	−0.546**	−0.639**
13年8月	−0.395*	−0.445**	−0.519**	−0.544**	−0.572**	−0.625**	−0.654**
13年9月	−0.294	−0.382*	−0.459**	−0.496**	−0.532**	−0.591**	−0.638**
13年10月	−0.342*	−0.432**	−0.489**	−0.523**	−0.545**	−0.597**	−0.682**
13年11月	−0.351*	−0.407*	−0.453**	−0.505**	−0.535**	−0.574**	−0.646**
13年12月	−0.333	−0.381*	−0.437**	−0.468**	−0.474**	−0.490**	−0.530**
14年1月	−0.410*	−0.467**	−0.529**	−0.565**	−0.577**	−0.591**	−0.603**
14年2月	−0.384*	−0.446**	−0.523**	−0.528**	−0.504**	−0.510**	−0.489**
14年3月	−0.307	−0.390*	−0.469**	−0.514**	−0.536**	−0.561**	−0.565**
14年4月	−0.137	−0.322	−0.422*	−0.471**	−0.463**	−0.469**	−0.460**
14年5月	−0.275	−0.379*	−0.403*	−0.451**	−0.481**	−0.515**	−0.574**

以PM2.5均值Y为自变量，各个缓冲区内土地利用类型面积X_i（km^2）为因变量，采用逐步回归法建立各个季节的多元线性回归模型如下：

全年：$Y=82.765-2.678X_{107}+1.136X_{42}+12.607X_{53}$ $R^2=0.616$

夏季：$Y=83.735-1.834X_{107}-1.526X_{109}-0.822X_{35}$ $R^2=0.475$

秋季：$Y=89.484-3.164X_{107}-1.971X_{109}$ $R^2=0.469$

冬季：$Y=112.165-4.818X_{107}+2.480X_{42}+17.320X_{53}$ $R^2=0.607$

春季：$Y=77.462-1.709X_{107}+8.753X_{53}-0.546X_{42}$ $R^2=0.599$

式中，X_{107}为落叶阔叶灌木林；X_{109}为乔木园地；X_{35}为水库/坑塘；X_{42}为旱地；X_{53}为交通用地。

参 考 文 献

蔡燕徽. 2010. 城市基调树种滞尘效应及其光合特征研究. 福州：福建农林大学.

曹伟华, 李青春. 2012. 北京地区雾霾气候特征及影响因子分析. 风险分析和危机反应的创新理论和方法——中国灾害防御协会风险分析专业委员会第五届年会论文集.

柴一新, 祝宁, 韩焕金. 2002. 城市绿化树种的滞尘效应——以哈尔滨市为例. 应用生态学报, 13（9）: 1121-1126.

陈芳, 周志翔, 郭尔祥, 等. 2006. 城市工业区园林绿地滞尘效应的研究——以武汉钢铁公司厂区绿地为例. 生态学杂志, 25, 34-38.

陈佳瀛, 宋永昌, 陶康华, 等. 2006. 上海城市绿地空气负离子研究. 生态环境, 15（5）: 1024-1028.

陈玮. 2005. 城市森林滞尘能力及其应用模式研究. 北京：中国科学院研究生院.

陈玮, 何兴元, 张粤, 等. 2003. 东北地区城市针叶树冬季滞尘效应研究. 应用生态学报, 14（12）: 2113-2116.

陈小平, 焦奕雯, 裴婷婷, 等. 2014. 园林植物吸附细颗粒物（PM2.5）效应研究进展. 生态学杂志, 33（9）: 2558-2566.

戴锋, 刘剑秋, 方玉霖, 等. 2010. 福建师范大学旗山校区主要绿化植物的滞尘效应. 福建林业科技, 37（1）: 53-58.

戴斯迪, 马克明, 宝乐. 2012. 北京城区行道树国槐叶面尘分布及金属污染特征. 生态学报, 32（16）: 5095-5102.

邓利群, 李红, 柴发合, 等. 2011. 北京东北部城区大气细粒子与相关气体污染特征研究. 中国环境科学, 31（7）: 1064-1070.

狄一安, 杨勇杰, 周瑞, 等. 2013. 北京春季城区与远郊区不同大气粒径颗粒物中水溶性离子的分布特征. 环境化学, 32（9）: 1604-1610.

董希文, 崔强, 王丽敏, 等. 2005. 园林绿化树种枝叶滞尘效果分类研究. 防护林科技, 1（1）: 28-29, 88.

高金晖, 王冬梅, 赵亮, 等. 2007. 植物叶片滞尘规律研究——以北京市为例. 北京林业大学学报, 29（2）: 94-99.

古琳, 王成, 王晓磊, 等. 2013. 无锡惠山游憩时段三种游憩林内PM2.5变化规律. 应用生态学报, 24（9）: 2485-2493.

郭二果. 2008. 北京西山典型游憩林生态保健功能研究. 北京：中国林业科学研究院.

郭二果, 王成, 郄光发, 等. 2010. 北京西山典型游憩林空气悬浮颗粒物季节变化规律. 东北林业大学学报, 38（10）: 55-57.

郭二果, 王成, 郄光发, 等. 2013. 北方地区典型天气对城市森林内大气颗粒物的影响. 中国环境科学, 33（7）: 1185-1198.

郭二果, 王成, 彭镇华, 等. 2008. 城市空气悬浮颗粒物的理化性质及其健康效应. 生态环境, 17（2）: 851-857.

郭伟, 申屠雅瑾, 郑述强, 等. 2010. 城市绿地滞尘作用机理和规律的研究进展. 生态环境学报, 19 (6): 1465-1470.

韩道文, 刘文清, 陆亦怀, 等. 2007. 基于Madaline网络的气溶胶消光系数反演算法. 光学学报, 27 (3): 384-390.

胡敏, 刘尚, 吴志军, 等. 2006. 北京夏季高温高湿和降水过程对大气颗粒物谱分布的影响. 环境科学, 27 (11): 2293-2298.

黄慧娟. 2008. 保定常见绿化植物滞尘效应及尘污染对其光合特征的影响. 保定: 河北农业大学.

黄玉虎, 李媚, 曲松, 等. 2015. 北京城区PM2.5不同组分构成特征及其对大气消光系数的贡献. 环境科学研究, 28 (8): 1193-1199.

焦杏春, 左谦, 曹军, 等. 2004. 城区叶面尘特性及其多环芳烃含量. 环境科学, 25 (2): 162-165.

李金香, 邱启鸿, 辛连忠, 等. 2007. 北京秋冬季空气严重污染的特征及成因分析. 中国环境监测, 23 (2): 89-94.

李军, 孙春宝, 刘咸德, 等. 2009. 气象因素对北京市大气颗粒物浓度影响的非参数分析. 环境科学研究, 22 (6): 663-669.

李小龙, 方宗义. 2007. 2006年两次影响北京的沙尘天气对比分析. 气候与环境研究, 12 (3): 320-328.

李杏茹, 宋爱利, 王英锋, 等. 2013. 兴隆大气气溶胶中水溶性无机离子分析. 环境科学, 34 (1): 15-20.

李仰征, 马建华. 2011. 高速公路旁土壤重金属污染及不同林带防护效应比较. 水土保持学报, 25 (1): 105-109.

梁诗, 童庆宣, 池敏杰. 2010. 城市植被对空气负离子的影响. 亚热带植物科学, 39 (4): 46-50.

蔺银鼎, 武小刚, 郝兴宇, 等. 2011. 城市机动车道颗粒污染物扩散对绿化隔离带空间结构的响应. 生态学报, 31 (21): 6561-6567.

刘立民, 刘明. 2000. 绿量——城市绿化评估的新概念. 中国园林, 16 (5): 32-34.

刘玲. 2013. 淮南市空气悬浮颗粒特征及污染物的树木监测. 南京: 南京林业大学.

刘强, 王明星, 李晶, 等. 1999. 大气气溶胶研究现状和发展趋势. 中国粉体技术, 5 (3): 17-23.

刘青, 刘苑秋, 赖发英. 2009. 基于滞尘作用的城市道路绿化研究. 江西农业大学学报, 31 (6): 1063-1068.

刘庆倩, 石婕, 安海龙, 等. 2015. 应用^{15}N示踪研究欧美杨对PM2.5无机成分NH_4^+和NO_3^-的吸收与分配. 生态学报, 35 (19): 2-9.

刘旭辉, 余新晓, 张振明, 等. 2014. 林带内PM10、PM2.5污染特征及其与气象条件的关系. 生态学杂志, 33 (7): 1715-1721.

刘学全, 唐万鹏, 周志翔, 等. 2003. 宜昌市城区主要绿地类型大气环境质量评价. 南京林业大学学报 (自然科学版), 27 (4): 81-84.

刘学全, 唐万鹏, 周志翔, 等. 2004. 宜昌市城区不同绿地类型环境效应. 东北林业大学学报, 32 (5): 53-54, 83.

刘艳, 粟志峰, 王雅芳. 2002. 石河子市绿化适生树种的防尘作用研究. 干旱环境监测, 16 (2): 98-99, 125.

刘永春, 贺泓. 2007. 大气颗粒物化学组成分析. 化学进展, 19 (10): 1620-1631.

刘子锐, 孙扬, 李亮, 等. 2011. 2008奥运和后奥运时段北京大气颗粒物质量浓度和数浓度比对研究. 环境科学, 32 (4): 914-923.

马辉,虎燕,王水锋,等. 2007. 北京部分地区植物叶面滞尘的 XRD 研究. 中国现代教育装备, 10: 23-26.

马小会,甘璐,张爱英,等. 2013. 北京 2013 年 1 月持续雾霾天气成因分析. 创新驱动发展提高气象灾害防御能力——S16 第二届城市气象论坛——灾害·环境·影响·应对, 09-13.

毛华云,田刚,黄玉虎,等. 2011. 北京市大气环境中硫酸盐.硝酸盐粒径分布及存在形式. 环境科学, 32 (5): 1237-1241.

毛睿,龚道溢,范一大. 2005. 春季天气变率对华北沙尘暴频次的影响. 地理学报, 60 (1): 12-20.

孟燕军,赵习方,王淑英,等. 2001. 北京地区高速公路能见度气候特征. 全国城市气象服务科学研讨会, 27-32.

潘本峰,赵熠琳,李建军,等. 2012. 气象因素对大气中 PM2.5 的去除效应分析. 环境科技, 25 (6): 41-44.

潘纯珍,陈刚才,杨清玲,等. 2004. 重庆市地区道路 PM10/PM2.5 浓度分布特征研究. 西南农业大学学报(自然科学版), 26 (5): 567-579.

庞博,张银龙,王丹. 2009. 城市不同功能区内叶面尘与地表灰尘的粒径和重金属特征. 生态环境学报, 18 (4): 1312-1317.

齐飞艳. 2009. 道路大气颗粒物的分布特征及绿化带的滞留作用. 郑州:河南农业大学.

齐飞艳,郭会锋,赵勇,等. 2009. 道路绿化林对空气颗粒物浓度的影响. 河南科学, 27 (6): 734-736.

邱媛,管东生,宋巍巍,等. 2008. 惠州城市植被的滞尘效应. 生态学报, 28 (6): 2455-2462.

任启文,王成,郄光发,等. 2006. 城市绿地空气颗粒物及其与空气微生物的关系. 城市环境与城市生态, 19 (5): 22-25.

阮宏华,姜志林. 1999. 城郊公路两侧主要森林类型铅含量及分布规律. 应用生态学报, 10 (3): 362-364.

阮氏清草. 2014. 城市森林植被类型与 PM2.5 等颗粒物浓度的关系分析. 北京:北京林业大学.

邵龙义,时宗波,黄勤. 2000. 都市大气环境中可吸入颗粒物的研究. 环境保护,(1): 24-29.

沈家芬,苏开君,冯建军. 2001. 道路绿化种植抗污染植物模式研究. 城市环境与城市生态, 14 (6): 52-53.

盛立芳,耿敏,王园香,等. 2003. 2002 年春季沙尘暴对青岛大气气溶胶的影响. 环境科学研究, 16 (5): 11-13.

石婕,刘庆倩,安海龙,等. 2014. 应用 ^{15}N 示踪法研究两种杨树叶片对 PM2.5 中 NH_4^+ 的吸收. 生态学杂志, 33 (6): 1688-1693.

石强,贺庆棠,吴章文. 2004. 张家界国家森林公园大气污染物浓度变化及其评价. 北京林业大学学报, 24 (4): 20-24.

史晓丽. 2010. 北京市行道树固碳释氧滞尘效益的初步研究. 北京:北京林业大学.

宋英石. 2015. 北京空气细颗粒物污染特征及常见绿化树种滞尘效应研究. 北京:中国科学院大学博士学位论文.

宋宇,唐孝炎,张远航,等. 2004. 北京市大气能见度规律及下降原因. 环境科学研究, 16 (2): 10-12.

粟志峰, 刘艳, 彭倩芳. 2002. 不同绿地类型在城市中的滞尘作用研究. 干旱环境监测, 16 (3): 162-163.

隋珂珂, 王自发, 杨军, 等. 2007. 北京 PM (10) 持续污染及与常规气象要素的关系. 环境科学研究, 20 (6): 80-85.

孙淑萍, 古润泽, 张晶. 2004. 北京城区不同绿化覆盖率和绿地类型与空气中可吸入颗粒物 (PM10). 中国园林, (3): 77-79.

孙颖, 潘月鹏, 李杏茹, 等. 2011. 京津冀典型城市大气颗粒物化学成分同步观测研究. 环境科学, 32 (9): 2732-2740.

唐明. 2011. 北京城区可吸入颗粒物分布与土地覆盖类型的关系研究. 北京: 首都师范大学.

徐怀刚, 邓北胜, 周小刚, 等. 2002. 雾对城市边界层和城市环境的影响. 应用气象学报, 13 (S1): 170-176.

王成, 郄光发, 杨颖, 等. 2007. 高速路林带对车辆尾气重金属污染的屏障作用. 林业科学, 43: 1-7.

王迪生. 2010. 基于生物量计测的北京城区园林绿地净碳储量研究. 北京: 北京林业大学博士学位论文.

王华, 鲁绍伟, 李少宁. 2013. 可吸入颗粒物和细颗粒物基本特征, 监测方法及森林调控功能. 应用生态学报, 24 (3): 869-877.

王会霞, 石辉, 李秧秧. 2010. 城市绿化植物叶片表面特征对滞尘能力的影响. 应用生态学报, 21 (12): 3077-3082.

王会霞, 石辉, 张雅静, 等. 2015. 大叶女贞叶面结构对滞留颗粒物粒径的影响. 安全与环境学报, (1): 258-262.

王静, 牛生杰, 许丹, 等. 2013. 南京一次典型雾霾天气气溶胶光学特性. 中国环境科学, 33 (2): 201-208.

王蕾, 哈斯, 刘连友, 等. 2006. 北京市春季天气状况对针叶树叶面颗粒物附着密度的影响. 生态学杂志, 25 (8): 998-1002.

王淑英, 张小玲. 2002. 北京地区 PM10 污染的气象特征. 应用气象学报, 13 (增刊): 177-184.

王晓磊, 王成. 2014. 城市森林调控空气颗粒物功能研究进展. 生态学报, 34 (8): 1910-1921.

王赞红, 李纪标. 2006. 城市街道常绿灌木植物叶片滞尘能力及滞尘颗粒物形态. 生态环境, 15 (2): 327-330.

王占山, 张大伟, 李云婷, 等. 2015. 2014 年春节期间北京市空气质量分析. 环境科学学报, 35 (2): 371-378.

韦朝领, 王敬涛, 蒋跃林, 等. 2006. 合肥市不同生态功能区空气负离子浓度分布特征及其与气象因子的关系. 应用生态学报, 17 (11): 2158-2162.

韦晶, 孙林, 刘双双, 等. 2015. 大气颗粒物污染对土地覆盖变化的响应. 生态学报, 35 (16): 5495-5506.

吴兑, 吴晓京, 李菲, 等. 2010. 1951～2005 年中国大陆霾的时空变化. 气象学报, 68 (5): 680-688.

吴桂香, 吴超. 2015. 植物滞尘分析及其数学表达模式. 安全与环境学报, 2: 272-277.

吴晓娟, 孙根年. 2006. 西安城区植被净化大气污染物的时间变化. 中国城市林业, 4 (6): 31-33.

吴志萍. 2007. 城市不同类型绿地空气颗粒物浓度变化规律的研究. 北京: 中国林业科学研究院.

吴志萍, 王成, 许积年, 等. 2007. 六种城市绿地内夏季空气负离子与颗粒物. 清华大学学报 (自然科学版），47（12）：2153-2157.

谢滨泽，王会霞，杨佳，等. 2014. 北京常见阔叶绿化植物滞留 PM2.5 能力与叶面微结构的关系. 西北植物学报，34（12）：2432-2438.

杨复沫，贺克斌，马永亮. 2002. 北京大气细粒子 PM2.5 的化学组成. 清华大学学报（自然科学版），42（12）：1605-1608.

杨新兴，冯丽华，尉鹏. 2012. 大气颗粒物 PM2.5 及其危害. 前沿科学，（1）：22-31.

杨奕如，殷云龙，徐和宝. 2012. 不同宽度林带对国道两侧农田水稻叶片和糙米中重金属含量的影响. 植物资源与环境学报，21（2）：84-88.

殷彬，蔡静萍，陈丽萍，等. 2007. 交通绿化带植物配置对空气颗粒物的净化效益. 生态学报，27（11）：4590-4595.

于贵瑞，谢高地，于振良，等. 2002. 我国区域尺度生态系统管理中的几个重要生态学命题. 应用生态学报，13（7）：885-891.

于丽胖. 2009. 城市道路绿化配置对空气颗粒物和 CO 扩散的影响. 北京：中国林业科学研究院.

俞学如. 2008. 南京市主要绿化树种叶面滞尘特征及其与叶面结构的关系. 南京：南京林业大学硕士学位论文.

余曼，汪正祥，雷耘，等. 2009. 武汉市主要绿化树种滞尘效应研究. 环境工程学报，3（7）：1333-1339.

余学春. 2004. 北京 PM2.5 水溶性物种污染特征及来源解析. 北京：清华大学.

郁建桥，王霞，温丽，等. 2008. 高速公路两侧土壤、气态颗粒物和树叶中重金属污染相关性研究. 中国农业科技导报，10（4）：109-113.

张爱群，蔡青，张金月，等. 2010. 北京地区雾霾趋势及趋势. 第 27 届中国气象学会年会气候环境变化与人体健康分会场论文集.

张慧峰. 2010. 北京城区大气颗粒物污染特性的研究. 北京：北京工商大学.

张家洋，刘兴洋，邹曼，等. 2013. 37 种道路绿化树木滞尘能力的比较. 云南农业大学学报（自然科学），28（6）：905-912.

张晶. 2012. 无锡惠山地区秋季毛竹游憩林生态保健功能研究. 北京：中国林业科学研究院.

张景，吴祥云. 2011. 阜新城区园林绿化植物叶片滞尘规律. 辽宁工程技术大学学报（自然科学版），30（6）：905-908.

张凯，王跃思，温天雪，等. 2007. 北京夏末秋初大气细粒子中水溶性盐连续在线观测研究. 环境科学学报，27（3）：459-465.

张新献，古润泽，陈自新，等. 1997. 北京城市居住区绿地的滞尘效益. 北京林业大学学报，19（4）：12-17.

张振江，赵若杰，曹文文，等. 2013. 天津市可吸入颗粒物及元素室内外相关性. 中国环境科学，33（2）：357-364.

赵晨曦，王云琦，王玉杰，等. 2014. 北京地区冬春 PM2.5 和 PM10 污染水平时空分布及其与气象条件的关系. 环境科学，35（2）：418-427.

赵松婷，李延明，李新宇，等. 2013. 园林植物滞尘规律研究进展. 北京园林，29：25-30.

赵亚南，王跃思，温天雪，等. 2014. 长白山 PM2.5 中水溶性离子季节变化特征研究. 环境科学，35（1）：9-14.

赵勇，魏婷婷，赵宁，等. 2008. 空气 PM10 污染特征及绿化结构净化效应研究——以河南农业大学为例. 河南科学, 26（2）: 226-229.
赵玉丽. 2008. 大气持久性有机污染物在树木表皮中的富集机制初探及其在大气污染时空分辨监测中的应用. 厦门: 厦门大学博士学位论文.
郑少文. 2005. 城市绿地滞尘效应研究. 晋中: 山西农业大学.
智颖飙, 王再岚, 马中, 等. 2007. 鄂尔多斯地区公路沿线土壤重金属形态与生物有效性. 生态学报, 27（5）: 2030-2039.
周江兴. 2005. 北京市几种主要污染物浓度与气象要素的相关分析. 应用气象学报, 16（增刊）: 123-127.
周志翔, 邵天一, 王鹏程, 等. 2002. 武钢厂区绿地景观类型空间结构及滞尘效应. 生态学报, 22（12）: 2036-2040.
朱天燕. 2007. 南京雨花台区主要绿化树种滞尘能力与绿地花境建设. 南京: 南京林业大学.
Almeida S M, Pio C A, Freitas M C, et al. 2006. Approaching PM2.5 and PM2.5-10 source apportionment by mass balance analysis, principal component analysis andparticle size distribution. Science of the Total Environment, 368（2-3）: 663-674.
Almeida S M, Pio C A, Freitas M C, et al. 2005. Source apportionment of fine andcoarse particulate matter in a sub-urban area at the Western European Coast. Atmospheric Environment, 39（17）: 3127-3138.
An J L, Zhang R J, Han Z W. 2000. Seasonal changes of total suspended particles in the air of 15 big cities in Northern parts of China. Climatic and Environmental Research, 5（1）: 25-29.
Andreae M O, Schmid O, Yang H, et al. 2008. Optical properties andchemical composition of the atmospheric aerosol in urbanGuangzhou, China. Atmospheric Environment, 42（25）: 6335-6350.
Appel B R, Tokiwa Y, Hsu J, et al. 1985. Visibility as related to atmospheric aerosol constituents. Atmospheric Environment, 19（9）: 1525.
Atkinson R, Arey J. 2003. Gas-phase tropospheric chemistry of biogenic volatile organic compounds. Atmospheric Environment, 37（2）: 197-219.
Baker W L. 1989. A review of models of landscape change. Landscape Ecology, 2（2）: 112-134.
Baldocchi D D. 2010. Leaf boundary layers and their resistances and mass and momentμm exchange, Part 1（C）. University of California, Berkeley.
Baldocchi D D, Hicks B B, Meyers T P. 1988. Measuring biosphere-atmosphere exchanges of biologically related gases with micro meteorological methods. Ecology, 69（5）: 1331-1340.
Baumgardner D, Varela S, Escobedo, et al. 2012. The role of a peri-urban forest on air quality improvement in the Mexico City megalopolis. Environmental Pollution, 163: 174-183.
Beckett K P, Freer-Smith P, Taylor G. 2000a. Effective tree species for local airquality management. Journal of Arboricultural, 26（1）: 209-230.
Beckett K P, Freer-Smith P H, Taylor G. 2000b. Particulate pollution capture by urban trees: Effect of species and windspeed. Global Change Biology, 6（8）: 995-1003.
Bennett J W, Hung R, Lee S. et al. 2012. 18 fungal and bacterial volatile organic compounds: An overview and their role as ecological signaling agents. Fungal Associations, 9: 373-393.
Braun M, Margitai Z, Tóth A, et al. 2007. Environmental monitoring using linden tree leaves as natural traps of atmospheric deposition: A pilot study in Transilvania, Romania. AGD Landscape

and Environment, 1 (1): 24-35.

Bunzl K, Schimmack W, Kreutzer K, et al. 1989. Interception and retention of chernobyl-derived 134, 137Cs and 100Ru in a spruce stand. The Science of the Total Environment, 78: 77-87.

Cao J, Xu H, Xu Q. 2012. Fine particulate matter constituents and cardiopulmonary mortality in a heavily polluted Chinese city. Environmental Health Perspectives, 120 (3): 373-378.

Cass G R. 1979. On the relationship between sulfate air quality and visibility with examples in Los Angeles. Atmospheric Environment, 13 (8): 1069-1084.

Catinon M, Ayrault S, Clocchiatti R, et al. 2009. The anthropogenic atmospheric elements fraction: A new interpretation of elemental deposits on tree barks. Atmospheric Environment, 43 (5): 1124-1130.

Catinon M, Ayrault S, Boudouma O, et al. 2012. Atmospheric element deposit on tree barks: The opposite effects of rain and transpiration. Ecological Indicators, 14 (1): 170-177.

Cavanagh J A E, Zawar-Reza P, Wilson J G. 2009. Spatial attenuation of ambient particulate matter air pollution within an urbanised native forest patch. Urban Forestry and Urban Greening, 8 (1): 21-30.

Cescatti A, Marcolla B. 2004. Drag coefficient and turbulence intensity in conifer canopies. Agricultural and Forest Meteorology, 121: 197-206.

Chan Y C, Simpson R W, Mctainsh G H, et al. 1999. Source apportionment of visibility degradation problems in Brisbane (Australia) using the multiple linear regression techniques. Atmospheric Environment, 33 (19): 3237-3250.

Chang C R, Li M H, Chang C R, et al. 2014. Effects of urban parks on the local urban thermal environment. Urban Forestry and Urban Greening, 13: 672-681.

Chen S J., Hsieh L T, Tsai C C, et al. 2003. Characterization of atmospheric PM10 and related chemical species in southern Taiwan during the episode days. Chemosphere, 53 (1): 29-41.

Curtis A J, Helmig D, Baroch C, et al. 2014. Biogenic volatile organic compound emissions from nine tree species used in an urban tree-planting program. Atmospheric Environment, 95: 634-643.

Cusack M, Alastuey A, Perez N, et al. 2012. Trends of particulate matter (PM2.5) and chemical composition at a regional background site in the western Mediterranean over the last nine years (2002~2010). Atmospheric Chemistry and Physics Discussions, 12 (22): 10995-11033.

Duman T, Katul G, Siqueira M B, et al. 2014. A velocity-dissipation lagrangian stochastic model for turbulent dispersion in atmospheric boundary-layer and canopy flows. Boundary-Layer Meteorology, 152 (1): 1-18.

Duyzer J H, Verhagen H L M, Weststrate J H, et al. 1992. The dry deposition of ammonia onto a Douglas fir forest in the Netherlands. Atmospheric Environment, 28 (7): 1241-1253.

Dzierzanowski K, Popek R, Gawronska H, et al. 2011. Deposition of particulate matter of different size fractions on leaf surfaces and in waxes of urban forest species. International Journal of Phytoremediation, 13 (10): 1037-1046.

Eckert E R G, Drake R M J. 1959. Heat and Mass Transfer. New York: McGraw-Hill.

Elliott S, Shen M, Blake D, et al. 1997. Atmospheric effects of the emerging mainland Chinese transportation system at and beyond the regional scale. Journal of Atmospheric Chemistry,

27 (1): 31-70.

Endalew A M, Hertog M, Delele M A, et al. 2009. CFD modelling and wind tunnel validation of airflow through plant canopies using 3D canopy architecture. International Journal of Heat and Fluid Flow, 30: 356-368.

Erisman J W, Draaijers G P J. 1995. Atmospheric Deposition in Relation to Acidification and Eutrophication. The Netherlands: Bilthoven.

Fowkes F M. 1962. Determination of interfacial tensions, contact angles, and dispersion forces in surfaces by assuming additivity of intermolecular interactions in surfaces. The Journal of Physical Chemistry, 66 (2): 382.

Fowler D, Skiba U, Nemitz E, et al. 2004. Measuring aerosol and heavy metal deposition on urban woodland and grass using inventories of 210Pb and metal concentrations in soil. Water, Air, and Soil Pollution, 4 (2-3): 483-499.

Fowler D, Cape J N, Unsworth M H, et al. 1989. Deposition of atmospheric pollutants on forests. Philosophical Transactions of the Royal Society B: Biological Sciences, 324 (1223): 247-265.

Freer-Smith P H, El-Khatib A A, Taylor G. 2004. Capture of particulate pollution by trees: A comparison of species typical of semi-arid areas (Ficus Nitida and Eucalyptus Globulus) with european and north American species. Water, Air, and Soil Pollution, 155 (1): 173-187.

Freer-Smith P H, Beckett K P, Taylor G. 2005. Deposition velocities to Sorbus aria, Acer campestre, Populus deltoides×trichocarpa'Beaupré', Pinus nigra and × Cupressocyparisleylandii for coarse, fine and ultra-fine particlesin the urban environment. Environmental Pollution, 133 (1): 157-167.

Freiman M T, Hirshel N, Broday D M. 2006. Urban-scalevariability of ambient particulate matter attributes. Atmospheric Environment, 40 (29): 5670-5684.

Gerasopoulos E, Kouvarakis G, Babasakalis P, et al. 2006. Origin and variability ofparticulate matter (PM10) mass concentrations over the Eastern Mediterranean. Atmospheric Environment, 40 (25): 4679-4690.

Gomes AM, Sarrette J P, Madon L, et al. 1996. Continuous emission monitoring of metal aerosol concentrations in atmospheric air spectrochim. Atomic Spectroscopy, 51 (3): 1695-1705.

Grobilcki P J, Wolff G T, Countess R J. 1981. Visibility reducing species in the Denver "brown cloud" —I. Relationships between extinction and chemical composition. Atmospheric Environment, 15: 2473-2484.

Gromke C, Ruck B. 2007. Influence of trees on the dispersion of pollutants in an urban street canyon experimental investigation of the flow and concentration field. Atmospheric Environment, 41 (16): 3287-3302.

Gromke C, Ruck B. 2009. On the impact of trees on dispersion processes of traffic emission in street canyons. Boundary-Layer Meteorology, 131 (1): 19-34.

Gross. 1987. A numerical study of the air flow within and around a single tree. Boundary-Layer Meteorology, 40 (4): 311-327.

Guak S, Neilsen D, Millard P, et al. 2004. Leaf absorption, withdrawal and remobilization of autumn-applied urea-^{15}N in apple. Canadian Journal of Plant Science, 84 (1): 259-264.

Guan D X, Zhang Y S, Zhu T Y. 2003. A wind-tunnel study of windbreak drag. Agricultural and Forest Meteorology, 118 (1-2): 75-84.

Harrison R M, Yin J X. 2000. Particulate matter in the atmosphere: which particleproperties are important for its effects on health. The Science of the Total Environment, 249 (1-3): 85-101.

Hicks B B, Hosker R P, Meyers T P, et al. 1991. Dry deposition inferential measurement techniques—I. Design and tests of a prototype meteorological and chemical system for determining dry deposition. Atmospheric Environment, 25A: 2345-2359.

Hinds W C. 1999. Aerosol technology: Properties behavior, and measurement of airborne particles. New York: John Wiley and Sons Ltd.

Honour S L, Bell J N B, Ashenden T A, et al. 2009. Responses of herbaceous plants to urban air pollution: Effects on growth, phenology and leaf surface characteristics. Environmental Pollution, 157 (4): 1279-1286.

Horvath H, Trier A. 1993. A study of the aerosol of Santiago De Chile—I. Light extinction coefficients. Atmospheric Environment, 27A: 371-384.

Horvath H. 1995. Size segregated light absorption coefficient of the atmospheric aerosol. Atmospheric Environment, 29 (8): 875-883.

Hov O, Allegrini I, Beilke S, et al. 1987. Evaluation of atmospheric processes leading to aciddeposition in Europe. Report 10, EUR 11441, CEC, Brussels.

Huang R J, Zhang Y, Bozzetti1C, et al. 2014. High secondary aerosol contribution to particulate pollution during haze events in China. Nature, 514 (7521): 218-222.

Hwang I, Hopke P K. 2007. Estimation of source apportionment and potential sourcelocations of PM2.5 at a west coastal IMPROVE site. Atmospheric Environment, 41 (3): 506-518.

Hwang H J, Yook S J, Ahn K H. 2011. Experimental investigation of submicron and ultrafine soot particle removal by tree leaves. Atmospheric Environment, 45 (38): 6987-6994.

Jim C Y, Chen W Y. 2008. Assessing the ecosystem service of air pollutant removal by urban trees in Guangzhou (China). Journal of Environmental Management, 88 (4): 665-676.

Jeng H A. 2010. Chemical composition of ambient particulate matter and redox activity. Environmental Monitoring and Assessment, 169 (1-4): 597-606.

Jouraeva V A, Johnson D L, Hassett J P, et al. 2002. Differences in accumulation of PAHs andmetals on the leaves of Tilia×euchlora and Pyrus calleryana. Environment Pollution, 120(2): 331-338.

Katul G G, Grönholm T, Launiainen S, et al. 2011. The effects of the canopy medium on dry deposition velocities of aerosol particles in the canopy sub-layer above forested ecosystems. Atmospheric Environment, 45 (5): 1203-1212.

Kaupp H, Blumenstock M, McLachlan M S. 2000. Retention and mobility of atmospheric particle-associated organic pollutant PCDD/Fs and PAHs in maize leaves. New Phytologist, 148 (3): 473-480.

Kim K W, Kim Y J, Oh S J. 2001. Visibility impairment during Yellow Sand periods inthe urban atmosphere of Kwangju, Korea. Atmospheric Environment, 35 (30): 5157-5167.

Kleiner K. 1997. Clean air plans steeped in confusion. New Scientist, 153: 8.

Kulshrestha A, Bisht D S, Masih J, et al. 2009. Chemical characterization of water-soluble aerosols in different residential environments of semiarid region of India. Journal of Atmospheric Chemistry, 62 (2): 121-138.

Lai S C, Zou S C, Cao J J, et al. 2007. Characterizing ionic species in PM2.5 and PM10 in four Pearl River Delta cities, South China. Journal of Environmental Sciences, 19 (8): 939-947.

Lake J R. 1977. The effect of drop size and velocity on the performance of agricultural sprays. Pesticide Science, 8 (5): 515-520.

Lee S. 2000. Two-dimensional numerical simulation of natural ventilation in a multi-span greenhouse. Transactions of the ASAE, 43 (3): 745-753.

Li L, Wang W, Feng J L, et al. 2010. Composition, source, mass closure of PM2.5 aerosols for four forests in eastern China. Journal of Environmental Sciences, 22 (3): 405-412.

Lin M, Katul G G, Khlystov A. 2012. A branch scale analytical model for predicting the vegetation collection efficiency of ultrafine particles. Atmospheric Environment, 51: 293-302.

Litschke T, Kuttler W. 2008. On the reduction of urban particle concentration by vegetation—a review. Meteorologische Zeitschrift, 17 (3): 229-240.

Liu L, Guan D, Peart M R. 2012. The morphological structure of leaves and the dust-retaining capability of afforested plants in urban Guangzhou, South China. Environmental Science and Pollution Research International, 19 (8): 3440-3449.

Liu Q, Liu Y Q, Lai F Y. 2009. A study on urban road greening relating to its dust removal. Acta Agriculture Universitatis Jiangxiensis, 31 (6): 1063-1068.

Liu L, Guan D, Peart M R. 2012. The morphological structure of leaves and the dust-retaining capability of afforested plants in urban Guangzhou, South China. Environmental Science and Pollution Research, 19 (8): 3440-3449.

Liu L, Guan D, Peart M R, et al. 2013. The dust retention capacities of urban vegetation—a case study of Guangzhou, South China. Environmental Science and Pollution Research, 20 (9): 6601-6610.

Liu X, Yu X, Zhang Z. 2015. PM2.5 concentration differences between various forest types and its correlation with forest structure. Atmosphere, 6 (11): 1801-1815.

Lovett G M. 1994. Atmospheric deposition of nutrients and pollutants in North America: An ecological perspective. Ecological Applications, 4 (4): 629-650.

Matsuda K, Fujimura Y, Hayashi K, et al. 2010. Deposition velocity of PM2.5 sulfate in the summer above a deciduous forest in central Japan. Atmospheric Environment, 44 (36): 4582-4587.

McDonald A G, Bealey W J. 2007. Quantifying the effect of urban tree planting on concentrations and depositions of PM10 in two UK conurbations. Atmospheric Environment, 41 (38): 8455-8467.

Minguillon M C, Arhami M, Schauer J J, et al. 2008. Seasonal and spatial variations of sources of fine and quasi-ultrafine particulate matter in neighborhoods near the Losangeles-Long Beach harbor. Atmospheric Environment, 42 (32): 7317-7328.

Mitchell R, Maher B, Kinnersley R. 2010. Rates of particulate pollution deposition onto leaf surfaces: temporal and inter-species magnetic analyses. Environmental Pollution, 158 (5): 1472-1478.

Mo L, Ma Z, Xu Y, et al. 2015. Assessing the Capacity of Plant Species to Accumulate Particulate

Matter in Beijing, China PloS One, 10 (10).

Molina-Aiz F D, Valera D L, Alvarez A J, et al. 2006. A wind tunnel study of airflow through horticultural crops: Determination of the drag coefficient. Biosystems Engineering, 93: 447-457.

Montheith J L. 1975. Vegetation and the atmosphere. London: Academic Press.

Nair P R, George S K, Sunilkumar S V, et al. 2006. Chemical composition of aerosolsover peninsular India during winter. Atmospheric Environment, 40 (34): 6477-6493.

Nanos G D, Ilias I F. 2007. Effects of inert dust on olive (*Olea europaea L.*) leaf physiological parameters. Environmental Science and Pollution Research, 14 (3): 212-214.

Neinhuis C, Barthlott W. 1998. Seasonal changes of leaf surface contamination in beech, oak, and ginkgo in relation to leaf micromorphology and wettability. New Phytologist, 138 (1): 91-98.

Nowak D J. 1994. Air pollution removal by Chicago's Urban Forest. Chicago's Urban Forest ecosystem: Results of the Chicago Urban Forest Climate Project. USDA General Technical Report NE-186: 63-81.

Nowak J, Dwyer J F. 2007. Understanding the benefits andcosts of urban forest ecosystems. Urban and community forestry in the northeast. Springer Netherlands: 25-46.

Nowak D J, Crane D E, Stevens J C. 2006. Air pollution removal by urban trees and shrubs in the United States. Urban Forestry and Urban Greening, 4: 115-123.

Odum E P. 1983. Basic Ecology. Philadelphia: CBC College Publishing.

Okajima Y, Taneda H, Noguchi K, et al. 2012. Optimum leaf size predicted by a novel leaf energy balance model incorporating dependencies of photosynthesis on light and temperature. Ecological Research, 27: 333-346.

Ottelé M, van Bohemen H D, Fraaij A L A. 2010. Quantifying the deposition of particulate matter on climber vegetation on living walls. Ecological Engineering, 36 (2): 154-162.

Pan C Z, Chen G C, Yang Q L, et al. 2004. Study on the concentration distribution of PM10/PM2.5 related to traffic-busy road in Chongqing downtown area. Journal of Southwest Agricultural University Natural Science, 26 (5): 567-579.

Panichev N, Mccrindle R I. 2004. The application of bio-indicators for the assessment of air pollution. Journal of Environmental Monitoring, 6 (2): 121-123.

Pašková V, HilscherováK, FeldmannováM, et al. 2006. Toxic effects and oxidative stress in higher plants exposed to polycyclic aromatic hydrocarbons and their *N*-heterocyclic derivatives. Environmental Toxicology and Chemistry, 25: 3238-3245.

Pathak R K, Wu W S, Wang T. 2009. Summertime PM 2.5 ionic species in four major cities of China: nitrate formation in an ammonia-deficient atmosphere. Atmospheric Chemistry and Physics, 9 (5): 1711-1722.

Petroff A, Zhang L, Pryorb S C. 2009. An extended dry deposition model for aerosols onto broadleaf canopies. Aerosol Science, 40 (3): 218-240.

Petroff A, Mailliat A, Amielh M, et al. 2008. Aerosol dry deposition on vegetative canopies. Part II: A new modelling approach and applications. Atmospheric Environment, 42 (16): 3654-3683.

Pope C A, Burnett R T, Thun M J, et al. 2002. Lung cancer, cardiopulmonary mortality, and long-term exposure to fine particulate air pollution. The Journal of the American Medical

Association, 287 (9): 1132-1141.

Poruthoor S K, Dasgupta P K. 1998. Automated particle collection and analysis. Near real time measurement of aerosol cerium (Ⅲ). Analytica Chimica Acta, 361 (1-2): 151-159.

Pourkhabbaz A, Rastin N, Olbrich A, et al. 2010. Influence of environmental pollution on leaf properties of urban plane trees, *Platanus orientalis L*. Bulletin of Environmental Contamination and Toxicology, 85 (3): 251-255.

Powe N A, Willis K G. 2004. Mortality and morbidity benefits of air pollution absorption attributed to woodland in Britain. Journal of Environmental Management, 70: 119-128.

Prajapati S K, Tripathi B D. 2008. Seasonal variation of leaf dust accumulation and pigment content in plant species exposed to urban particulates pollution. Journal of Environmental Quality, 37 (3): 865-870.

Prusty B A K, Mishra P C, Azeez P A. 2005. Dust accumulation and leaf pigment content in vegetation near the national highway at Sambalpur, Orissa, India. Ecotoxicology and Environmental Safety, 60 (2): 228-235.

Pryor S C, Simpson R, Guise-Bagley L, et al. 1997. Visibility and aerosol composition in the Fraser Valley during REVEAL. Journal of Air and Waste Management Association, 47: 147-156.

Querol X, Alastuey A, Rodriguez S, et al. 2001. PM10 and PM2.5 source apportionmentin the Barcelona Metropolitan area, Catalonia, Spain. Atmospheric Environment, 35 (36): 6407-6419.

Rai B, Oest M E, Dupont K M, et al. 2007. Combination of platelet-rich plasma with polycaprolactone-tricalcium phosphate scaffolds for segmental bone defect repair. Journal of Biomedical Materials Research Part A, 81A (4): 888-899.

Rasheed A, Aneja V P, Aiyyer A, et al. 2015. Measurement and analysis of fine particulate matter (PM2.5) in urban areas of Pakistan. Aerosol and Air Quality Research, 15 (2): 426-439.

Raupach M R, Thom A S. 1981. Turbulence in and above plant canopies. Annual Review of Fluid Mechanics, 13: 97-129.

Ravindra K, Grieken S R V. 2008. Atmospheric polycyclic aromatic hydrocarbons: Source attribution emission factors and regulation. Atmospheric Environment, 42 (13): 2895-2921.

Reinap A, Wiman B L B, Svenningsson B, et al. 2009. Oak leaves as aerosol collectors: Relationships with wind velocity and particle size distribution. Experimental results and their implications. Trees-Structure and Function, 23: 1263-1274.

Rodriguez-Germade I, Mohamed K J, Rey D, et al. 2014. The influence of weather and climate on the reliability of magnetic properties of tree leaves as proxies for air pollution monitoring. Science of the Total Environment, 468: 892-902.

Rotach M W. 1995. Profiles of turbulence statistics in and above an urban street canyon. Atmospheric Environment, 29 (13): 1473-1486.

Ruhling A, Tyler G. 2004. Changes in the atmospheric deposition of minor and trace elements between 1975-2000 in south Sweden as measured by moss analysis. Environmental Pollution, 131 (3): 417-423.

Saebo A, Popek R, Nawrot B, et al. 2012. Plant species differences in particulate matter accumulation on leaf surfaces. Science of the Total Environment, 427: 347-354.

Salam A, Hossain T, Siddhique M N A, et al. 2008. Characteristics of atmospheric trace gases, particulate matter and heavy metal. pollution in Dhaka, Bangladesh. Air Qual Atmos Health1: 101-109.

Schabel H G. 1980. Urban forestry in Germany. Arbor, 6 (11): 281-286.

Schaubroeck T, Deckmyn G, Neirynck J, et al. 2014. Multi layered modeling of particulate matter removal by a growing forest over time, from plant surface deposition to washoff via rainfall. Environmental Science and Technology, 48: 10785-10794.

Schleicher N J, Norra S, Chai F, et al. 2011. Temporal variability of trace metal. mobility of urban particulate matter from Beijing—a contribution to health impact assessments of aerosols. Atmospheric Environment, 45 (39): 7248-7265.

Schreck M, Matthiessen J, Head M J. 2012. A magnetostratigraphic calibration of Middle Miocene through Pliocene dinoflagellate cyst and acritarch events in the Iceland Sea (Ocean Drilling Program Hole 907A). Review of Palaeobotany and Palynology, 187 (6): 66-94.

Scott K I, McPherson E G, Simpson J R. 1998. Air pollutant uptake by Sacramento's urban forest air pollutant uptake by Sacramento's urban forest. Journal of Arboriculture, 24: 224-234.

Seaton A, Soutar A, Crawford V, et al. 1999. Particulate air pollution and the blood. Thorax, 54(11): 1027-1032.

Sehmel G A. 1980. Particle and gas dry deposition: A review. Atmospheric Environment, 14 (9): 983-1011.

Sharmat S C, Roy R K. 1997. Green belt-an effective means of mitigating industrial pollution. Indian Journal of Environmental Protection, 17: 724-727.

Sisler J F, Malm W C. 1994. The relative importance of soluble aerosols to spatial and seasonal trends of imopaired visibility in the Unitde States. Atmospheric Environment, 28 (5): 851-862

Slinn W G. 1982. Predictions for particle deposition to vegetative surfaces. Atmospheric Environment, 16 (7): 1785-1794.

Sloane C S, White W H. 1986. Visibility: An evolving issue. Environmental Science and Technology, 20 (8): 760-766.

Smith W H, Staskawicz B J. 1977. Removal of atmospheric particles by leaves and twigs of urbantrees: Some preliminary observations and assessment of research needs. Environmental Management, 1 (4): 317-330.

Song S J, Wu Y, Jiang J K, et al. Characteristics of elements in size-resolved fine particles in a typical road traffic environment in Beijing. Huanjing Kexue Xuebao, 32 (1): 66-73.

Song Y, Zhang M N, Cai X H. 2006. PM10 modeling of Beijing in the winter. Atmospheric Environment, 40 (22): 4126- 4136.

Song Y, Maher B A, Li F, et al. 2015. Particulate matter deposited on leaf of five evergreen species in Beijing, China: Source identification and size distribution. Atmospheric Environment, 105: 53-60.

Strand L B, Barnett A G, Tong S. 2012. Maternal exposure to ambient temperature and the risks of preterm birth and stillbirth in Brisbane, Australia. American Journal of Epidemiology, 175 (2): 99-107.

Strebell D, Goel N, Ranson K. 1985. Two-dimensional leaf orientation distributions. IEEE Transactions on Geoscience and Remote Sensing, 23 (5): 640-647.

Sun F, Yin Z, Lun X, et al. 2014. Deposition velocity of PM2.5 in the winter and spring above deciduous and coniferous forests in Beijing, China PloS One, 9.

Tallis M, Taylor G, Sinnett D, et al. 2011. Estimating the removal of atmospheric particulate pollution by the urban tree canopy of London, under current and future environments. Landscape and Urban Planting, 103 (2): 129-138.

Tamir I, Stolpa J C, Helgason C D, et al. 2000. The RasGAP-binding protein p62dok is a mediator of inhibitory FcgammaRIIB signals in B cells. Immunity, 12 (3): 347-358.

Terzaghi E, Wild E, Zacchello G, et al. 2013. Forest filter effect: Role of leaves in capturing/releasing air particulate matter and its associated PAHs. Atmospheric Environment, 74: 378-384.

Teskea M E, Thistle H W. 2004. A library of forest canopy structure for use in interception modeling. Forest Ecology and Management, 198: 341-350.

Thurston G D, Ito K, Lall R. 2011. A source apportionment of U.S. fine particulate matter air pollution. Atmospheric Environment, 45 (24): 3924-3936.

Tiwary A, Sinnett D, Peachey C, et al. 2009. An integrated tool to assess the role of new planting in PM10 capture and the human health benefits: A case study in London. Environmental Pollution, 157 (10): 2645-2653.

Tomašević M, Vukmirović Z, Rajšić S, et al. 2005. Characterization of trace metal particles deposited on some deciduous tree leaves in an urban area. Chemosphere, 61 (6): 753-760.

Tsai Y I, Chen C L. 2006. Atmospheric aerosol composition and source apportionmentsto aerosol in southern Taiwan. Atmospheric Environment, 40 (25): 4751-4763.

Tsai Y I, Cheng M T. 1999. Visibility and aerosol chemical compositions near thecoastal area in Central Taiwan. The Science of the Total Environment, 231 (1): 37-51.

Tucker W G. 2000. An overview of PMz: Sources and control strategies. Fuel Processing Technology, 65-66: 379-392.

Usher C R, Michel A E, Grassian V H. 2003. Reactions on mineral dust. Chemical Reviews, 103 (12): 4883-4939.

Van Houdt J J. 1990. Mutagenic activity of airborne particulate matter in indoor and outdoor environments. Atmospheric Environment, 24B: 207-220.

Wang H L, Zhuang Y H, Wang Y, et al. 2008. Long-term monitoringand source apportionment of PM2.5/PM10 in Beijing, China. Journal of Environmental Sciences, 20 (11): 1323-1327.

Wang Y, Zhuang G, Tang A, et al. 2005. The ion chemistry and source of PM2.5 aerosol in Beijing. Atmospheric Environment, 39: 3771-3784.

Wang H, Shi H, Wang Y. 2015. Effects of weather, time, and pollution level on the amount of particulate matter deposited on leaves of Ligustrum lucidum. The Scientific World Journal, 935-942.

Wang L, Liu L Y, Gao S Y, et al. 2006. Physicochemical characteristics of ambient particles settling upon leaf surfaces of urban plants in Beijing. Journal of Environmental Sciences—China, 18: 921-926.

Whittaker R H, Woodwell G M. 1967. Surface area relations of woody plants and forest communities. American Journal of Botany, 54 (8): 931-939.

WHO. 2003. Health Aspects of Air Pollution with Particulate Matter, Ozone and Nitrogen Dioxide. Germany: Bonn.

Yang F M, He K B, Ma Y L, et al. 2003. Characteristics and sources of trace elements in ambient PM2.5 in Beijing. Environmental Science, 24 (6): 33-37.

Yang J, McBride J, Zhou J, et al. 2005. The urban forest in Beijing and its role in air pollution reduction. Urban Forestry and Urban Greening, 3 (2): 65-68.

Yang L X, Wang D C, Cheng S H, et al. 2007. Influence of meteorological conditionsand particulate matter on visual range impairment in Jinan, China. Science of the Total Environment, 383 (1-3): 164-173.

Yang M S, Jiang Z M, Mei X Y, et al. 1994. Effect of the dust-pollution oil some physiologic indexes and growth of Platycladus orientalisin Huangdi Tomb. Agricultural Research in the Arid Areas, 12 (4): 99-104.

Yao X, Chan C K, Fang M, et al. 2002. The water soluble ionic composition of PM2.5 in Shanghai and Beijing, China. Atmospheric Environment, 36: 4223-4234.

Yin S, Cai J P, Chen L P, et al. 2007. Effects of vegetation status in urban green spaces on particles removal in a canyon street atmosphere. Acta Ecologica Sinica, 27 (11): 4590-4595.

Young T. 1805. An essay on the cohesion of fluids. Philosophical Transactions of the Royal Society of London, 95: 65-87.